"十四五"职业教育国家规划教材

网页设计与制作

（Dreamweaver CC）

（第2版）

葛艳玲　主　编

电子工业出版社.

Publishing House of Electronics Industry

北京·BEIJING

内 容 简 介

本书详细介绍了 Dreamweaver CC 的基本功能，引导读者逐步学习如何使用文本、图像、表格、CSS 样式、多媒体、行为、模板和库、表单及 jQuery UI 等网页元素，生成图文并茂的网页；另外还介绍了如何利用 Dreamweaver CC 所提供的动态网页开发功能，在不懂编程的情况下实现简单动态网站的开发。

本书在内容难易程度上采用了递进的方式，将本书目标的全部内容细分为一系列知识点，通过"由简到繁、由易到难、循序渐进、深入浅出、承前启后"的案例具体实现，使读者能够真正用 Dreamweaver CC 解决实际的网页设计问题。

本书可作为大中专院校、职业院校以及计算机培训班的教材，也可作为网页设计爱好者的自学读物。

图书在版编目（CIP）数据

网页设计与制作：Dreamweaver CC / 葛艳玲主编. —2 版. —北京：电子工业出版社，2022.5

ISBN 978-7-121-43628-4

Ⅰ. ①网… Ⅱ. ①葛… Ⅲ. ①网页制作工具 Ⅳ. ①TP393.092

中国版本图书馆 CIP 数据核字（2022）第 094440 号

责任编辑：郑小燕
印　　刷：大厂回族自治县聚鑫印刷有限责任公司
装　　订：大厂回族自治县聚鑫印刷有限责任公司
出版发行：电子工业出版社
　　　　　北京市海淀区万寿路 173 信箱　邮编　100036
开　　本：880×1 230　1/16　印张：19.75　字数：580 千字
版　　次：2017 年 7 月第 1 版
　　　　　2022 年 5 月第 2 版
印　　次：2023 年 7 月第 4 次印刷
定　　价：49.80 元

前言 ▎PREFACE

本书着力于以"案例驱动"的形式全面指导读者学习 Dreamweaver CC 的主要功能与实用技巧，讲解使用 Dreamweaver CC 进行网页设计制作的基本概念及实践方法，每章都配合本章重点内容的典型案例进行了讲解，由浅入深、由点及面地阐明了 Dreamweaver CC 的使用方法及网页的制作方法和技巧，并突出读者创新、创意能力的培养。

本书力求体现以下特色。

（1）内容合理。本书在章节安排和重要知识点的处理上，充分考虑了教学需求，内容安排难易适度、重点突出。所有章节都配有精心设计的实例，在每章的最后都有本章小结与重点回顾，大多配有实战演练，帮助读者快速理解和掌握本书的各个知识点。

（2）结构新颖。本书以"传统教程"和"实例指导"相结合，实现优势互补。书中各章多是从案例入手，当读者对案例所涉及的内容、方法有所了解之后，再从理论上进一步讲清其实质，概括出其规律性的知识，实现从现象到本质、从感性到理性的过渡。

本书从网页制作的基础知识到动态网站程序的开发，循序渐进地对 Dreamweaver CC 的内容进行全面介绍，在具体内容描述中突出了重点和难点，并介绍了在实际开发中经常采用的一些技巧，使读者能够迅速提高网页制作水平。

本书共分 15 章：

第 1 章，简要介绍网页设计基础；

第 2 章，介绍创建本地站点；

第 3 章，介绍网页图文编辑；

第 4 章，介绍建立网页超链接；

第 5 章，介绍表格布局；

第 6 章，介绍层叠样式表；

第 7 章，介绍 CSS 页面布局；

第 8 章，介绍利用模板和库创建大量相似网页的方法；

第 9 章，介绍插入多媒体元素；

第 10 章，介绍添加行为；

第 11 章，介绍在页面中添加表单的方法；

第 12 章，介绍使用"jQuery UI"小部件；

第 13 章，介绍网站整理维护与上传；

第 14 章，介绍 Web 应用程序开发；

第 15 章，介绍动态网站的开发。

本书由葛艳玲担任主编，此外还有许多同志对本书的编写提供了帮助，在此一并致谢。

为了方便教师教学，本书还配有教学指南、电子教案及习题答案（电子版）。请有此需要的教师登录华信教育资源网注册后再进行免费下载，有问题时请在网站留言板留言或与电子工业出版社联系。

由于时间仓促，加之编者水平有限，书中疏漏之处在所难免，欢迎广大读者及同行批评指正，以便本书得到更正及补充。

本书约定：

（1）在本书的叙述中，若省略其度量单位，则默认为像素。

（2）文中描述菜单命令时采用"菜单"|"子菜单"的形式。

编　者

CONTENTS | 目录

第1章

网页设计基础

本章重点介绍在制作网站之初所应具备的基本知识和设计要领，从而为下一步开发网站做好准备，同时，通过本章的学习使读者熟悉网站制作工具 Dreamweaver CC 的工作界面及运行环境。

1.1 网站的概念

Internet 提供了巨大的信息资源，为人们的生活、工作和学习带来了很大的便利，人们现在在网上做得最多的就是浏览网页，所以网站和人们的生活紧密相关。

1. 网站

网站（Website）是指在互联网上根据一定的规则，使用 HTML 等工具制作，用于展示特定内容的相关网页的集合。

网站是一种通信工具，人们可以通过网站来发布自己想要公开的信息，或者利用网站来提供相关的网络服务。人们可以通过网页浏览器来访问网站，获取自己需要的信息或享受网络服务。现在许多公司都拥有自己的网站，它们利用网站来宣传、发布产品信息，进行招聘等。随着网页制作技术的流行，很多人也开始制作个人主页，这些通常是制作者用来自我介绍、展现个性的地方。也有以提供网络信息为营利手段的网络公司，通常这些公司的网站上提供了涉及人们生活各个方面的信息，如时事新闻、旅游、娱乐、经济等。

2. 网页

网页是构成网站的基本元素，是承载各种网站应用的平台。网页是一个文件，它存放在世界某个角落的某一台计算机中，而这台计算机必须是与互联网相连的。网页经由网址（URL）来识别与存取，是万维网中的一"页"，是超文本标记语言格式（标准通用标记语言的一个应用，文件扩展名为.html 或.htm）。

一个网页对应一个 HTML 文件，HTML 是标准通用标记语言下的一个应用，也是一种规范、一种标准，它通过标记符号来标记要显示的网页中的各个部分。网页文件本身是一种文本文件，通过在文本文件中添加标记符，可以告诉浏览器如何显示其中的内容（如文字如何处理、画面如何安排、图片如何显示等）。浏览器按顺序阅读网页文件，然后根据标记符解释和显示其标记的内容。可以使用任何能够生成 TXT 类型源文件的文本编辑器来生成超文本标记语言文件，只需修改文件扩展名即可。

3. 静态网站与动态网站

网站通常可以分为静态网站和动态网站。Internet 扩展名最早就是以静态网页呈现在大家面前的，那时网站上有许多扩展名为.htm 或.html 等的静态页面文档，以树状目录结构存储在网页主机中，用户的上网过程就是以浏览器来读取这些档案。最早的浏览器只能看文字，后来慢慢发展出图片、动画、声音、影片等丰富内容。在网站设计中，纯粹 HTML 格式的网页通常被称为"静态网页"，早期的网站一般是由静态页面制作的。静态网页的网址形式通常为***.example.com/eg/eg.htm，也就是以.htm、.html、.shtml、.xml 等为扩展名的。在 HTML 格式的网页上，也可以出现各种动态的效果，如 GIF 格式的动画、Flash、滚动字母等，这些"动态效果"只是视觉上的，与下面将要介绍的动态网页是不同的概念。

动态网站并不是指在网页上插入了动画元素的网站，而是指网站内容的更新和维护是通过基于数据库技术的内容管理系统完成的。它将网站建设从静态页面制作延伸为对信息资源的组织和管理。运用动态网页的技术，可将精力专注在内容部分，而不用花时间去管理 HTML 档案的关联性等复杂问题，而且可以将数据库中的内容以不同的方式来呈现。

静态网页和动态网页各有特点，网站采用动态网页还是静态网页主要取决于网站的功能需求和网站内容的多少。如果网站功能比较简单，内容更新量不是很大，采用纯静态网页的方式会更简单，反之，一般要采用动态网页技术来实现。

静态网页是网站建设的基础，静态网页和动态网页之间也并不矛盾，为了使网站适应搜索引擎检索的需要，即使采用动态网站制作技术，也可以将网页内容转化为静态网页发布。动态网站也可以采用静动结合的原则，适合采用动态网页的地方用动态网页，如果必须使用静态网页，则可以考虑用静态网页的方法来实现。在同一个网站上，动态网页内容和静态网页内容同时存在也是很常见的事情。

1.2 网站的组成

网站由域名、网站空间和网站程序三大要素组成。

1.2.1 域名

1. IP 地址以 IPv4 为例

众所周知，在电话通信中，电话是靠电话号码来识别的，同样，网络中为了区别不同的计算机，也需要给计算机指定一个号码，这个号码就是"IP 地址"。

在互联网上，要让任意一台计算机可被其他计算机访问，就需要一个唯一的标识号。这个标识号遵循通用的国际标准，即用四段小于 256 的数字来识别，如 202.106.0.20，这就是机器的 IP 地址。全球互联网上计算机之间的信息交互都是基于 IP 来进行的。没有分配 IP 地址的计算机是不能在互联网上被识别的，就像房子必须有门牌号一样。

静态 IP 地址：全球可分配的 IP 资源从理论上说有 256×256×256×256 个，即互联网上从理论上讲可以挂接最多这个数量的计算机。但因为互联网最早由美国人发明，所以大多数 IP 资源被美国人占有，分配给中国的可用 IP 资源有限，所以大多数中国的计算机无法直接从 IP 资源中得到一个固定的 IP 地址，即静态 IP 地址。

动态分配 IP 地址：为满足更多对互联网的访问需求，基础电信运营商，如中国电信，把拥有的有限 IP 资源进行动态分配，即谁连接互联网就随机动态地分配一个可连接互联网的 IP 地址。原来的拨号上网以及现在的 ADSL 上网方式，每次把计算机通过与基础电信运营商的系统对接即可得到一个动态分配的 IP 地址，下线后该 IP 地址被收回并重新分配给他人，再次上线会重新分配。

2．域名

因为 IP 地址的四段数字太难记忆，所以发明了一种方便记忆的标识号，这就是网站的域名。域名一般按照不同性质分为.com、.edu、.cn 等。就像房子为便于记忆称为某某家园，但在派出所只能记录为某街某楼某号一样。同时，为解决中国人不方便记忆英文的问题，又有中文域名等多个域名品种，但这些域名依附于传统的英文域名来工作，即申请了中文域名，必须指向一个英文域名。

3．DNS

为将便于记忆的域名和不便于记忆但只能被计算机识别的 IP 地址对应起来，就需要一个翻译器，这个翻译器正规的名称为域名服务（Domain Name Service，DNS）。访问某一个网址时，输入 http://www.phei.com.cn，先要到 DNS 服务器上把这个 www.phei.com.cn 翻译成 IP 地址，才能到使用这个 IP 地址的计算机上提取信息。DNS 一般由注册域名的机构来提供。中国管理域名的最高机构是 CNNIC，即中国互联网络信息中心。

1.2.2 网站空间

网站空间，简单地讲就是存放网站内容的空间。网站空间是指能存放网站文件和资料，包括文字、文档、数据库、网站的页面、图片等文件的容器。

网站必须借助实体计算机来存储信息才能被传播，就好像我们撰写的文档必须依赖硬盘存储一样。为传播需要，解决这些信息存储的问题还不够，必须把这些信息按照一定的格式和规范存储在有静态 IP 地址的计算机上，这就是为什么存储在自己计算机上的信息不能被互联网上的用户访问的原因。

通常的 Web 服务器有虚拟空间、云主机、合租空间、独立主机。

1．虚拟空间

理论上说，每个网站都应该对应一个静态的 IP 地址以被用户访问，但全球的 IP 地址资源有限，所以人们发明了一种可在一台有静态 IP 地址的计算机上存储多个网站信息的虚拟主机技术，这种虚拟技术按照一定的标准保证一台计算机上的多个网站均可被用户正确访问，那么提供这个虚拟主机技术的服务商，如万网，租售给客户的就是按照虚拟主机技术划分的一台计算机上的存储空间，即虚拟空间。90%以上的企业网站都采取这种形式，主要是空间提供商提供专业的技术支持和空间维护，且成本低廉，一般企业网站空间成本可以控制为 100～1000 元/年。

2．云主机

云主机是新一代的主机租用服务，它整合了高性能服务器与优质网络带宽，有效解决了传统主机租用价格偏高、服务品质参差不齐等缺点，可全面满足中小企业、个人用户对主机租用服务低成本、高可靠、易管理的需求。

3．合租空间

中型网站可以采用这种形式，一般是几个或者几十个人合租一台服务器。以合租的方式可以分摊费用，降低成本；而且如果是彼此了解的合租用户，安全性也有一定保证。

4. 独立主机

安全性能要求和网站访问速度要求极高的企业网站可以采用这种形式，其成本较高。

网站建成之后，要购买一个网站空间才能发布网站内容，选择网站空间时，主要考虑的因素包括网站空间的大小、操作系统、对一些特殊功能（如数据库）的支持、网站空间的稳定性和速度、网站空间服务商的专业水平等。

1.2.3 网站程序

网站程序是存放在服务器上的一组用来处理和响应从浏览器（客户端）提交的请求的一组文件。例如，某人进入一个网站，要在该网站上注册一个账号，那么此人就要向这个网站提交自己的注册信息，此时提交的信息数据就会以特定的方式传输到这个网站的服务器。服务器后台程序就会有专门的模块来对其提交的信息进行处理，然后把这些信息写入数据库，并返回一条信息通知此人注册成功了。这一过程就是由网站程序来完成的。而一般的静态 HTML 页面是没有这个功能的。

网站程序一般用 ASP、ASP.NET、PHP、JSP 等语言来编写，以一个个文件的形式存放在服务器中。

（1）ASP 是微软开发的一种后台脚本语言。开发快、易上手、效率高是 ASP 的优点，但是在安全隐患上，ASP 存在的隐患是四种语言中最大的，平台的局限性也限制了 ASP 的发展。

（2）ASP.NET 相当于 ASP 的升级版本，提供了一种新的编程模型结构，可以生成伸缩性和稳定性更好的应用程序，并提供更好的安全保护。但是由于其是微软的产品，平台有了限制，数据库的连接也较复杂。

（3）PHP 是当下主流网站开发语言之一，PHP 源码是完全公开的，不断有新函数库加入，以及不断更新，使得 PHP 无论是在 UNIX 还是在 Windows 平台上都可以有更多新功能。它提供丰富的函数，使其在程序设计方面有着更好的资源。平台无关性以及安全是 PHP 最大的优点。当然，它也有一些缺点，但是作为应用最为广泛的一种后台语言，PHP 的优点还是非常显著的。

（4）JSP 技术平台和服务器是互相独立的，它同 PHP 一样也是开放源码。JSP 如今已经是一门成熟的程序设计语言了，集成了数据源能力，易于维护，能有效地防止系统崩溃等。无疑，JSP 是四种语言中最好、最强大的，但是它的强大决定了其使用的技术性较强，所以不是一般企业网站开发语言的首选。

1.3 网站的分类

网站按照着眼点的不同，有多种分类。

（1）根据网站是否使用**数据库**分类：静态网站、动态网站。

（2）根据网站所用**编程语言**分类：如 ASP 网站、PHP 网站、JSP 网站、ASP. NET 网站等。

（3）根据网站的**用途**分类：如门户网站（综合网站）、行业网站、娱乐网站等。

（4）根据网站的**功能**分类：如单一网站（企业网站）、多功能网站（网络商城）等。

（5）根据网站的**持有者**分类：如个人网站、商业网站、政府网站、教育网站等。

（6）根据网站的**商业目的**分类：营利型网站（行业网站、论坛）、非营利型网站（企业网站、政府网站、教育网站）。

1．门户型网站

门户原意是指正门、入口，现多用于互联网的门户型网站和企业应用系统的门户系统。门户型网站以 PHP 网站居多，PHP 相对其他语言来说比较节省资源。

门户型网站的信息量很大，一般首页能够达到 4 屏以上，浏览性的信息占据了页面中心的位置，门户型网站在首页的第一屏有网站的导航、广告、时事新闻等。目前的门户型网站基本上大同小异，涉及比较广的领域，如新浪、搜狐、网易等，如图 1-1 所示。门户型网站最初提供搜索引擎和网络接入服务，后来由于市场竞争日益激烈，门户型网站不得不快速地拓展各种新的业务，希望通过众多的业务来吸引和留住互联网用户，所以目前门户型网站的业务已包罗万象。

图 1-1 门户型网站示例——网易首页

2．企业型网站

随着互联网的飞速发展，企业上网和开展电子商务是不可回避的现实要求，Internet 作为信息双向交流和通信的工具，已经成为广受企业青睐的传播媒体。企业型网站属于专业型网站，用于展示企业介绍、产品介绍等最基本的信息。企业型网站建设要求展示企业综合实力，体现企业 CIS 和品牌理念。企业型网站非常强调创意，对于美工设计要求较高。这类网站给人的风格是非常成熟稳重的，两侧有相关的导航和精选，让访问者能够从中感觉到网站的专业性，如图 1-2 所示。

图 1-2 企业型网站示例——海信官网首页

3．交易类网站

这类网站是以实现交易为目的、以订单为中心的，交易的对象可以是企业，也可以是消费者。这类网站有三项基本内容：商品如何展示、订单如何生成、订单如何执行。因此，该类网站一般需要具有产品管理、订购管理、订单管理、产品推荐、支付管理、收费管理、物流管理、会员管理等基本系统功能。企业为配合自己的营销计划搭建的电子商务平台也属于这类网站，如图1-3所示。

图1-3　交易类网站示例——淘宝网首页

4．社区网站

社区网站是指大型的、分类很多的、有大量注册用户的网站，如猫扑、豆瓣（如图1-4所示）等，一般大的门户类网站都有自己的论坛，其论坛也属于此类。

5．办公及政府机构网站

该类网站面向社会公众，既可提供办事指南、政策法规、动态信息等，又可提供网上行政业务申报、办理，以及相关数据查询等，如图1-5所示。

图1-4　社区网站示例——豆瓣首页　　　　图1-5　办公及政府机构网站示例
　　　　　　　　　　　　　　　　　　　　　　　　——青岛政务网首页

6．互动游戏网站

这是近年来国内逐渐风靡起来的一种网站，此类网站的投入是根据所承载游戏的复杂程度来决定的。作为学生，我们要注意合理安排时间，不可过度沉迷于游戏。

7．功能性网站

Google（如图1-6所示）和百度（如图1-7所示）即为其典型代表。这类网站的主要特征是将一个具有广泛需要的功能扩展开来，开发一套强大的支撑体系，将该功能的实现推向极致。看似简单的页面实现，却往往投入惊人，但效益也很可观。

图1-6 功能性网站示例——Google首页

图1-7 功能性网站示例——百度首页

1.4 网站建设基本流程

建设一个网站就像盖一幢大楼，它是一个系统工程，有自己特定的工作流程，只有遵循步骤、按部就班，才能设计出一个满意的网站。虽然建站的步骤很多，而且都是分开的部分，但是这些步骤会形成一个基本的流程，按照这个流程去做，就能完成建站。下面介绍网站建设的基本流程。

1．域名空间

在建设网站前首先考虑的就是注册域名，要与网站主题的确定并行考虑。域名选择的基本原则是好记，基本要求是见名知意，通过注册域名，使企业在Internet上拥有唯一标识，这也是用户访问该企业网站的"门牌号"和进入标识。由域名构成的网址会像商标那样，在互联网上广为流传，好域名有助于将来塑造自己在网上的国际形象。同时，域名在全世界具有唯一性，域名资源又比较有限，谁先注册谁就有权使用，所以现在就应该考虑是否要保护自己在Internet上的无形资产。常见的.com为国际域名，而.com.cn则为国内域名。

购买域名之后，还要有域名可以访问的地方，这时候就要租用一个虚拟主机的空间，将域名与主机绑定起来。当访问域名时，就会直接进入存放在虚拟主机空间中的网站页面。

2．规划设计

个人网站或者企业站或门户站，都要有目的性，不同类型的网站设计也不一样，需要做一个合理的规划，想好需要实现的功能、想要的版式类型和主要的用户群，这些都是在网站建设初期就要计划好的。这时候也要收集素材，网站中需要的内容，包括文字、图片等信息的收集，都是在建站的时候需要的，应提前做好准备。

3．制作建设

一切准备就绪，就要开始建站了。建站主要分前台和后台：前台就是网站的版式，根据网站类型、面向人群来设计网站的版面，不宜太过杂乱，一定要简洁，保证用户体验，才能让访问者有好感；后台就较为复杂，要用程序整合前台，并完成需要的功能，此时需要较为复杂的程序编写过程。

4．测试发布

网站程序编好，此时只是一个网站的雏形，网站还是不完善的，需要进行测试评估。针对网站存在不完善的地方，要从用户体验的角度多去观察，逐步完善。当网站的问题都解决了，没有大的问题时，就可以将网站上传到虚拟主机空间，此时访问域名即可正式访问网站。

5．维护推广

网站上线后仍有许多工作要做，这时候的网站也许还存在暂未暴露出来的漏洞等，还要继续改进网站的不足。维护主要针对网站服务器、网站安全和网站内容。在持续改进和完善站内工作的同时，也要注重站外工作，可以做 SEO 优化或百度推广，对网站进行推广。

1.5 网站制作工具

网络技术的发展带动了软件业的发展，用于制作 Web 页面的工具软件也越来越丰富。下面介绍几款具有代表性的网页制作工具。

（1）Dreamweaver 是集网页制作和网站管理功能于一身的网页编辑器，它是一个"所见即所得"的可视化网站开发工具，主要用于动态网页的开发，其优点主要体现在高效的制作效率、简单的网站管理、无可比拟的控制力以及"所见即所得"的显示效果。

（2）Fireworks 主要用于对网页上常用的 JPG、GIF 格式文件的制作和处理，也可用于制作网页布局；可以加速 Web 设计与开发，是一款创建与优化 Web 图像和快速构建网站与 Web 界面原型的理想工具。Fireworks 不仅具备编辑矢量图形与位图图像的灵活性，还提供了一个预先构建资源的公用库，并可与 Photoshop、Illustrator、Dreamweaver 和 Flash 软件联合应用。在 Fireworks 中将设计迅速转变为模型，或利用来自 Illustrator、Photoshop 等其他软件的资源，直接置入 Dreamweaver 中即可轻松地进行开发与部署。

（3）Flash 主要用来制作动画，主要用于设计和编辑 Flash 文档。附带的 Adobe Flash Player 用于播放 Flash 文档。Flash 被大量应用于网页的矢量动画文件制作；使用向量运算的方式，制作的影片占用存储空间较小；使用 Flash 创作出的影片有特殊档案格式（SWF）。

（4）HotDog Professional 用于制作加入多种复杂技术的网页。HotDog 是较早基于代码的网页设计工具，其主要特色是提供了许多向导工具，能帮助设计者制作页面中的复杂部分。

（5）Microsoft Visual Studio 适合开发动态的 ASPX 网页，同时还能制作无刷新网站、网页服务功能等，仅适合高级用户使用。

（6）JBuilder 的各种版本均适合开发 JSP 网页，仅适合高级用户使用。

（7）记事本虽然功能非常少，软件也很简单，但可以用来制作网页，也仅适合高级用户使用。因为在其内容上，没有任何可视化的操作可直接制作网页，只能编写各种 HTML 代码、CSS 代码、JS 代码和各种动态脚本，方能制作出网页。

1.6 网页基本元素

一个完整的网站由各个不同的页面构成，网页是网站的基本元素。每个网站都有一个入口，即主页，通过输入该网站的 URL 即可在浏览器上看到该页面，通过单击主页中的超链接可跳转到网站的其他页面。而在每个单独的网页中，又包括标题、网站 Logo、网站 Banner、导航栏、文本、图像、动画、表单、版权信息等基本元素。

1. 标题

每个网页的顶端都有一条信息，这条信息往往出现在浏览器的标题栏，而非网页中，但是这条信息也是网页布局中的一部分。这条信息是对该网页中主要内容的提示，即标题。

2．网站 Logo

Logo 的中文含义是标志、标识，如图 1-8 所示。作为独特的传媒符号，Logo 一直是传播特殊信息的视觉文化语言。在网页设计中，Logo 常作为公司或站点的标识出现，起着非常重要的作用，集中体现了这个网站的文化内涵和内容定位。它在网站中的位置比较醒目，目的是使其突出，容易被人识别与记忆。一个设计精美的 Logo，不仅可以很好地树立公司形象，还可以传达丰富的产品信息。

图 1-8　网站 Logo

网站 Logo 的设计都要在网站制作初期进行，这样才能从网站的长远发展角度出发，设计出一个能够长时间使用的、最能代表该网站的 Logo。Logo 在网站中的位置比较醒目，除了表达一定的形象和信息，还必须兼顾与整个页面的美观和协调。在二级网页中，页眉位置一般留给 Logo。另外，Logo 往往被设计成一种可以回到主页的超链接。

3．网站 Banner

Banner 的中文含义是横幅、标语，通常被称为网络广告。Banner 在互联网上有很多的自由和创意空间，但是仍然在一定程度上遵循媒体的要求。很多网站会在页眉中设置宣传本网站的内容，如网站宗旨、网站 Logo 等，也有一些网站将这个"黄金地段"作为广告位出租。

通常把 88×31 的小按钮 Banner 称为 Logo，主要原因是网站间互换广告条使用的尺寸大部分是88×31。目前，越来越多的网站推出不同规格的巨幅网络广告，如图 1-9 所示。

图 1-9　青岛大学网站 Banner

4．导航栏

导航栏是最早出现的网页元素之一。一个网站的导航栏就像一本书的目录，先有章，再有节，然后是小节。导航栏既是网站路标，又是分类名称，十分重要。导航栏实质上是一组超链接，通过这组超链接可以浏览整个网站的其他页面。它应该放置在页面中较为醒目的位置，便于浏览者在第一时间看到它并做出判断，确定要进入哪个栏目去浏览其需要的信息。导航栏的设计风格和位置的确定，依据不同网站的实际情况也有所不同。

导航大致可以分为横排导航、竖排导航、多排导航、图片式导航、框架快捷导航、下拉菜单导航、隐藏式导航和动态 Flash 导航等，如图 1-10 所示。

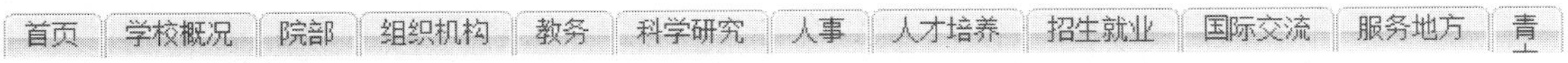

| 首页 | 学校概况 | 院部 | 组织机构 | 教务 | 科学研究 | 人事 | 人才培养 | 招生就业 | 国际交流 | 服务地方 | 青 |

图 1-10　青岛大学主页导航栏

5．文本

文本作为人类最重要的信息载体，是最重要的网页元素之一。与图像、动画等其他网页元素相比，文本不易在第一时间吸引浏览者的注意，但文本能够更加准确详细地表达网页信息的具体内容和含义，是对其他网页元素的补充。随着网页制作工具不断完善、功能不断增强，网页中的文本也可以按照不同的需求设置相应的字体、字号、颜色等属性，还可以添加一些文字特效，以突出显示重要的文本部分，打破文字的固有缺陷。

6．图像

图像在网页中起着非常重要的作用，适当的图像能够为网页增添生动性和活泼性，不仅能丰富网页内容、提供更多更直接的信息，还能给浏览者带来视觉上的美感。图像几乎不受计算机平台、地域和语种的限制，也使网页更多地显示出制作上的创造力。但如果一个页面中的图像过多，就会主次不分、形式单调。图像所占空间大，过多的图像会增加网页的加载时间，可能导致浏览者不愿等待而关掉网页。作为一个网页设计师，要想使自己的网页受到欢迎，在丰富页面内容的同时，还必须提高页面加载速度。因此，在页面中使用图像要权衡利弊，慎重考虑。

图像在网页中作用很多，如制作导航栏、插图、背景图像、按钮等。在一些页面中，图像占据了整个网页的绝大部分，只要布局合理、规范，可以达到良好的视觉效果。

7．动画

动画因其特殊的视觉效果被广泛应用于各种网站中。动画能够形象生动地表现事物的变化发展过程，增加网页的动态效果，使网站更加生动有趣，因此，动画已经成为网站中不可缺少的元素之一。

在网页中使用的动画通常有 GIF 动画、Flash 动画以及 Java 小程序等。

8．表单

超链接实现了网页之间的简单交互，而表单的出现使用户与网站之间的交互达到了一个新的高度。表单是网页中的一组数据输入区域，用户通过按钮提交表单后，输入的数据传送到服务器。网络上需要交互的留言板、在线论坛、订单等都离不开表单。

表单实质上是一个服务器程序，用户可以在网页上的表单域中输入文本或数据，提交表单后，该表单程序在服务器上执行，并将执行结果反馈到相应的页面上，从而实现了用户与网站之间的交互。

9．版权信息

加入伯尼尔公约的国家都必须遵从该公约关于版权声明的规定，简短的一段话透露出了网站的专业性并提示浏览者需要注意对该网站的版权进行保护，不得侵犯。

版权声明的标准格式如下：Copyright [dates] by [author/owner]，©通常可以代替 Copyright，但是不可使用"（c）"。各个国家的具体规定又有所不同，下面列举几个参考实例。

©2003-2009 9wcom.com, Inc. All rights reserved.

©2009 bj-website Corporation. All rights reserved.

Copyright © 2009 9wcom.com Incorporated. All rights reserved.

©2003-2009 Eric A. and Kathryn S. Meyer. All Rights Reserved.

1.7 Dreamweaver CC 工作环境

Adobe Dreamweaver 是最优秀的可视化网页设计工具之一，目前较新版本的 Dreamweaver CC 是网页设计工作者的必备工具之一，使用它可以以更快的速度开发更多优质网页。在使用 Dreamweaver CC 开发网站之前，首先需要熟悉一下 Dreamweaver CC 的启动以及设计环境。俗话说"工欲善其事，必先利其器"，通过本节可以使大家了解 Dreamweaver CC 网页制作软件的"庐山真面目"，使后面的学习变得更加轻松，上手更加迅速。

1.7.1　Dreamweaver CC 的启动

随着 Windows XP 的退役，Dreamweaver CC 要求计算机安装的操作系统最低为 Windows 7。Dreamweaver CC 安装完成后，可单击任务栏中的"开始"按钮，选择"所有程序"中的 Dreamweaver CC 图标并单击（如图 1-11 所示），即可启动 Dreamweaver CC，如图 1-12 所示。

图 1-11　启动 Dreamweaver CC　　　　图 1-12　Dreamweaver CC 应用程序窗口

1.7.2　Dreamweaver CC 的工作区

Dreamweaver CC 提供了一个将全部元素置于一个窗口的集成布局。在集成的工作区中，全部窗口和面板都被集成到一个更大的应用程序窗口中。可在一个窗口中显示多个文档，并使用选项卡来标识每个文档。

启动 Dreamweaver CC 后，会显示欢迎界面，用于打开最近使用过的文档或创建新文档。也可以在欢迎界面中，通过产品介绍或访问学习与帮助内容了解有关 Dreamweaver 的更多信息，如图 1-13 所示。

图 1-13　Dreamweaver CC 的欢迎界面

Dreamweaver CC 的工作区分为菜单栏、文档编辑区、"属性"面板、面板与面板组四个区域，如图 1-14 所示。

图 1-14　Dreamweaver CC 的工作区

1．菜单栏

菜单栏位于 Dreamweaver CC 应用程序最上面，包含一个工作区切换器、几个菜单以及其他应用程序控件，如图 1-15 所示。

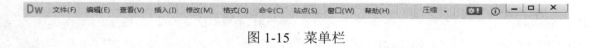

图 1-15　菜单栏

菜单栏几乎集中了 Dreamweaver CC 的全部操作选项，利用这些选项，可编辑网页、管理站点以及设置操作界面等。单击"工作区切换器"右侧的下拉按钮，可在其下拉菜单中选择不同的工作区模式，其中包括应用程序开发人员、经典、编码器、编码人员、设计器等。也可以自定义工作区并保存，然后切换到此工作区模式下开展工作。

2．文档编辑区

文档编辑区是网页文档的主要编辑区域，在此处可以进行网页的编辑和开发，其中包含文档选项卡、文档工具栏、编辑区和状态栏，如图 1-16 所示。

1）文档选项卡

当"文档"窗口处于最大化状态（默认值）时，"文档"窗口顶部会显示选项卡，上面显示了所有打开文档的文件名。如果尚未保存已做的更改，则 Dreamweaver 会在文件名后显示一个星号。若要切换到某个文档，选择其选项卡即可。Dreamweaver 还会在文档的选项卡下（如果在单独窗口中查看文档，则在文档标题栏下）显示相关文件工具栏。相关文档是指与当前文件关联的文档，如 CSS 文件或 JavaScript 文件。若要在"文档"窗口中打开这些相关文件之一，则应在"相关文件"工具栏中选中其文件名。

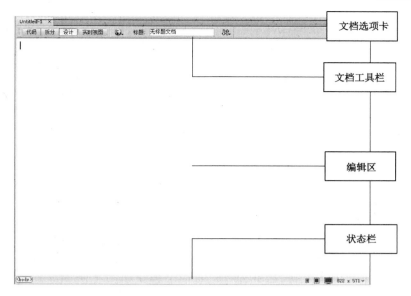

图 1-16　文档编辑区

2）文档工具栏

文档选项卡下面是用于文档编辑的工具栏，包含一些按钮，用于提供各种"文档"窗口视图（如"设计"视图和"代码"视图）的选项、各种查看选项和一些常用操作（如在浏览器中预览），如图 1-17 所示。

图 1-17　文档工具栏

A—显示"代码"视图；B—显示"代码"视图和"设计"视图；C—显示"设计"视图；
D—实时视图；E—在浏览器中预览/调试；F—文档标题；G—文件管理

代码：只在"文档"窗口中显示"代码"视图。

拆分：将"文档"窗口拆分为"代码"视图和"设计"视图。

设计：只在"文档"窗口中显示"设计"视图。

实时视图：显示基于浏览器的交互式文档视图，也可以在"实时视图"中编辑 HTML 元素。

在浏览器中预览/调试：可在浏览器中预览或调试文档，可在弹出的菜单中选择一个浏览器。

文档标题：为文档输入一个标题，它将显示在浏览器的标题栏中。如果文档已经有了一个标题，则标题将显示在该区域中。

文件管理：弹出"文件管理"菜单。

3）编辑区

在此区域中进行网页布局、编辑制作。

4）状态栏

"文档"窗口底部的状态栏提供与正在创建的文档有关的其他信息，如图 1-18 所示。

图 1-18　状态栏

A—标签选择器；B—手机大小；C—平板电脑大小；D—桌面大小；E—窗口大小

标签选择器：显示环绕当前选定内容标签的层次结构。单击该层次结构中的任何标签，均可选择该标签及其全部内容。例如，单击 <body> 可以选择文档的整个正文。

手机大小：默认情况下，按手机大小 480×800 显示文档的预览效果。

平板电脑大小：默认情况下，按平板电脑大小 768×1024 显示文档的预览。若要更改默认大小，可选择"窗口大小"|"编辑大小"选项。

桌面大小：默认情况下，在宽度大小为 1000 像素的桌面中显示文档预览。若要更改默认大小，可选择"窗口大小"|"编辑大小"选项。

窗口大小弹出菜单：（在"代码"视图中不可用）使用此工具，可以将"文档"窗口的大小调整到预定义或自定义的尺寸。更改设计视图或实时视图中页面的视图大小时，仅更改视图大小的尺寸，而不更改文档大小。

除了预定义和自定义大小，Dreamweaver 还会列出在媒体查询中指定的大小。选择与媒体查询对应的大小后，Dreamweaver 将使用该媒体查询显示页面。还可更改页面方向以预览用于移动设备的页面，在这些页面中根据设备的把握方式更改页面布局。

3．"属性"面板

默认情况下，"属性"面板位于工作区的底部边缘，但是可以将其取消停靠并使其成为工作区中的浮动面板。

使用"属性"面板，可以检查和编辑当前选定页面元素（如文本和插入的对象）的最常用属性。"属性"面板的内容会根据选定元素的不同而有所不同。例如，如果选择页面上的图像，则"属性"面板将改为显示该图像的属性［如图像的文件路径、图像的宽度和高度、图像周围的边框（如果有），等等］，如图 1-19 所示。

图 1-19　"属性"面板

4．面板与面板组

在 Dreamweaver 工作区右侧有很多可以展开和折叠的面板。用户可以将面板摆放到任意位置，也可以在不需要时关闭它们。面板组是组合在一个标题下面的相关面板的集合。面板组中选定的面板显示为一个选项卡。每个面板组都可以展开或折叠，并且可以和其他面板组停靠在一起或取消停靠。

Dreamweaver CC 默认的面板组有"插入"面板、"文件"面板、"CSS 设计器"面板等。

1)"插入"面板

"插入"面板包含用于创建和插入对象（如表格、图像和超链接）的按钮。这些按钮按几个类别进行组织，可以通过从顶端的下拉列表中选择所需类别来进行切换，如图 1-20 所示。

注意：某些类别具有带弹出菜单的按钮。从弹出菜单中选择一个选项时，该选项将成为按钮的默认操作。例如，如果从"图像"按钮的弹出菜单中选择"图像占位符"选项，则下次单击"图像"按钮时，Dreamweaver CC 会插入一个图像占位符。每当从弹出菜单中选择一个新选项时，该按钮的默认操作都会改变。

"插入"面板按类别进行组织，单击"常用"选项右侧的下拉按钮，可看到"常用""结构""媒体""表单"等 8 种类别，如图 1-21 所示。

常用：用于创建和插入最常用的元素，如 div 标签和对象（如图像和表格）。

结构：用于插入结构元素，如 div 标签、标题、列表、区段、页眉和页脚。

媒体：用于插入媒体元素，如 Edge Animate 排版、HTML 5 音频和视频，以及 Flash 音频和视频。

表单：包含用于创建表单和插入表单元素（如搜索和密码）的按钮。

jQuery Mobile：包含使用 jQuery Mobile 构建站点的按钮。

jQuery UI：用于插入 jQuery UI 元素，如折叠式、滑块和按钮。

模板：用于将文档保存为模块并将特定区域标记为可编辑、可选、可重复或可编辑的可选区域。

收藏夹：用于将"插入"面板中最常用的按钮分组并组织到某一公共位置。

通过选择"隐藏标签"选项，各工具仅以图标形式显示，如图 1-22 所示；而通过"类别"下拉列表中的"显示标签"选项可将图标还原为标签显示。

图 1-20　"插入"面板　　图 1-21　"插入"面板的类别菜单　　图 1-22　隐藏标签显示模式

如果"插入"面板组没有显示出来，则可以选择主菜单中的"窗口"|"插入"选项将其打开。

2）"文件"面板

使用"文件"面板可以方便地添加、删除和重命名文件及文件夹，以便根据需要更改组织结构，是网站管理中最重要、最常用的面板，如图 1-23 所示。

图 1-23　"文件"面板

在"文件"面板中查看站点、文件或文件夹时，可以更改查看区域的大小，还可以展开或折叠"文件"面板。当折叠"文件"面板时，它以文件列表的形式显示本地站点、远程站点、测试服务器或 SVN

库的内容；在展开时，它会显示本地站点和远程站点、测试服务器或 SVN 库中的一个。

对于 Dreamweaver 站点，还可以通过更改默认显示在折叠面板中的视图（本地站点或远程站点）来对"文件"面板进行自定义。"文件"面板中的文件夹将根据（本地视图、远程服务器或测试服务器）视图以不同颜色显示。本地视图如图 1-24 所示，远程服务器视图如图 1-25 所示，测试服务器视图如图 1-26 所示，存储库视图如图 1-27 所示。

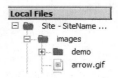

图 1-24 "文件"面板的本地视图

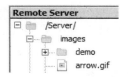

图 1-25 "文件"面板的远程服务器视图

图 1-26 "文件"面板的测试服务器视图

图 1-27 "文件"面板的存储库视图

图 1-28 "CSS 设计器"面板

3）"CSS 设计器"面板

"CSS 设计器"面板（选择"窗口"｜"CSS 设计器"选项）属于 CSS "属性"面板，能"可视化"地创建 CSS 样式和规则，并设置属性和媒体查询，如图 1-28 所示。

"CSS 设计器"面板由以下四部分组成。

（1）"源"窗格：列出与文档相关的所有 CSS 样式表。使用此窗格，可以创建 CSS 并将其附加到文档中，也可以定义文档中的样式。

（2）"@媒体"窗格：在"源"窗格中列出了所选源中的全部媒体查询。如果不选择特定 CSS，则此窗格将显示与文档关联的所有媒体查询。

（3）"选择器"窗格：在"选择器"窗格中列出了所选源中的全部选择器。如果同时选择了一个媒体查询，则此窗格会为该媒体查询缩小选择器列表范围。如果没有选择 CSS 或媒体查询，则此窗格将显示文档中的所有选择器。

在"@媒体"窗格中选择"全局"后，将显示对所选源的媒体查询中不包括的所有选择器。

（4）"属性"窗格：显示可为指定的选择器设置的属性。

CSS 设计器是上下文相关的。这意味着，对于任何给定的上下文或选定的页面元素，都可以查看关联的选择器和属性。此外，在 CSS 设计器中选中某选择器时，关联的源和媒体查询将在各自的窗格中高亮显示。

1.7.3 调整工作区

为了方便工作，经常需要调整工作区以使其适应工作的需要，如改变工作视图、隐藏和展开面板，或在编辑视图中显示标尺和辅助线等。

1．显示、隐藏及关闭面板

Dreamweaver CC 窗口包括不同功能的面板，显示与隐藏它们的方法如下。

（1）在"窗口"菜单中，选中或取消相应面板，从而显示或隐藏该面板，如图 1-29 所示。

（2）单击面板的标题或标签，可以展开该面板；而双击面板的标题或标签，可以隐藏该面板组，如图 1-30 所示。

（3）单击面板标题栏右侧的按钮，从弹出的菜单中选择"关闭面板组"选项，可以关闭相应面板组，如图 1-31 所示。

图 1-29　在"窗口"菜单中　　　图 1-30　显示或隐藏面板　　　图 1-31　使用面板控制菜单

打开或关闭面板　　　　　　　　　　　　　　　　　　　关闭面板组

2．停放/取消停放面板

停放是一组放在一起显示的面板或面板组，通常在垂直方向显示。可将面板移到停放中，或从停放中移走停放，或取消停放面板。

要停放面板，可将其标签拖到停放中（顶部、底部或两个其他面板之间）。

要停放面板组，可将其标题栏（标签上面的实心空白栏）拖到停放中。

要删除面板或面板组，可将其标签或标题栏从停放中拖走。可以将其拖到另一个停放中，或者使其变为自由浮动。

3．移动面板

在移动面板时，会看到蓝色突出显示的放置区域，用户可以在该区域中移动面板。例如，通过将一个面板拖动到另一个面板上面或下面的窄蓝色放置区域中，可以在停放中向上或向下移动该面板。如果拖动到的区域不是放置区域，则该面板将在工作区中自由浮动。

4．调整面板大小

要将面板、面板组或面板堆叠最小化或最大化，可双击选项卡，也可以双击选项卡区域（选项卡旁边的空白区）。

若要调整面板大小，可拖动面板的任意一条边。

5．标尺、网格与辅助线

在制作网页时，经常需要准确定位网页中元素的位置，可以使用标尺、辅助线及网格帮助用户进行定位。

在"查看"菜单中，选择"标尺"|"显示"选项，可在文档编辑窗口中显示标尺，如图 1-32 所示；选择"网格设置"|"显示网格"选项，可以在文档编辑区中显示网格，如图 1-33 所示，从而方便设计时的定位。

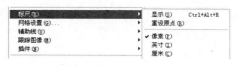

图 1-32　显示标尺　　　　　　　　　　　　　　　图 1-33　显示网格

辅助线是从标尺拖动到文档上的线条，它们有助于更加准确地放置和对齐对象。还可以使用辅助线来测量页面元素的大小，或者模拟 Web 浏览器的重叠部分（可见区域），如图 1-34 所示。

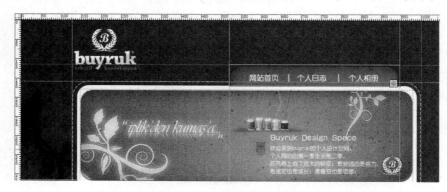

图 1-34　使用辅助线

1.8　Dreamweaver 工作流程

可以使用多种方法来创建 Web 站点，下面介绍的是其中一种方法。

1．规划和设置站点

确定将在哪里发布文件，检查站点要求、访问者情况以及站点目标。此外，还应考虑如用户访问以及浏览器、插件和下载限制等技术要求。在组织好信息并确定结构后，即可开始创建站点。

2．组织和管理站点文件

在"文件"面板中，可以方便地添加、删除和重命名文件及文件夹，以便根据需要更改组织结构。在"文件"面板中还有许多工具，可使用它们管理站点，向/从远程服务器传输文件，设置"存回/取出"过程来防止文件被覆盖，以及同步本地和远程站点上的文件。使用"资源"面板可方便地组织站点中的资源，然后可以将大多数资源直接从"资源"面板拖到 Dreamweaver 文档中。

3．设计网页布局

选择要使用的布局技术，或将 Dreamweaver 布局选项与布局技术结合使用来创建站点外观。可以从使用 Dreamweaver 流体网格布局或默认模板开始设计网页布局。可以创建基于 Dreamweaver 模板的新网页，这样更新模板时就会自动更新这些页面的布局。如果希望同时在浏览器中显示多个元素，则可以使用框架来设计文档的布局。

4．向页面添加内容

可以在页面中添加资源和设计元素，如文本、图像、鼠标经过图像、图像地图、颜色、影片、声音、HTML 超链接、跳转菜单等。可以对标题和背景等元素使用内置的页面创建功能，如在页面中直接输入，或者从其他文档中导入内容。Dreamweaver 还可提供多种工具，用于最大限度地提高网站性能及对网页进行检测以确保与其他 Web 浏览器兼容。

5．通过手动编码创建页面

手动编写页面的代码是创建页面的另一种方法。Dreamweaver 提供了易于使用的可视化编辑工具，但同时提供了高级的编码环境；可以采用任一种方法（或同时采用这两种方法）来创建和编辑页面。

6．针对动态内容设置 Web 应用程序

许多 Web 站点包含动态页面，动态页面使访问者能够查看存储在数据库中的信息，并且一般会允许某些访问者在数据库中添加新信息或编辑信息。若要创建此类页面，则必须先设置 Web 服务器和应用程序服务器，创建或修改 Dreamweaver 站点，然后连接到数据库。

7．创建动态页面

在 Dreamweaver 中，可以定义动态内容的多种来源，其中包括从数据库提取的记录集、表单参数和 JavaBeans 组件。要将动态内容添加到网页中，仅将该动态内容拖动到网页中即可。

8．测试和发布

测试页面是在整个开发周期中进行的一个持续的过程。这一工作流程的最后是在服务器上发布该站点。许多开发人员还会安排定期的维护，以确保站点保持更新且工作正常。

本章小结与重点回顾

本章主要介绍了网站建设中的一些基础知识，明确了网站开发的流程和如何规划网站，从整体上为初学者描绘了一个网站的基本构成元素。通过本章的学习，将有助于读者在今后的学习中确定目标，掌握学习这门课程的技巧和方法。

本章重点：

● 了解网站的基本常识。

● 了解建站的基本步骤。

● 明确网页由哪些基本元素构成。

● 了解创建网站的基本流程。

● 了解 Dreamweaver CC 工作区及工作流程。

第2章

创建本地站点

在第 1 章中我们已经学习了创建网站的基本步骤，以及应用 Dreamweaver 进行网站建设的流程，本章将以一个简单的实例来说明如何着手进行网站的制作。

2.1 创建本地站点——我的足球网

2.1.1 案例综述

一个优秀的网站开发首先要从站点的整体规划开始，站点是网页文件的存储场所。一般来说，用户所浏览的网页都是存储在 Internet 服务器上的。通常，创建一个网站，总是先在本地计算机上进行开发和调试，待完成后再上传到 Internet 服务器上。因此，在本地计算机上应该先创建一个本地站点，用以进行网站的开发和管理。本例将创建一个简单的站点，从中介绍本地站点的创建及站点中的文件管理。案例效果如图 2-1 所示。

图 2-1 "我的足球网"案例效果

2.1.2　案例分析

在网站开发之前，首先要进行网站的策划，对网站的结构、栏目的设置、网站的风格、颜色搭配、版面布局、文字图片的运用等内容逐一进行考虑，写出策划书，然后开始用 Dreamweaver CC 进行站点的创建，以及文件的管理。

本案例要做的主要工作如下。

（1）规划站点。

（2）创建站点（本地站点）。

（3）组织和管理站点文件。

（4）设计网页布局。

（5）向页面添加内容，制作简单主页。

2.1.3　实现步骤

1．规划站点

在着手进行网站设计之前，做一些如栏目规划、文件管理的准备工作是非常重要的。由于本案例比较简单，这里只写了简化的策划书来说明此过程。

1）项目概述

① 项目名称：我的足球网。

② 项目定位：通过对足球明星的介绍、足球相关的新闻、我生活中的足球趣事等，表达对足球爱好的个人网站。

③ 子栏目设置：网站名为"我的足球网"，包括"我与足球""足球新闻""足球明星"3 个栏目。

④ 分页内容：我与足球——写我对足球的感悟，我生活中的足球；足球新闻——按世界各大联赛介绍赛事和相关新闻；足球明星——介绍足球明星（分当今的和过去的）。

2）站点文件的组织与管理

① 在 E 盘新建文件夹 E:\Dw\ch2\，作为存放整个站点内容的文件夹，也是网站的根目录。

② 3 个栏目内容分别存放在网站根目录下的 aboutme、news、photo 文件夹里。

③ 网站所有素材图像存放于根目录下的文件夹 image 中。

3）网站风格

将网页背景定为绿色，以突出绿荫足球的主题。

2．创建站点（本地站点）

为实现对网站的更好管理，应该在本地计算机磁盘上以文件夹的形式建立一个本地站点，然后将设计的网页文件以及搜集的资料，如图片、声音、文字等，都存放在该文件夹下，以便控制站点结构，全面系统地管理站点中的每个文件。Dreamweaver CC 的"文件"面板就是用来完成本地站点以及远程站点的编辑和管理等任务的。通常，需要在 Dreamweaver CC 中新建一个站点，这样可以利用 Dreamweaver CC 强大的站点管理功能来管理自己的网站。

🐬　步骤

（1）打开 Dreamweaver CC，选择"站点"｜"新建站点"选项，或选择"站点"｜"管理站点"选项。在随后弹出的"管理站点"对话框中单击"新建站点"按钮，如图 2-2 所示。

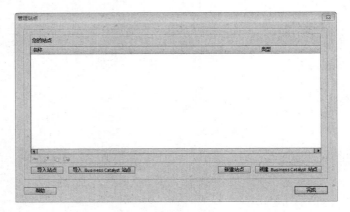

图 2-2 "管理站点"对话框

（2）弹出"站点设置对象"对话框，在"站点名称"文本框中为站点命名，这里输入用以识别网站的名称"myfootball"，单击"本地站点文件夹"文本框右侧的"浏览"按钮，在弹出的"选择根文件夹"对话框中，为网站指定一个站点根文件夹 E:\Dw\ch2\，若该文件夹尚未创建，则新建该文件夹，如图 2-3 所示。

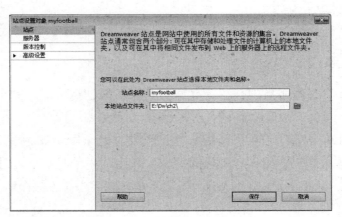

图 2-3 输入站点名称及定位本地站点文件夹

（3）选择对话框左侧窗格中的"高级设置"选项卡，在其子选项中选中"本地信息"，单击"默认图像文件夹"文本框右侧的"浏览"按钮，在站点内指定用于存放图像的文件夹，如图 2-4 所示。

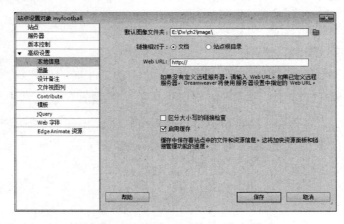

图 2-4 设置默认图像存储文件夹

设置"默认图像文件夹"的优点在于，当要插入一幅站点外的图像到网页中时，系统自动将图像复制到默认图像文件夹内。如果不设置此项，则系统会提示是否需要复制，如果需要，则要为图像指定存放的位置。

（4）单击"保存"按钮，系统自动返回到"管理站点"对话框，新建站点"myfootball"已出现在列表框中。单击"完成"按钮，完成站点的创建。创建完成的站点会自动显示在"文件"面板中，如图 2-5 所示。

3．组织和管理站点文件

本地站点中应包含网站中的所有网页、图片、动画等资源，通过"文件"面板可以对这些资源进行组织和管理。新创建好的站点显示在"文件"面板中，可以看到站点下除了默认的图像文件夹 image 并没有任何内容，现在即可在此按网站事先的设想创建其他文件。

图 2-5　站点显示在"文件"面板中

（1）右击"文件"面板中的"站点-myfootball"，在弹出的快捷菜单中选择"新建文件"选项，如图 2-6 所示。

（2）系统将自动创建新文件 untitled.html，如图 2-7 所示。

图 2-6　新建文件

图 2-7　创建新文件 untitled.html

（3）将默认文件名 untitled.html 改为 index.html，该文件为网站的主页文件，这也是本案例要重点编辑的网页。

此处将新建文件名改为 index.html，则在本站规划中，该文件是网站的主页文件，即访问网站的人最先看到的一个网页。一般情况下，网站默认的主页文件名是 index.html，也可以是 index.asp、default.html 等（注意区分字母大小写）。

（4）右击"文件"面板中的"站点-myfootball"，在弹出的快捷菜单中选择"新建文件夹"选项。

（5）系统自动创建新文件夹 untitled，图标 📁 表示这是一个文件夹，如图 2-8 所示。

（6）将默认文件夹名称 untitled 改为 aboutme。

（7）用同样的方法创建另外两个文件夹 photo、news，用 aboutme、photo、news 文件夹存放事先设计的 3 个栏目内容，如图 2-9 所示。

图 2-8　新建文件夹

图 2-9　再创建两个文件夹

图 2-10　分别在各文件夹中
创建网页文件

（8）在 3 个文件夹 aboutme、photo、news 中分别再新建三个网页文件——me.html、photo.html、news.html，作为主页文件的三个超链接指向，如图 2-10 所示。

🐦 **提示**

创建文件或文件夹时应注意，要在需创建的位置右击，从而保证所建文件或文件夹在相应的文件夹内。

4．编辑主页文件

主页是来访者光临网站最先看到的页面。下面以此页为例说明页面布局和添加页面内容的具体做法。双击"文件"面板上的 index.html 文件，可以在文档窗口打开此文件，可利用"插入"面板及"属性"面板对页面进行编辑。

1）设置页面风格及标题

🐬 **步骤**

（1）首先为要编辑的网页设置页面的统一风格，如背景色、文本样式、超链接等，在编辑区域下方的"属性"面板中，单击 页面属性 按钮，弹出"页面属性"对话框，如图 2-11 所示。

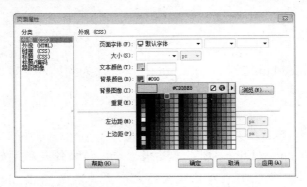

图 2-11　"页面属性"对话框

（2）设置左边距、上边距为 0。单击"背景颜色"右侧的 按钮，选择绿色作为背景色，单击"确定"按钮，完成页面属性的设置。

（3）在文档工具栏的"标题"文本框中输入该页面的标题文字"我的足球网"，如图 2-12 所示。此标题将在用户浏览网页时显示在标题栏中。

图 2-12 设置网页标题

2）页面布局

网页中用于布局页面的方法有很多，这里使用最传统的表格布局。由于插入表格时，可以将其边框设置为 0，这就使得表格在看不到表格边线的同时，各单元格将页面分割为若干区域，从而起到布局页面的作用。

图 2-13 插入表格

步骤

（1）将光标定位于页面中，在"插入"面板的"常用"类别中选择"表格"选项，在弹出的"表格"对话框中设置"行"为"3"，"列"为"2"，"表格宽度"为"550"，"边框粗细"为"0"，"单元格边距"为"0"，"单元格间距"为"0"，单击"确定"按钮，在页面中插入 3 行 2 列表格，如图 2-13 所示。

（2）在"属性"面板中设置表格，将"Align"设置为"居中对齐"，如图 2-14 所示。

图 2-14 设置表格属性

（3）插入表格后，需对单元格的宽度、高度加以设定，从而固定单元格中内容的位置。拖动鼠标选中表格第一行，在其"属性"面板中单击"合并选定单元格"按钮。宽度因为是一整行，故可不做设置；高度设置为"50"。

（4）第二行的第一列单元格内由于要放置图片，因此根据图片的大小设置该单元格的宽为"364"，高为"417"。在第二行中因为只有两个单元格，所以设置一个宽度后，另一个可省略；同理，高度也可省略。

（5）第三行用于放置版权信息，合并两行单元格，设置高度为"90"。

3）向页面添加内容

步骤

（1）在表格第一行的单元格内输入文字"我的足球网"。设置单元格的"水平""垂直"为"居中对齐"。选中文字"我的足球网"，在"属性"面板中设置其"格式"为"标题 1"，如图 2-15 所示。

图 2-15 设置单元格属性

（2）将光标定位在第二行第一列单元格内，选择"插入"|"图像"选项，在"选择图像源文件"对话框中选择要插入的图像 man.jpg，如图 2-16 所示，单击"确定"按钮，将素材库里的图像 ch2-本地站点\image\man.jpg 添加到页面中，如图 2-17 所示。

图 2-16　设置单元格属性

图 2-17　在表格第二行第一列内插入图像

图 2-18　选择是否要复制图像文件到站点根文件夹中

提示

由于在创建站点时事先设置的默认图像文件夹为 E:\Dw\ch2\image\，在插入站点外的图像时，系统会自动将图像文件复制到默认图像文件夹中。如果在创建站点时没有设置默认图像文件夹，则在插入站点外的图像时系统会提示是否需要复制。单击"是"按钮，则将文件复制到站点根目录下，如图 2-18 所示。如果单击"否"按钮，则不复制，只保持与源图像的链接关系，这样做的结果是在网站移动后，会出现图像无法显示的情况。

（3）在表格的第二行第二列中输入文字"足球明星""我与足球""足球新闻"，在文字之间按【Enter】键换行，并在下一行处插入另一张图像素材 FOLDER.jpg，如图 2-19 所示。

（4）在表格的第三行中输入版权信息内容，如版权所有、建议使用的分辨率、联系方式等，如图 2-20 所示，换行时按住【Shift】键使行间无空行。

图 2-19　在表格第二行第二列中输入文字并插入图像

图 2-20　输入版权信息内容

（5）输入"本网站最后更新时间"，选择"插入"|"日期"选项，在弹出的"插入日期"对话框中设置好显示的日期与时间格式，一定要选中"储存时自动更新"复选框，单击"确定"按钮，如图 2-21 所示。

（6）选中该单元格，在"属性"面板中设置"水平"为"居中对齐"。

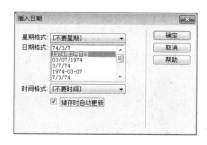

图 2-21　"插入日期"对话框

4）制作栏目超链接

步骤

（1）选中文本"足球明星"后，单击"属性"面板中的"链接"文本框后的"浏览"按钮，在弹出的"选择源文件"对话框中选择本地站点根文件夹中的网页文件 photo.html，或在属性栏中的链接项处单击并拖动⊕图标到右边"文件"面板的 photo.html 文件处，如图 2-22 所示。

图 2-22　创建超链接到目标文件

（2）用同样的方法制作文本"我与足球"和"足球新闻"的超链接，其中"我与足球"的超链接指向文件 me.html，"足球新闻"的超链接指向文件 news.html。

按【Ctrl+S】组合键保存文件，按【F12】键打开浏览器并预览实际效果。

至此，一个简单的图文并茂的主页就制作完成了。至于其他几个超链接页面的制作，读者可以自由发挥。为了方便用户浏览网站中的各个页面，应在 3 个分页面中设置返回的超链接。

2.2　网站规划

一个网站设计成功与否，在很大程度上取决于设计者的规划水平。规划网站就像设计师设计大楼一样，图纸设计好了，才能建成一座漂亮的楼房。因此，在开始建站前首先要进行网站策划书的撰写，一份较为完善的策划书是一个网站成功的基本保障。网站策划书包含的内容如下。

1．网站建设前的市场分析

（1）相关行业的市场是怎样的？市场有什么样的特点？能否在互联网上开展公司业务？

（2）市场主要竞争者分析，竞争对手上网情况及其网站策划、功能或作用。

（3）公司自身条件分析、公司概况、市场优势，可以利用网站提升哪些竞争力，建设网站的能力（费用、技术、人力等）。

2．网站建设目的及功能定位

（1）为什么要建立网站？是为了树立企业形象，宣传产品，开展电子商务？还是建立行业性网站？是企业的基本需要还是市场开拓的延伸？

（2）整合公司资源，确定网站功能。根据公司的需要和计划，确定网站的功能类型：企业型网站、应用型网站、商业型网站（行业型网站）、电子商务型网站；企业网站又分为企业形象型、产品宣传型、网上营销型、客户服务型、电子商务型等。

（3）根据网站要达到的目的，确定网站的功能。

（4）企业内部网（Intranet）的建设情况和网站的可扩展性。

3．网站技术解决方案

根据网站的功能确定网站技术解决方案。

（1）采用自建服务器？还是租用虚拟主机？

（2）选择操作系统，用 Windows 2000/NT 还是 UNIX、Linux？分析投入成本、功能、开发、稳定性和安全性等。

（3）采用模板自助建站、建站套餐还是个性化开发？

（4）网站安全性措施，防黑客、防病毒方案。

（5）选择什么样的动态程序及相应数据库？如程序设计语言 ASP、JSP、PHP、ASP.NET，数据库 SQL Server、Access、Oracle 等。

4．网站内容及实现方式

（1）根据建设网站的目的确定网站的结构导航。一般企业型网站应包括公司简介、企业动态、产品介绍、客户服务、案例展示、联系方式、在线留言等基本内容，更多内容有常见问题、营销网络、招贤纳士、在线论坛、英文版等。通常个人网站以小型博客和论坛居多，栏目设置通常由站长的个人喜好而定。

（2）根据建设网站的目的及内容确定网站整合功能，如 Flash 引导页、会员系统、网上购物系统、在线支付、问卷调查系统、信息搜索查询系统、流量统计系统等。

（3）确定网站的结构导航中每个频道的子栏目，如公司简介中可以包括总裁致辞、发展历程、企业文化、核心优势、生产基地、科技研发、合作伙伴、主要客户、客户评价等，客户服务可以包括服务热线、服务宗旨、服务项目等。

（4）确定网站内容的实现方式，如产品中心使用动态程序数据库还是静态页面，营销网络采用列表方式还是地图展示。

5．网页设计

（1）网页美术设计要求。网页美术设计一般要与企业整体形象一致，要符合企业 CI 规范。要注意网页色彩、图片的应用及版面策划，保持网页整体的一致性。

（2）在新技术的采用上要考虑主要目标访问群体的分布地域、年龄阶层、网络速度、阅读习惯等。

（3）制订网页改版计划，如半年到一年时间内进行较大规模改版等。

6．网站维护

（1）服务器及相关软/硬件的维护，对可能出现的问题进行评估。

（2）数据库维护，有效地利用数据是网站维护的重要内容，因此数据库的维护要受到重视。

（3）内容的更新、调整等。

（4）制定相关网站维护的规定，将网站维护制度化、规范化。

7．网站测试

网站发布前要进行细致周密的测试，以保证正常浏览和使用。主要测试内容如下：

（1）服务器稳定性、安全性。

（2）程序及数据库测试。

（3）网页兼容性测试，如浏览器、显示器。

（4）需要的其他测试。

8．网站发布与推广

（1）网站测试后进行发布的公关、广告活动。

（2）搜索引擎登记等。

9．网站建设日程表

各项规划任务的开始和完成时间、负责人等。

10．费用明细

各项事宜所需费用清单。

制作网站策划书时要注意以下几个方面。

1）策划时考虑全面

这一步是前期策划中最为关键的一步，因为网站一定是为公司服务的，所以收集其他部门的意见和想法是最为必要的。这一步需要整理成文档，可以让其他部门配合提交一份本部门需要在网上开辟的栏目计划书。计划书一定要考虑充分，因为如果要把网站作为一个正式的站点来运营，所做的每项栏目的设置都应该是有规划的。如果考虑不充分，会导致以后突如其来的新加内容破坏网站的整体规划和风格。这并不意味着网站成形后不允许添加栏目，只是在添加的过程中需要和网站的情况结合起来。

2）具体分栏目策划

收集完其他部门的相关信息后，对其进行整理并找出重点，根据重点以及公司业务的侧重点，结合网站定位来决定网站的分栏目需要哪几项。可能开始时会因为栏目较多而难以确定最终需要哪几项，这又是一个讨论的过程，需要大家把自己的意见说出来，反复比较，对定下来的内容进行归类，形成网站栏目的树状列表以清晰地表达站点结构。

3）对子栏目进行归类

以同样的方法讨论二层栏目下的子栏目，对其进行归类，并逐一确定每个二级分栏目的主页需要存放哪些具体内容，二级栏目下面的每个小栏目需要放哪些内容，让栏目负责人能够很清楚地了解本栏目的每个细节和每个栏目。大家讨论完以后，应由栏目负责人按照讨论的结果编写栏目策划书。栏目策划书要求写得详细、具体，并有统一的格式，以备网站留档。这次的策划书只是第一个版本，在以后的制作过程中如果出现问题，应及时修改该策划书，并且也需要留档。

以下是网站策划书的一个范例。根据网站规格不同可以进行栏目的变化，但基本内容应该都有。

个人网站策划书

一、网站名称：意度空间。

二、网站的类型：我的个人网站。

三、简述网站的建设方案（叙述网站的建设意义所在）。

1. 网站作用：让别人了解我、认识我。

2. 网站规模：因为个人网站一般由一二十个网页组成，所以规模不大。

3. 网站目标客户：同学、朋友和广大青年网友。

4. 网站特色：这类网站受众一般为青年人，所以在色彩和设计风格上应追求青年人的口味，画面绚烂，在内容上的特色表现为内容标准化与个性化；充分体现互动性；内容实用性；多媒体技术专业性；网站平台延展性。

5. 网站的宣传标语：展示自我，分享快乐。

四、网站的风格及配色方案。

1. 网站名称：意度空间。

2. 网站域名：

3. 网站 Logo：

4. 网站标准色：整个网站以橙黄色为主基色，配以黑白色，这种配色代表年轻人的激情。

5. 网站标准字体：在字体上主张采用默认字体，因为这种字体无论在哪种浏览器上都能正常显示。

五、网站大体上包括我的圈子、我的相册、我的音乐、最新动态、项目互动、资源下载六大模块，这六大模块简介如下。

我的圈子简介：

（1）介绍我的班级和我班级中的同学，把同学加到我的网页中，并对每个人做详细的介绍，形成一个同学录一样的页面，在这里每个人都可以尽量书写个人的兴趣爱好。

（2）个人简历。首先是个人详细的自我介绍，然后加上个人的求职信、个人简历，以便企业更深入地了解自己。

（3）因为只要有 QQ 的人几乎都有自己的空间，所以可以加超链接，链接到我的 QQ 空间及我的相册。

我的相册简介：

（1）设计个人的相册。

（2）朋友的相册。

（3）贴图，如果发现好的图片，可收集起来和广大朋友共同分享。

我的音乐简介：

这个模块主要包括国内最新流行音乐、日韩最新流行音乐、欧美最新流行音乐。

2.3 站点的创建与管理

用 Dreamweaver CC 创建 Web 站点有多种方式，可以创建一个静态的网站，也可以创建一个动态的具有交互功能的网站。利用 Dreamweaver CC，用户可以在本地计算机磁盘上构造出整个网站的框架，对站点进行全局把握。由于这时候没有同 Internet 连接，因此有充足的时间完成站点的设计，进行完善的测试。当站点设计完毕后，可以利用各种上载工具，如 FTP 程序，将本地站点上传到 Internet 服务器，形成远端站点。

2.3.1 Dreamweaver 中的站点

对于制作维护一个网站，首先需要在本地磁盘上制作和修改网站的文件，然后把这个网站制作修改的文件上传到互联网的 Web 服务器，从而实现网站文件的更新。放置在本地磁盘上的网站被称为本地站点，位于互联网 Web 服务器中的网站被称为远程站点。

Dreamweaver 提供了对本地站点和远程站点的强大管理功能。使用 Dreamweaver 站点管理，需要理解以下三种站点的定义。

1．本地站点

本地站点用于存储正在处理的文件，Dreamweaver 将存放正在处理的文件的文件夹称为"本地站点"。此文件夹通常位于本地计算机，但也可能位于网络服务器。

2．远程站点

远程站点用于存储测试、生产和协作等用途的文件。Dreamweaver 在"文件"面板中将此文件夹称为"远程站点"。远程文件夹通常位于运行 Web 服务器的计算机上。远程文件夹包含用户从 Internet 访问的文件。

通过本地文件夹和远程文件夹的结合使用，可以在本地硬盘和 Web 服务器之间传输文件，从而轻松地管理 Dreamweaver 站点中的文件。可以在本地文件夹中处理文件，希望其他人查看时，再将它们发布到远程文件夹中。

3．测试服务器

Dreamweaver 在测试服务器中处理包含动态网页的文件，在测试服务器中测试通过后，才能发布到远程站点上。

2.3.2　创建本地站点

Dreamweaver 站点是网站中使用的所有文件和资源的集合。在 Dreamweaver 中，使用"文件"面板可查看和管理 Dreamweaver 站点中的文件。

若要设置站点的本地版本，则只需指定用于存储所有站点文件的本地文件夹。可以在 Dreamweaver 中使用"管理站点"对话框，设置并管理多个站点。

图 2-23　"文件"面板中的"管理站点"超链接

（1）在计算机上标识或创建用于存储站点文件的本地版本的文件夹（此文件夹可以位于计算机上的任何位置），在 Dreamweaver 中将此文件夹指定为本地站点。

（2）在 Dreamweaver 中，选择"站点"|"新建站点"选项；或单击"文件"面板中的"管理站点"超链接，如图 2-23 所示；或选择"站点"|"管理站点"选项，弹出"管理站点"对话框，如图 2-24 所示。单击"管理站点"对话框中的"新建站点"按钮。

（3）弹出"站点设置对象"对话框，如图 2-25 所示，确保选择"站点"选项卡（默认情况下其应处于选中状态）。

（4）在"站点名称"文本框中输入站点的名称，此名称显示在"文件"面板和"管理站点"对话框中，但不显示在浏览器中。

（5）在"本地站点文件夹"文本框中，指定已经标识的文件夹，即计算机上用于存储站点文件的本地版本的文件夹。也可以单击该文本框右侧的文件夹图标，以浏览和定位到相应的文件夹。

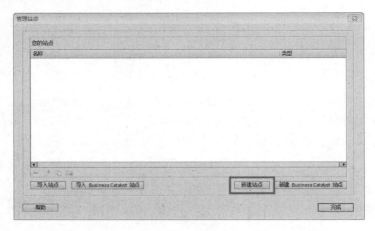

图 2-24　"管理站点"对话框

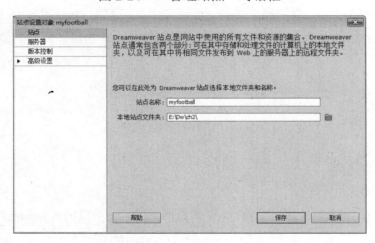

图 2-25　设置站点名称及根文件夹

（6）在"高级设置"选项卡中选择"本地信息"选项，在右侧出现相关选项，可以进一步设置本地站点信息，如图 2-26 所示。

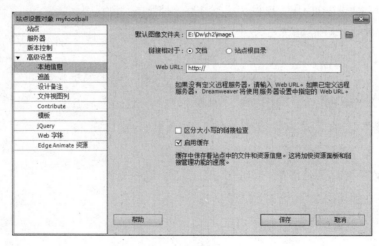

图 2-26　设置本地信息

设置本地文件夹的属性如下。

"站点名称"——输入站点的名称。

"本地站点文件夹"——指定存放站点文件的本地文件夹。

"默认图像文件夹" ——指定存放站点图像文件的目录。

"Web URL" ——指定站点的 URL 地址。使用该选项的目的是使 Dreamweaver 能够验证站点中使用绝对 URL 或站点根目录相对路径的超链接。

"启用缓存" ——选中"启用缓存"复选框，创建本地缓存，有利于提高站点链接和管理任务的速度，而且可以有效地使用"资源"面板管理站点资源。

 提示

如果没有选中"启用缓存"复选框，当修改某个文件（或文件夹）的名称或移动某个文件（或文件夹）时，Dreamweaver 需要读取站点中每个 HTML 文档中的所有代码，才能验证哪些文件使用要修改的文件名或路径。如果站点内的文件很多，检测将要花费很长的时间。但若选中了此复选框，当用户在站点中创建文件夹时，将会自动在该目录下生成一个名为"_notes"的缓存文件夹，该文件夹默认是隐藏的。每当用户添加一个文件时，Dreamweaver 就会在该缓存文件中添加一个很小的文件，专门记录该文件中的链接信息。这样，当修改某个文件的名称时，软件将不需要读取每个文件中的代码，而只要读取缓存文件中的链接信息即可，可以大大节省更新站点链接的时间。

（7）单击"保存"按钮，关闭"站点设置对象"对话框。现在便可以开始在 Dreamweaver 中处理本地站点文件了。

完成上述设置后，可以在"站点设置对象"对话框中填写其他类别，包括"服务器"类别，可以在其中指定远程服务器上的远程文件夹。

2.3.3　站点的管理

选择"站点"|"管理站点"选项，弹出"管理站点"对话框，如图 2-27 所示。在该对话框中可以执行以下操作。

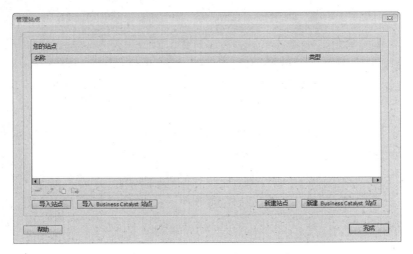

图 2-27　"管理站点"对话框

（1）新建站点：单击"新建站点"按钮可创建新的 Dreamweaver 站点。在打开的"站点设置对象"对话框中，指定新站点的名称和位置。详细信息可参阅设置站点的本地版本。

（2）导入站点：单击"导入站点"按钮即可导入站点。详细信息可参阅导入和导出站点设置。导入功能仅导入以前从 Dreamweaver 导出的站点设置，它不会导入站点文件以创建新的 Dreamweaver 站点。

（3）新建 Business Catalyst 站点：单击"新建 Business Catalyst 站点"按钮即可创建新的 Business Catalyst 站点。

（4）导入 Business Catalyst 站点：单击"导入 Business Catalyst 站点"按钮，导入现有的 Business Catalyst 站点。

注意：Business Catalyst 是用于构建和管理在线企业的托管应用程序。通过这个统一的平台，无须任何后端编码操作，即可构建一切所需，无论是构建一般的网站，还是构建功能强大的在线商店。

在"管理站点"对话框中，除了以上四个按钮功能，还可以使用编辑按钮对已有的站点进行编辑站点、复制站点、删除站点和导出站点等操作。

1．编辑站点

使用 🖉 按钮可对已经设置好的站点进行设置修改。

2．复制站点

使用 🖺 按钮可以在"管理站点"对话框中建立一个站点的副本，副本将出现在站点列表窗格中。

3．删除站点

使用 ➖ 按钮可将不需要的所选站点从"管理站点"对话框中删除，执行删除选项时会提醒用户该操作无法撤销。删除站点实际上只是删除了 Dreamweaver CC 同本地站点之间的关系，但是本地站点的内容包括文件夹和文档等，仍然保存在磁盘相应的位置上，用户可以重新创建指向其位置的新站点，重新对其进行管理。

4．导出站点

使用 ➡ 按钮可以将站点导出为 XML 文件，然后将其导入 Dreamweaver。这样即可在各计算机和产品版本之间移动站点，或与其他用户共享。

2.3.4 站点中文件的管理

在 Dreamweaver CC 中利用"文件"面板，可以对本地站点的文件或文件夹进行选择、移动、复制、删除等操作。

1．在站点中选择多个文件

在"文件"面板中可以用以下方法选择多个文件。

（1）单击第一个文件，按住【Shift】键，然后单击最后一个要选择的文件，即可选择一组连续的文件。

（2）先按住【Ctrl】键，然后单击要选择的文件，可选择一组不连续的文件。

2．在本地站点中剪切、粘贴、复制、删除、重命名文件或文件夹

要在"文件"面板中对文件或文件夹进行剪切、粘贴、复制、删除、重命名操作，可先选中要操作的文件或文件夹并右击，弹出快捷菜单，从中选择相应的选项便可完成相应的文件操作，如图 2-28 所示。

3．创建文件或文件夹

建立本地站点后，就可以在"文件"面板中创建自己的网页文件和文件夹来扩充站点了。

🐬 **步骤**

（1）在"文件"面板中右击，在弹出的快捷菜单中选择"新建文件"选项，如图 2-29 所示，将名称改为相应的网页文件名即可。

图 2-28　"文件"面板中的文件/文件夹编辑选项　　　图 2-29　创建网页文件

（2）在"文件"面板中右击，在弹出的快捷菜单中选择"新建文件夹"选项，给新创建的文件夹命名即可。可以使用相同的方法创建代表网站结构的其他文件夹，从而创建一个清晰的树状目录。

提示

在创建文件或文件夹时，右击的位置即为创建后的位置。例如，右击站点根目录并新建文件，则此文件将存在于站点根目录。

4．文件的移动和复制

步骤

（1）在"文件"面板中的文件列表里，选中需要移动或复制的文件或文件夹。

（2）如果要进行移动操作，可右击，在弹出的快捷菜单中选择"编辑"｜"剪切"选项。

（3）如果要进行复制操作，可右击，在弹出的快捷菜单中选择"编辑"｜"复制"选项。

（4）选中目的文件夹并右击，在弹出的快捷菜单中选择"编辑"｜"粘贴"选项。

还可以选中要移动或复制的文件或文件夹，按住鼠标左键，将文件或文件夹拖到目标文件夹中。

提示

如果移动或复制的是文件，由于文件的位置发生了变化，则其中的链接信息可能也会相应的发生变化，Dreamweaver CC 会弹出"更新文件"对话框，提示是否更新被移动或被复制的文件中的链接信息，从列表中选中要更新的文件，单击"更新"按钮，则更新文件中的链接信息；单击"不更新"按钮，则不会对文件中的链接信息进行更新，如图 2-30 所示。

图 2-30　"更新文件"对话框

5．删除文件

（1）在"文件"面板的文件列表里选中需要删除的文件或文件夹。

（2）右击，弹出快捷菜单，选择"编辑"｜"删除"选项，或按【Delete】键。

（3）系统会弹出"提示"对话框，询问是否真正删除文件或文件夹，单击"确定"按钮，即可将文件或文件夹从本地站点中删除。

提示

与站点的删除操作不同，这种对文件或文件夹的删除操作会从本地磁盘上真正地删除文件或文件夹。

2.4 实战演练

1．实战效果

试制作首页，其效果如图 2-31 所示。

2．制作要求

（1）规划站点，分析该站点的结构。该网站下有 index.html、picture.html、story.html、movie.html 四个网页。其目录结构如图 2-32 所示。

图 2-31 实战首页效果图

图 2-32 网站结构

（2）创建本地站点及首页。创建一个本地站点"卡通世界"。

（3）用表格布局。

（4）输入相应文字及插入图像。

3．制作提示

（1）利用"管理站点"选项建立名为"卡通世界"的本地站点。

（2）利用"文件"面板在本地站点位置右击，弹出快捷菜单，选择"新建文件"选项，分别创建 index.html、picture.html（彩图欣赏）、story.html（漫画连载）、movie.html（动漫教室）四个网页。

（3）利用表格进行布局。插入一个 5 行 2 列的表格，分别将第一行和最后一行合并单元格，放置网页标题图片和版权信息；中间部分分别插入图片和文字，并对彩图欣赏、漫画连载、动漫教室三张图片添加超链接，分别链接到 picture.html、story.html 和 movie.html 三个页面上。

本章小结与重点回顾

本章详细介绍了本地站点的创建和文件管理的相关内容，同时介绍了网站制作流程、建站技巧和在制作网页过程中需要注意的问题。

本章重点：

● 本地站点的创建和管理。

● 学会规划网站，撰写网站策划书。

● 掌握创建站点的方法和步骤。

● 掌握站点中文件的管理方法。

第 3 章

网页图文编辑

经过第 2 章的学习，已经初步了解了应用 Dreamweaver CC 建立本地站点的方法。在本章中将介绍网页最基本的元素——文本和图像的编辑，以及网页制作的一些基本知识。

3.1 简单的图文混排——我与足球（me.html）

3.1.1 案例综述

在第 2 章中，完成了"我的足球网"站点的规划和创建，并制作了网站的主页，初步认识了在 Dreamweaver CC 中制作网页的基本方法。在本案例中将继续制作网站中的另一个页面——"我与足球"，通过它的制作可以掌握网页制作的一些基本步骤和相关属性设置，学会在网页中插入最基本的元素——文字和图像。本案例的最终效果如图 3-1 所示。

图 3-1 案例最终效果

3.1.2 案例分析

在制作网页时，大致需要以下几个环节。

（1）新建或打开网页。

（2）设置页面属性。

（3）设置头部信息。

（4）规划页面布局。

（5）添加页面元素。

（6）制作超链接。

（7）保存网页。

本案例将按照这些步骤，介绍制作网页的基本方法。由于本案例中主要介绍文字和图像的插入与编辑，因此可称为网页的图文混排。

3.1.3 实现步骤

1. 新建或打开网页

在第2章中已创建了本地站点和相应的页面，因此在继续制作时，只需要通过"文件"面板打开已存在的页面即可。

🐬 **步骤**

在"文件"面板中选定已创建的站点 myfootball，双击 aboutme 文件夹下的网页文件 me.html，即可在"编辑"窗口中打开此文件。

2. 设置页面属性

对于在 Dreamweaver 中创建的每个页面，都可以使用"页面属性"对话框指定布局和格式。页面属性主要包括设置网页中文本的颜色、网页的背景颜色以及背景图片、网页边距等。

🐬 **步骤**

（1）在"属性"面板中单击"页面属性"按钮，或选择"修改"|"页面属性"选项，弹出"页面属性"对话框，单击"背景图像"文本框后面的"浏览"按钮，选择图像文件 qiu.jpg，使该图片以平铺的方式铺满页面，如图 3-2 所示。

图 3-2　"页面属性"对话框

（2）分别设置"左边距"和"上边距"值为0，使页面边缘没有间隙。

（3）在分类中选择"标题/编码"，在"标题"文本框中输入该网页的标题"我与足球"，如图3-3所示。

（4）用户还可以设置标题（CSS）、链接、标题/编码等的属性。在"分类"列表框中选择某一项，对话框右侧即会出现该选项的有关属性。

（5）设置完成后，单击"确定"按钮。页面如图3-3所示。

3．设置头部信息

在文档编辑窗口中有"代码""拆分""设计"三种视图方式，单击"代码"按钮可切换到代码视图，可看到当前页面的HTML代码，如图3-4所示。

图3-3 设置"页面属性"后的页面

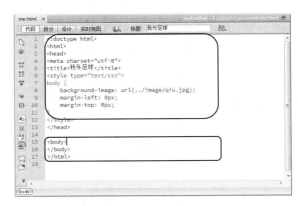

图3-4 "代码"视图中的HTML代码

网页文件的HTML代码由<head>…</head>和<body>…</body>两个主要部分组成。head部分是除文档标题外的不可见部分。body是文档的主要部分，也是包含文本和图像等的可见部分。虽然头部信息的内容不会被显示在网页主体里面，但对于页面来说，它有着至关重要的影响。网页加载是从头部开始的。例如，网页的标题是浏览者得到的第一条信息，浏览者可以根据标题来判断是否查看该网页。网页中的脚本一般放在<head>…</head>之间，以便在网页主体中使用脚本时已经加载完成，否则脚本运行会出错。

文件头部一般包含标题标签、<meta>标签、内联样式表及预定义脚本等。

1）设置页面标题

步骤

页面标题可使用户在浏览该网页时，从标题栏中看到该页的标题，可使浏览者一睹而知全貌，达到画龙点睛的目的。另外，网页标题也是搜索引擎robots搜索时的主要依据。

设置网页标题的方法是直接在文档工具栏的"标题"文本框中（原显示为"无标题文档"）输入该页的标题"我与足球"，如图3-5所示。

图3-5 设置网页标题

2）设置<meta>标签

<meta>标签主要用于为搜索引擎robots定义页面主题信息，它还可以用于定义用户浏览器上的cookie、鉴别作者、设定页面格式、标注内容提要和关键字；同时，它可以设置页面刷新时间，使其

根据定义的时间间隔刷新页面。

🐋 步骤

选择"插入"面板组中的"常用"类别，单击"Head"下拉按钮，如图 3-6 所示；或选择"插入"|"Head"选项，选择需插入的相应信息，弹出如图 3-7 所示的菜单。

图 3-6 在"插入"面板的"常用"类别中插入头部信息　　　　图 3-7 用菜单方式插入头部信息

（1）插入"作者"信息。<meta>标签记录有关当前页面的信息，选择"META"选项，在弹出的"META"对话框中输入"值"为"author"，"内容"为"葛艳玲"，这样作者的信息就设置好了，如图 3-8 所示。

（2）插入"关键字"。设置网页的关键字后，使用搜索引擎可以在网络上快速搜索到该网页。许多搜索引擎会自动阅读<meta>标签中的 Keywords（关键字）内容，并使用该信息在其数据库中建立对该页面的索引。有些搜索引擎在建立关键字时对关键字或字符有字符数量限制，有些则在关键字超出限定范围时忽略所有关键字。因此，网页的关键字应当尽量精简而准确。

选择"关键字"选项，打开"关键字"对话框，在"关键字"文本框中输入关键字并以逗号隔开，如图 3-9 所示。

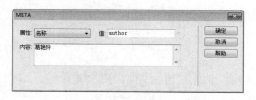

图 3-8 设置作者信息　　　　　　　　　图 3-9 设置搜索关键字

（3）插入"说明"。"说明"为网页的说明性文字，如作者、介绍等。它和关键字一样可供搜索引擎寻找网页，只不过它提供了更加详细的网页描述性信息。选择"说明"选项，打开"说明"对话框，在"说明"文本框中输入网页的说明语句，如图 3-10 所示。

（4）插入"视口"。视口是浏览器显示页面内容的区域，通过设置视口，无论网页原始的分辨率有多大，都能将其缩小显示在移动端浏览器上。插入视口后的部分代码如图 3-11 所示，其中，width用于设置视窗视口的宽度，decice-width 用来设置视窗窗口和可见视口宽度相同，该属性也可以设置成具体的宽度；initial-scale 用来设置初始缩放比例，取值为 0～10.0。

图 3-10　设置"说明"信息　　　　图 3-11　插入视口后的部分代码

4．页面制作

1）用表格布局

 步骤

页面布局如图 3-12 所示。为了使页面元素显示在预设的地方，在制作网页时可采用表格来进行布局。将光标定位于页面中，在"插入"面板的"常用"类别中选择"表格"选项，插入 4 行 1 列表格，设置宽为 750，将边距、间距等均设置为 0，如图 3-13 所示。选中表格，在"属性"面板中将"Align"设置为"居中对齐"。

图 3-12　页面布局示意图

图 3-13　插入表格进行布局

2）插入文本

步骤

（1）将光标定位到第三行单元格内，打开素材文件夹中的 ch2 中的 me.txt 文件，将其中内容全部选中，复制并粘贴到该单元格中，如图 3-14 所示。

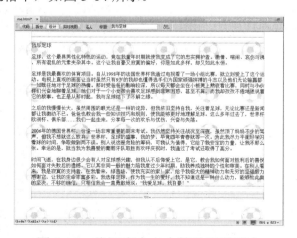

图 3-14　将记事本文本粘贴到页面中

（2）选中文章标题文字"我与足球"，在"属性"面板中单击"CSS"按钮，切换到 CSS 样式属性栏，单击 ≡ 按钮，如图 3-15 所示。

图 3-15 定义标题文字的 CSS

（3）单击"字体"下拉按钮，可看到当前的默认字体，选择其中的"管理字体"选项，弹出"管理字体"对话框，如图 3-16 所示，可向 Dreamweaver 的字体列表中添加 Adobe Edge 和 Web 字体，也可选择"自定义字体堆栈"选项，在"可用字体"列表框中选择准备使用的字体。这里选择"微软雅黑"，单击 << 按钮，将该字体添加到字体列表框中，如图 3-17 所示。

图 3-16 "管理字体"对话框

图 3-17 添加字体到字体列表框中

（4）继续在"属性"面板中设置"font-style"为"italic"，即设置字体为斜体；"font-weight"为"bold"，即字体粗细为粗体；"大小"为 24px，颜色为#999900，如图 3-18 所示。其他正文属性采用默认设置即可。

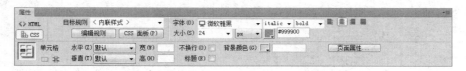

图 3-18 设置标题文字"我与足球"的属性

3）插入图像

🐬 **步骤**

（1）将光标定位到表格第一行单元格内，然后在"插入"面板的"常用"类别中选择"图像"选项，从素材文件夹中选择"hf.jpg"图片，单击"确定"按钮。网页横幅图像便被插入页面光标所在的位置。

这时，Dreamweaver 自动在 HTML 源代码中生成对该图像文件的引用。为了确保此引用的正确性，该图像文件必须位于当前站点中。如果在创建本地站点时设置了默认的图像文件夹，则 Dreamweaver 会自动将文件复制到该文件夹中；而如果未设置默认图像文件夹，则 Dreamweaver 会询问"您愿意将该文件复制到根文件夹中吗？"。

（2）采用同样的方法，将光标定位到第三个单元格段落的任意位置，再依次在文章中插入一张插图，如图 3-19 所示。

图 3-19　插入图像

（3）单击图片后，在"属性"面板中可以看到该图片的各属性值，如图 3-20 所示。

图 3-20　图像的"属性"面板

4）图文混排

🐬　**步骤**

在图片上右击，在弹出的快捷菜单中选择"对齐"｜"左对齐"选项，如图 3-21 所示，图像和文字就呈混合排列了。

图 3-21　设置好边距的页面效果

5）图像的编辑

插入图像并排好图像位置后，可以使用 Dreamweaver CC 的图片编辑工具完成对图像的编辑过程。Dreamweaver CC 的图片编辑工具如图 3-22 所示。

🐬　**步骤**

（1）选中图像，单击"属性"面板中的"编辑"按钮✏，启动在"外部编辑器"首选参数中指定的图像编辑器，如图 3-23 所示。若系

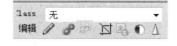

图 3-22　图片编辑工具

统安装了 Fireworks（或 Photoshop），单击"编辑"按钮则会自动打开 Fireworks（或 Photoshop），并打开选定的图像，对图像进行编辑。完成后网页中的图像被自动更新，如图 3-24 所示。

图 3-23. 在 Dreamweaver CC 首选项中指定图像编辑器　　图 3-24　页面中编辑后的图像

图 3-25　"图像优化"对话框

（2）单击 按钮，弹出"图像优化"对话框，进行图像的优化。在 Dreamweaver CC 中优化图像是经常要使用到的功能，如图 3-25 所示为"图像优化"对话框。

（3）可以进行裁剪图像的操作。若图像的尺寸过大，为了突出图像的主体，这里使用裁切工具 进行图像的裁切。通过调整图像四周的调节柄即可裁剪图像的内容，如图 3-26 所示。

（4）把图像宽度和高度变小后，单击重采样工具按钮 ，可以重采样图像，使文件本身尺寸变小。如图 3-27 所示为图像重采样前后图像文件的大小对比。

图 3-26　裁剪图像

图 3-27　图像重采样前后文件的大小

（5）对图像还可以进行调整亮度和对比度以及锐化图像的操作。单击 按钮，可通过拖动如图 3-28 所示的滑块来调整图像的亮度和对比度。

（6）单击 按钮，通过设置值来调整图像的锐化效果，如图 3-29 所示。

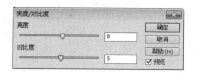
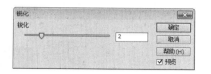

图 3-28　调整亮度和对比度　　　　　　图 3-29　调整锐化效果

6）插入"鼠标经过图像"效果

"鼠标经过图像"是一种在浏览器中查看并使用鼠标指针经过它时发生变化的图像。鼠标经过图像由两个图像组成：主图像（首次载入页面时显示的图像）和次图像（鼠标指针移过主图像时显示的图像）。鼠标经过图像中的两个图像必须大小相同，否则 Dreamweaver 会自动调整第 2 幅图像的大小，使之与第 1 幅图像大小相匹配。

步骤

（1）光标定位到要插入鼠标经过图像的位置。

（2）选择"插入"|"图像"|"鼠标经过图像"选项，或在"插入"面板中选择"常用"类别，选择"图像"选项，从下拉列表中选择"鼠标经过图像"选项，弹出"插入鼠标经过图像"对话框，如图 3-30 所示。

图 3-30　"插入鼠标经过图像"对话框

（3）在"插入鼠标经过图像"对话框中可以进行如下设置。

● 在"图像名称"文本框中输入图像的名称，如 pic1。

● 单击"原始图像"右侧的"浏览"按钮，弹出"原始图像"对话框，从中选择一幅图像，如图 3-31 所示，单击"确定"按钮。

● 单击"鼠标经过图像"右侧的"浏览"按钮，弹出"鼠标经过图像"对话框，从中选择鼠标经过时的图像，单击"确定"按钮。

● 选中"预载鼠标经过图像"复选框，可使 Dreamweaver 将图像预先载入浏览器缓冲区。

● 在"替换文本"文本框中输入交互文本，如"主题图像"。

● 在"按下时，前往的 URL"文本框中输入链接地址。

（4）单击"确定"按钮，插入鼠标经过图像。选中该图片，在其"属性"面板中将其对齐方式设为"右对齐"。

（5）切换到"实时视图"可预览效果，将光标放到图片上会显示交互图像，如图 3-32 所示。当

然，也可在浏览器中预览，选择"文件"|"在浏览器中预览"|IE 选项，或按【F12】键，即可打开浏览器预览效果。

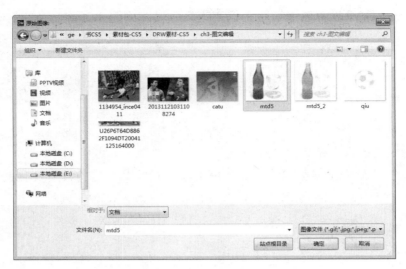

图 3-31　选择原始图像

图 3-32　鼠标经过图像时的效果

7）插入日期

在网页上设置站点发布日期，给设计者和浏览者都会带来方便。

步骤

（1）将插入点定位到表格最下面一行的单元格内，在"属性"面板中将单元格的"水平"设为"居中对齐"。

（2）选择"插入"|"日期"选项，或选择"插入"面板"常用"类别中的"日期"选项，此时系统将弹出"插入日期"对话框，如图 3-33 所示。

图 3-33　插入日期设置

（3）在"插入日期"对话框中可以进行如下设置。

● "星期格式"——选择星期的格式或不显示星期。

● "日期格式"——选择日期的格式。

- "时间格式"——选择时间的格式，有 12 小时格式和 24 小时格式。
- "储存时自动更新"——如果选中此复选框，每次存储文档时，都会自动更新插入的日期信息，用来记录文档最后生成的日期和时间；不选中该复选框，插入的日期不再变化。

（4）选择一种日期格式，单击"确定"按钮，即可在指定位置插入时间和日期对象，如图 3-34 所示。

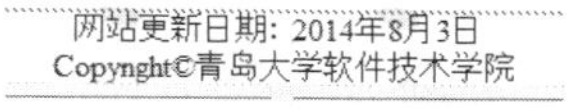

图 3-34　插入的日期

8）插入特殊字符

某些字符在 HTML 中以名称或数字的形式表示，它们被称为实体。HTML 包含版权符号（&copy）、"与"符号（&amp）、注册商标符号（&reg）等字符的实体名称。

🐬　**步骤**

（1）将光标定位到插入日期的后面，按【Shift＋Enter】组合键换行。

（2）选择"插入"｜"字符"｜"版权"选项，或选择"插入"面板"常用"类别中的"字符"选项，从其子菜单中选择所需的符号，如版权符号©，如图 3-35 所示。如果需要更多的特殊字符，可选择"其他字符"选项，从弹出的"插入其他字符"对话框中选择所需字符。

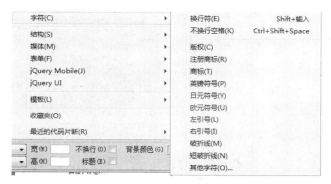

图 3-35　插入字符

5．制作导航栏

在用户浏览网站时，各页面间超链接的好坏起着至关重要的作用，在浏览完当前页面后，应该使用户方便地返回主页或跳转到其他页面。

🐬　**步骤**

（1）将光标定位到网页横幅图像的下一行，在"属性"面板中设置单元格的"水平"选项为"居中"。

（2）分别输入"主页""足球明星""足球新闻"等文本，将中文输入法切换到全角方式，按【Space】键，输入几个连续的空格来间隔文字，如图 3-36 所示。

图 3-36　输入导航文字

（3）选中"主页"文本，在"属性"面板的"链接"文本框中设置要跳转的页面 index.html。同理，设置"足球明星"的链接为"…\Photo\photo.html"，"足球新闻"的链接为"…\news\ news.html"。

6．保存网页

在修改了页面或制作完成后，都应及时进行保存。选择"文件"|"保存"选项，由于本网页是前面建好后又打开的，所以不会弹出"保存为"对话框，而是直接存盘了。

至此，整个页面的制作就完成了，按【F12】键即可预览。

3.2 网页文本的插入及其属性设置

当在 Internet 上浏览网页时，网页中显示最多的就是文字。对文本进行良好的控制和布局，灵活运用各种格式设置文本的方法，是决定网页是否美观和富有创意的关键之一。

3.2.1 插入文本

向 Dreamweaver 页面中添加文本，可以直接在"文档"窗口中输入文本，也可以剪切并粘贴文本，还可以从其他文档导入文本。

将文本粘贴到 Dreamweaver 页面时，可以使用"粘贴"（或按【Ctrl+V】组合键）或"选择性粘贴"（或按【Ctrl+Shift+V】组合键）选项。"选择性粘贴"选项允许以不同的方式指定所粘贴文本的格式。例如，如果要将文本从带格式的 Microsoft Word 文档粘贴到 Dreamweaver 文档中，但是想要去掉所有格式设置，以便能够向所粘贴的文本应用自己的 CSS 样式表，则可以在 Word 中选择文本，将它复制到剪贴板中，然后使用"选择性粘贴"选项，在弹出的"选择性粘贴"对话框中选择只粘贴文本的选项，如图 3-37 所示。

图 3-37 "选择性粘贴"对话框

3.2.2 插入特殊符号

1．换行

可以按【Enter】键或【Enter+Shift】组合键实现换行。按【Enter】键，会自动生成一个段落，在 Dreamweaver 中段落间自动有一空行，使换行后行间距较大；而按【Shift+Enter】组合键，可换行而不分段（软回车），从而使换行后行间距较小。

2．输入空格

默认情况下，在 Dreamweaver 中不能连续输入多个空格，只能输入一个。如果用户想要输入多个空格，则可使用以下三种方法之一。

（1）将输入法提示框上的"半角"改为"全角"后按【Space】键即可。

（2）插入不换行空格：选择"插入"|"字符"|"不换行空格"选项（按【Ctrl+Shift+Space】组合键）。

（3）设置首选参数：选择"编辑"|"首选参数"选项，在"常规"类别中确保选择"允许多个连续的空格"选项。

3．插入特殊字符

插入特殊字符可用以下方法。

（1）选择"插入"|"字符"选项，从子菜单中选择要插入的特殊字符名称，如图 3-38 所示。

（2）在"插入"面板的"常用"类别中，选择"字符"选项，从弹出的子菜单中选择一种字符，如图 3-39 所示。

（3）如果在子菜单中没有找到需要插入的特殊字符，可以选择"其他字符"选项，弹出"插入其他字符"对话框，这里提供了更多的可选择的特殊字符。

图 3-38　从菜单中插入特殊字符　　图 3-39　从"插入"面板中插入特殊字符

3.2.3　设置文本格式

文本的格式设置包括对字符的格式设置和对段落的格式设置两个方面。对字符的格式设置只针对字符本身，例如，将某个段落中的某些文字设置为斜体格式等；而对段落的格式设置操作是针对该段落整体的，例如，段落的缩进方式、对齐方式等。

文本的格式设置在"属性"面板中进行，文本块设置默认格式或设置样式（段落、标题 1、标题 2 等），更改所选文本的字体、大小、颜色和对齐方式，或者应用文本样式［如粗体、斜体、代码（等宽字体）和下画线］。Dreamweaver 将 CSS "属性"面板和 HTML "属性"面板集成为一个"属性"面板。HTML "属性"面板通过系统提供的 HTML 标记设置文本格式；CSS "属性"面板则是通过定义样式，对网页文档内容进行精确格式设置的方法，它可以使用许多 HTML 样式不能使用的属性。

1．在"属性"面板中设置 HTML 格式

选定要设置格式的文本，在"属性"面板中单击"HTML"按钮，在 HTML "属性"面板中可设置 Dreamweaver 所提供的默认格式或设置样式，如图 3-40 所示。

图 3-40　文本 HTML "属性"面板

"格式"：设置所选文本的段落样式。值为"段落""标题 1""标题 2"……"标题 6"。

"ID"：为所选内容分配一个 ID。"ID"下拉列表中将列出文档的所有未使用的已声明 ID。

"类"：显示当前应用于所选文本的类样式，如图 3-41 所示。如果没有对所选内容应用过任何样

49

式，则显示"无"样式。

使用"类"下拉列表可执行以下操作。

- 选择要应用于所选内容的样式。
- 选择"无"表示删除当前所选样式。
- 选择"应用多个类"选项，在弹出的"多类选区"对话框中选择所需类。应用多个类之后，Dreamweaver 会根据选择来创建新的多类。新的多类会从进行 CSS 选择的其他位置变得可用。
- 选择"重命名"选项，以重命名该样式。
- 选择"附加样式表"选项，弹出一个允许向页面附加外部样式表的对话框，如图 3-42 所示。

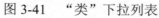

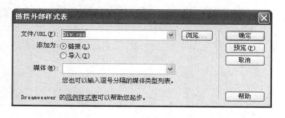

图 3-41　"类"下拉列表　　　　图 3-42　"链接外部样式表"对话框

"B"粗体：根据"首选参数"对话框的"常规"类别中设置的样式的首选参数，将 <b> 或 <strong> 应用于所选文本。

"I"斜体：根据"首选参数"对话框的"常规"类别中设置的样式的首选参数，将 <i> 或 <em> 应用于所选文本。

项目列表：创建所选文本的项目列表。如果未选择文本，则启动一个新的项目列表。

编号列表：创建所选文本的编号列表。如果未选择文本，则启动一个新的编号列表。

缩进和凸出：通过应用或删除 blockquote 标签，缩进所选文本或删除所选文本的缩进。在列表中，缩进创建一个嵌套列表，而删除缩进则可取消嵌套列表。

"链接"：创建所选文本的超文本链接。单击文件夹图标，浏览站点中的文件；或输入 URL；或将"指向文件"图标拖到"文件"面板中的文件上，也可将文件从"文件"面板拖到框中。

"标题"：为超链接指定文本工具提示。

"目标"：指定将链接文档加载到哪个框架或窗口中。

- _blank——将链接文件加载到一个新的、未命名的浏览器窗口中。
- _parent——将链接文件加载到该链接所在框架的父框架集或父窗口中。如果包含链接的框架不是嵌套的，则链接文件加载到整个浏览器窗口中。
- _self——将链接文件加载到该链接所在的同一框架或窗口中。此目标是默认的，因此通常不需要指定它。
- _top——将链接文件加载到整个浏览器窗口中，从而删除所有框架。

2. 在"属性"面板中编辑 CSS 规则

单击"属性"面板中的"CSS"按钮，切换到 CSS "属性"面板，如图 3-43 所示。通过使用 CSS "属性"面板中的各个选项对 CSS 规则进行编辑。

图 3-43　文本 CSS "属性"面板

"目标规则"：在 CSS "属性"面板中正在编辑的规则。单击"目标规则"下拉按钮，在"目标规则"下拉列表中选择所要应用的规则，如图 3-44 所示。

"编辑规则"：打开目标规则的"CSS 设计器"面板，如图 3-45 所示。

图 3-44　　"目标规则"下拉列表　　　　　图 3-45　　　"CSS 设计器"面板

　　将插入点定位到要编辑规则设置格式的文本块的内部，该规则将显示在"目标规则"下拉列表中。也可以使用"目标规则"下拉列表创建新的 CSS 规则、新的内联样式或将现有类应用于所选文本。如果从"目标规则"下拉列表中选择"新建规则"选项并单击"编辑规则"按钮，则可在"CSS 设计器"面板中新建 CSS 规则，并编辑其相关属性。更多内容将在第 6 章中详细介绍。

　　"CSS 面板"：单击此按钮，可打开"CSS 样式"面板，并在当前视图中显示目标规则的属性。

　　"字体"：更改目标规则的字体。

　　如果"字体"下拉列表中没有需要的字体，则可选择其中的"管理字体"选项，如图 3-46 所示。弹出"管理字体"对话框，如图 3-47 所示。

图 3-46　选择"管理字体"选项　　　　　图 3-47　　"管理字体"对话框

　　可向 Dreamweaver 中的字体列表框中添加 Adobe Edge 和 Web 字体。在"字体"列表中，首先列出了 Dreamweaver 支持的字体堆栈，然后列出了 Web 字体和 Edge 字体。

　　1）向"字体"列表中添加 Adobe Edge 字体

　　现在可在网页中使用 Adobe Edge 字体。选择"修改"|"管理字体"选项，弹出"管理字体"对

话框。

（1）"Adobe Edge Web Fonts"选项卡显示可添加到字体列表中的所有 Adobe Edge 字体。

（2）要从此列表中找到字体并将其添加到"字体"列表中，应执行以下操作：

① 单击要添加到字体列表中的字体。

② 要取消选择字体，可再次单击该字体。

③ 使用筛选器将首选字体列入候选。例如，要将衬线类型的字体列入候选，可单击 **M** 按钮。

④ 可使用多个筛选器。例如，要将可用于段落的衬线类型的筛选器列入候选，可单击 **M** 和 **≡** 按钮。

⑤ 要按名称搜索字体，可在搜索框中输入其名称。

（3）单击 **☑** 按钮筛选已选择的字体。

（4）单击"完成"按钮。

（5）可从任意位置打开"字体"列表。例如，可使用"属性"面板的"CSS"部分中的"字体"列表。

在"字体"列表中，先列出 Dreamweaver 字体堆栈，然后列出 Web 字体，可向下滚动以找到所选择的字体。

在页面中使用 Edge 字体时，将添加额外的脚本标签以引用 JavaScript 文件。此文件将字体直接从 Creative Cloud 服务器下载到浏览器的缓存中。显示页面时，即从 Creative Cloud 服务器下载字体，即使用户计算机上有该字体也会下载。

例如，仅使用字体"Abel"的脚本标签为如下格式。

```
/*以下脚本标签从 Adobe Edge Web Fonts 服务器中下载字体以在网页中使用。编者建议不要修改它*/
    <script src="http://webfonts.creativecloud.com/abel:n4:default.js"
type="text/javascript"></script>
```

"abel"是服务器用于识别该字体的内部名称。"n4"表示所下载的字体的变种是"正常"样式，粗细为"400"。

在 Dreamweaver CC 中，添加的脚本如下所示。

```
/*以下脚本标签从 Adobe Edge Web Fonts 服务器中下载字体以在网页中使用。编者建议不要修改它*/
    <script>var adobewebfontsappname ="dreamweaver"</script>
    <script src="http://use.edgefonts.net/abel:n4:default.js"
type="text/javascript"></script>
```

2）向"字体"列表中添加 Web 字体

可将 Web 字体从计算机添加到 Dreamweaver 的"字体"列表中，Dreamweaver 的所有"字体"列表均会反映所添加的字体，其支持 EOT、WOFF、TTF 和 SVG 类型的字体。

（1）选择"修改"|"管理字体"选项。

（2）在随后弹出的对话框中选择"本地 Web 字体"选项卡，如图 3-48 所示。

（3）单击要添加的字体类型所对应的"浏览"按钮。例如，如果字体为 EOT 格式，则可单击"EOT 字体"所对应的"浏览"按钮。

（4）定位到计算机上包含该字体的位置，选择该文件并将其打开。如果该位置存在该字体的其他格式，则自动将这些格式添加到对话框中，还可以自动根据字体的名称选取"字体名称"。

（5）选择要求确认已允许该字体供网站使用的选项。

（6）单击"完成"按钮，随后在"本地 Web 字体的当前列表"中显示字体的列表。

（7）要从"字体"列表中删除 Web 字体，可在"本地 Web 字体的当前列表"中选择该字体，然后单击"删除"按钮。

3）创建自定义字体堆栈

字体堆栈是 CSS font-family 声明中的字体列表。可使用"管理字体"对话框的"自定义字体堆栈"选项卡执行以下操作。

（1）单击"+"按钮添加新字体堆栈。

（2）要编辑现有字体堆栈，可从"可用字体"列表中选择字体堆栈。单击">>"和"<<"按钮可更新"选择的字体"列表，如图 3-49 所示。

（3）单击"–"按钮可删除现有字体堆栈。

（4）使用方向按钮可将堆栈重新排序。

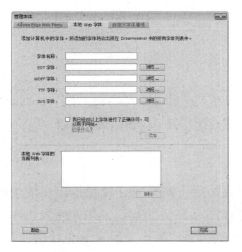

图 3-48　添加 Web 字体

图 3-49　创建自定义字体堆栈

一般来说，应尽量应用宋体和黑体，而不使用其他特殊的字体，因为在浏览网页的计算机中如果没有安装这些特殊字体，则无法正常显示。而宋体和黑体是大多数计算机默认安装的字体。

"大小"：设置目标规则的字体大小。在下拉列表中可选择要设置的字号，还可选择 xx-small 或 x-small，使字号在当前字号下双倍或单倍缩小；xx-large 或 x-large 使字号在当前字号下双倍或单倍放大。一般网页中文字字号应为 12px 或 9 点，太大显得不精致，太小则看不清楚。

文本颜色：将所选颜色设置为"目标规则"中的字体颜色。可单击颜色框选择 Web 安全色，或在相邻的文本框中输入十六进制值（如#FF0000）。

"粗体""斜体"：向目标规则中添加粗体或斜体属性。

"左对齐"、"居中"和"右对齐"：向目标规则中添加各个对齐属性。

🐦 **提示**

"字体""大小""文本颜色""粗体""斜体""对齐"属性始终显示应用于"文档"窗口中当前所选内容的规则的属性。在更改其中的任何属性时，将会影响目标规则。

应用 HTML 格式时，Dreamweaver 会将属性添加到页面正文的 HTML 代码中。应用 CSS 样式时，Dreamweaver 会将属性写入文档头部信息或单独的样式表中。CSS 样式还可以同时对多篇文档进行格式设置处理，可将创建好的样式保存在外部样式表中，若修改样式表，则可对相关网页做出相应的更新，从而实现对文本格式设置的自动化管理。关于 CSS 规则的定义将在第 8 章中具体讲解。

可以在同一页面中组合使用 CSS 和 HTML 格式。格式以层次化方式进行应用：HTML 格式将覆盖外部 CSS 样式表所应用的格式，而嵌入文档中的 CSS 将覆盖外部 CSS 样式。

3.3 网页图片的插入及其属性设置

图像是使网页充满吸引力的非文本元素，它不但能美化页面，而且能更直观地表达网页的主题和要传递的信息。

3.3.1 网页图像格式

图片的格式有多种，但不是所有格式的图像都可以放在网页上。目前，网络上支持的常见图像格式有三种：GIF、JPEG 和 PNG。所以，如果要将其他格式的图像放到网页上，首先需要将其转换成这三种格式。

1．GIF 格式

GIF 是图像交换格式的简称。它采用图像无损压缩方式，可以较好地解决跨平台的兼容性问题。它只支持 256 种颜色，对色彩要求不高的地方可采用这种图像格式。GIF 格式的文件体积较小，因此在网页上被大量使用。

2．JPEG 格式

JPEG 是联合图像专家组的简称。JPEG 文件格式是用于摄影或连续色调图像的较好格式，这是因为 JPEG 文件可以包含数百万种颜色。随着 JPEG 文件品质的提高，文件的大小和下载时间也会随之增加。通常可以通过压缩 JPEG 文件在图像品质和文件大小之间达到良好的平衡。

3．PNG 格式

PNG 文件格式是一种替代 GIF 格式、无专利权限制的格式，它包括对索引色、灰度、真彩色图像以及 Alpha 通道透明度的支持。PNG 是 Adobe Fireworks 固有的文件格式。它保留所有原始层、矢量、颜色和效果信息，并且在任何时候，所有元素都是完全可编辑的。这种图像格式在网络上已得到广泛的应用。

如果设计者在网页中插入了图像，当 Web 页面被浏览时，系统会调用位于站点中的图像文件。为了保证图像调用正确，该图像文件应先复制到当前站点中，这样即可避免图像浏览时出错。

3.3.2 插入图像

要在 Dreamweaver CC 的文档窗口中插入图像，可以按照如下方法进行。

步骤

（1）将光标定位到要插入图像的位置。

（2）选择"插入"|"图像"选项，或单击"插入"面板中的"图像"按钮 ▣，从下拉列表中选择"图像"选项，如图 3-50 所示。

（3）弹出"选择图像源文件"对话框，如图 3-51 所示，选择需要的图片文件。

（4）在"相对于"下拉列表中可以选择文件 URL 地址的类型，选择文档应使用相对地址；选择站点根目录应使用基于根目录的地址。

（5）选中"预览图像"复选框，可以在该对话框中预览图像。

图 3-50 插入图像   图 3-51 "选择图像源文件"对话框

（6）选中图像文件后，单击"确定"按钮，即可将图像插入文档中。

在网页中插入图像文件还可以采用以下方法：

● 将"插入"面板中"常用"类别中的■按钮拖到图像插入处，在弹出的"选择图像源文件"对话框中选择图像文件的路径和文件名，即可插入图像。

● 直接从 Windows 操作系统窗口或 Dreamweaver CC 的"文件"面板将图像文件拖到当前编辑的网页文档中即可。

提示

在未准备好图片时，可用图像占位符代替图像。在插入图像占位符时，需设置宽和高。

3.3.3 设置图像的属性

选定图像后窗口正下方会打开图像的"属性"面板，如图 3-52 所示。

图 3-52 图像的"属性"面板

在图像"属性"面板中可以进行如下设置。

"ID"：设置图像的名称，主要是为了在脚本语言中便于引用图像而设置。

"Src"：输入图片的路径和文件名称。也可以单击文本框右侧的图标🗀，以浏览的方式显示图形文件的路径和名称。

"链接"：设置图像超链接的 URL 地址，此时该图像被设置为一个超链接的源端点。

"目标"：指定图像超链接的目标文件的显示方式。如果图像无超链接，则此项设置无效。

"Class"：从已定义的样式中选择为图片定义的样式。

"编辑"：此选项组中集合了一些常用的图片编辑工具，如图 3-53 所示。

通过这些工具可以编辑和优化图像、裁剪图像、重设图像，设置图像的亮度、

图 3-53 图片编辑工具

对比度及锐化图像。各按钮的使用在前面的案例中已有详细的介绍。

- **重新取样**：添加或减少已调整大小的 JPEG 和 GIF 图像文件的像素，以与原始图像的外观尽可能地匹配。对图像进行重新取样会减小该图像的文件大小并提高下载性能。
- **裁剪**：通过减小图像区域来编辑图像。通常，可能需要裁剪图像以强调图像的主题，并删除图像中强调部分周围不需要的部分。
- **亮度和对比度**：修改图像中像素的亮度或对比度。这将影响图像的高亮显示、阴影和中间色调，修正过暗或过亮的图像。
- **锐化**：通过增加图像中边缘的对比度调整图像的焦点。扫描图像或拍摄数码照片时，大多数图像捕获软件的默认操作是柔化图像中各对象的边缘。这可以防止特别精细的细节从组成数码图像的像素中丢失。不过，要显示数码图像文件中的细节，经常需要锐化图像，从而提高边缘的对比度，使图像更加清晰。

注意：Dreamweaver 图像编辑功能仅适用于 JPEG、GIF 和 PNG 文件格式。其他位图图像文件格式不能使用这些图像编辑功能进行编辑。

"宽"和"高"：设置图像的宽度和高度。如果在 Dreamweaver 中改变了图像默认的大小，则在"属性"面板的"宽"和"高"文本框的后面会出现一个弧形箭头，单击该箭头可以将图像恢复到原始的大小。

"替换"：输入图像的说明文字。当浏览者浏览网页时，在图像位置上将先显示"替换"文本框中的文字。这样，在图像没有显示出来之前，浏览者即可知道图像所要显示的内容。

"原始"：如果该 Web 图像（Dreamweaver 页面上的图像）与原始 Photoshop 文件不同步，则表明 Dreamweaver 检测到原始文件已经更新，并以红色显示智能对象图标的一个箭头。该图像将自动更新，从而反映对原始 Photoshop 文件所做的任何更改。

"地图"：为所创建的热区命名。单击创建热区的按钮 可建立图像的不同形状的链接区域。

3.3.4 创建鼠标经过图像效果

可以在页面中插入鼠标经过图像。必须用以下两个图像来创建鼠标经过图像：主图像和次图像。鼠标经过图像自动设置为响应 onMouseOver 事件。可以将图像设置为响应不同的事件（如鼠标单击）或更改鼠标经过图像。

（1）在"文档"窗口中，将插入点定位到要显示鼠标经过图像的位置。

（2）使用以下方法之一插入鼠标经过图像。

- 在"插入"面板的"常用"类别中单击"图像"按钮，然后选择"鼠标经过图像"选项，"插入"面板中显示"鼠标经过图像"图标后，可以将该图标拖到"文档"窗口中。
- 选择"插入"|"图像"|"鼠标经过图像"选项。

（3）弹出"插入鼠标经过图像"对话框，如图 3-54 所示，设置选项，然后单击"确定"按钮即可。

- **图像名称**：鼠标经过图像的名称。
- **原始图像**：页面加载时要显示的图像。在文本框中输入路径，或单击"浏览"按钮并选择该图像。
- **鼠标经过图像**：鼠标指针滑过原始图像时要显示的图像。输入路径，或单击"浏览"按钮选择该图像。
- **预载鼠标经过图像**：将图像预先加载到浏览器的缓存中，以便用户将鼠标指针滑过图像时不会发生延迟。

● 替换文本：这是一种（可选）文本，为使用只显示文本的浏览器的访问者描述图像。
● 按下时，前往的 URL：用户单击鼠标经过图像时要打开的文件。输入路径，或单击"浏览"按钮并选择该文件。

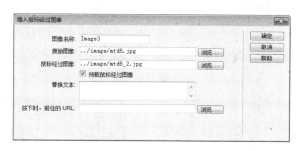

图 3-54　"插入鼠标经过图像"对话框

注意：如果不为该图像设置超链接，Dreamweaver 将在 HTML 源代码中插入一个空链接(#)，该链接上将附加鼠标经过图像行为。如果删除空链接，则鼠标经过图像将不再起作用。

（4）选择"文件"丨"在浏览器中预览"选项，或按【F12】键，在浏览器中，将鼠标指针移过原始图像以查看鼠标经过图像的效果。

3.3.5　插入 Fireworks HTML 代码

在 Fireworks 中，可以使用"导出"选项将优化后的图像和 HTML 文件导出并保存到 Dreamweaver 站点文件夹下的某个位置。可以在 Dreamweaver 中插入该文件。Dreamweaver 可以将 Fireworks 生成的 HTML 代码连同相关图像、切片和 JavaScript 一起插入文档中。

（1）在 Dreamweaver 文档中，将插入点定位到要插入 Fireworks HTML 代码的位置。

（2）执行下列操作之一。
● 选择"插入"丨"图像"丨"Fireworks HTML"选项。
● 在"插入"面板的"常用"类别中选择"图像"选项，然后选择"插入 Fireworks HTML"选项。

（3）弹出"插入 Fireworks HTML"对话框，如图 3-55 所示。单击"浏览"按钮，选择一个 Fireworks HTML 文件。

图 3-55　"插入 Fireworks HTML"对话框

（4）如果将来不需要再使用该文件，可选中"插入后删除文件"复选框。选择此选项对于与 HTML 文件关联的源 PNG 文件没有任何影响。

注意：如果该 HTML 文件位于某个网络驱动器上，则它将被永久删除，而不会移动到回收站或垃圾桶中。

（5）单击"确定"按钮，将 HTML 代码以及相关的图像、切片和 JavaScript 插入 Dreamweaver 文档中。

3.4 实战演练

1. 实战效果

创建本地站点"徐志摩诗集欣赏"，制作该网站下的网页"再别康桥"和"我不知道风"，效果如图 3-56 和图 3-57 所示。

图 3-56　网页"再别康桥"效果图

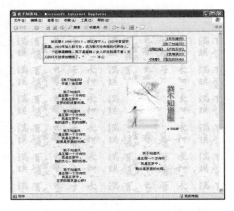

图 3-57　网页"我不知道风"效果图

2. 制作要求

（1）创建本地站点、相关文件及文件夹。

（2）利用表格定位，合理安排图像与文字的位置。

（3）利用图像编辑软件，完成对图片的艺术处理。

（4）右边的图片具有鼠标经过后翻转成另外一幅图像的效果。

3. 制作提示

（1）自上而下插入 3 个表格，输入文本，设置文本的大小、字体、对齐方式等，形成合理布局。

（2）借助 Photoshop 等图像编辑软件，完成对图片的艺术处理。

（3）插入图像，利用"属性"面板设置对齐方式。

（4）利用"鼠标经过图像"选项，使右边的图片具有鼠标经过后翻转成另外一幅图像的效果。

本章小结与重点回顾

本章重点介绍了网页对象文本和图像的插入及属性的设置，详细介绍了图文混排以及鼠标经过图像、导航栏、日期等元素的插入方法。

本章重点：

● 文本的插入及其属性设置。

● 图像的插入及其属性设置。

● 图文混排。

● 图像的编辑。

第4章

建立网页超链接

在大海上航行，必须依靠相应的导航设备才能从起点顺利到达终点。而上网冲浪也一样，超链接就是这样一个导航器，它能够使人们在网络中进行各种"跳转"，到达人们想要去的地方。Dreamweaver CC 提供多种创建超链接的方法，可创建到文档、图像、多媒体文件或可下载软件的链接，可以创建到文档内任意位置的任何文本或图像的链接等。

4.1 创建网站链接——"足球新闻"页面（news.html）

4.1.1 案例综述

本案例以编织网站中的各种超链接为主要目的，介绍创建各种超链接的方法和技巧，使读者能够精心编织网站的链接，为访问者能够尽情地遨游在网站的各个页面中创造必要的条件。

4.1.2 案例分析

在用户浏览网页时，当光标在一些文字或图片上停留时，光标的形状会变为"小手"，同时，在浏览器的状态栏中会显示链接地址。可以说这些文字或图像就是被创建了超链接，单击文本或图像时，用户就可以跳转到链接所指向的页面。

本案例将以前面章节开发的站点 myfootball 中的足球新闻（news.html）为基础，创建到网站内页面的超链接——内部链接，到网站外页面的超链接——外部链接，电子邮件形式的超链接——电子邮件链接，到网页某一特定位置的超链接——锚点链接，以及其他链接。

4.1.3 实现步骤

1. 准备网页内容

因为页面布局要用到的表格在后面的章节中才能讲到，所以这里先跳过这部分内容，直接将已做好的网页复制到 myfootball 站点中作为足球新闻页（news.html）。

步骤

（1）启动 Dreamweaver CC，打开"文件"面板，选中站点 myfootball。

（2）将素材文件夹 ch4 下的 image 文件夹及 news.html 文档复制到站点的 news 文件夹下，取代原来已创建的 news.html 文档。

2．创建超链接

1）创建内部链接

内部链接是指网站内部页面之间创建的相互链接关系。

步骤

（1）选中如图 4-1 所示 news.html 页面中的文字"首页"之后，直接在"属性"面板中单击"链接"文本框右侧的文件夹图标▢，通过浏览方式选择一个文件，这里选择 index.html，如图 4-2 所示。

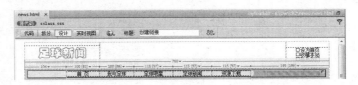

图 4-1　选中要创建超链接的文本

图 4-2　选择链接文件

提示

这里也可以使用拖动鼠标指向文件的方法。在如图 4-3 所示对话框中拖动"链接"文本框右侧的"指向文件"按钮到"文件"面板上的相应网页文件，即可链接到这个网页，拖动鼠标时会出现一条带箭头的线，指示要拖动的位置。指向文件后只需释放鼠标，即可自动生成链接。

（2）在"目标"下拉列表中选择文档打开的位置。若要使所链接的文档出现在当前窗口或框架以外的其他位置，可从"属性"面板的"目标"下拉列表中选择一个选项，这里选择_blank。

（3）也可以选中"我与足球"文字，然后选择"插入"｜"Hyperlink"选项，或在"插入"面板中选择"Hyperlink"选项，在弹出的"Hyperlink"对话框中，文本处已自动将选中文字填入，单击"链接"文本框右侧的浏览按钮，选择要链接的页面，在目标中选择链接页面的显示位置，标题为鼠标指到链接文字上时出现的文字标题，如图 4-4 所示。以同样的方法创建"足球明星"的链接，链接到 "..\photo\photo.html"文件。

图 4-3　拖动指向链接页面

图 4-4　创建超链接

2）创建外部链接

在本页中只有新闻的条目，而新闻的详细内容将链接到一些综合体育网站的相关网页。因此，需要创建链接到网站外部的超链接。创建外部链接的方法比较单一，不论是文本还是图像，都可以创建链接到绝对地址的外部链接。

步骤

（1）将光标定位到网页中心的某个新闻条目上（呈蓝色的文字），查看其"属性"面板"链接"文本框中的外部链接地址，发现其与内部链接不同的是，外部链接地址是以 http://或 https://开头的，称之为绝对地址。

（2）选中页面下方"更多世界杯新闻"块的条目，直接在"属性"面板的"链接"文本框中输入外部的链接地址。

（3）在"属性"面板的"目标"下拉列表中设置这个链接的目标窗口为"_blank"，如图 4-5 所示。

3）创建电子邮件链接

为了方便用户与网站联系，网页特别是首页中一般要创建电子邮件链接，当浏览者单击电子邮件链接时，即可打开浏览器默认的电子邮件处理程序，而收件人的邮件地址已被电子邮件链接中指定的地址自动替代，浏览者可以开始写信了。

图 4-5　输入外部链接地址

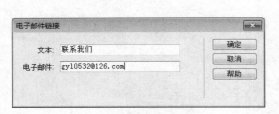

图 4-6　"电子邮件链接"对话框

步骤

（1）选中网页中的文本"联系我们"并右击，在弹出的快捷菜单中选择"剪切"选项，将文本放到剪贴板中。

（2）选择"插入"面板中的"常用"类别，选择"电子邮件链接"选项，弹出如图 4-6 所示的对话框。在"文本"文本框中输入或粘贴链接文本"联系我们"，在"电子邮件"文本框中输入作者的电子邮件地址。

（3）单击"确定"按钮，完成邮箱链接的创建。

 提示

也可选中相应文本或图像后，在"属性"面板的"链接"文本框中直接输入"mailto:电子邮件的地址"，如"mailto: ge0532@126.com"，如图 4-7 所示，即可直接创建电子邮件链接。

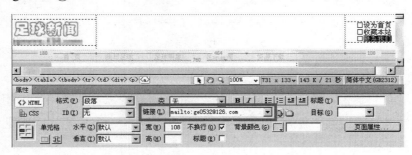

图 4-7　直接在"链接"文本框中创建电子邮件链接

4）创建锚点链接

为了方便浏览者查看内容较长的页面，可以创建到页面中某位置的超链接——锚点链接，从而使用户在单击这种超链接后，可以跳转到这一页的某一指定位置。

创建锚点链接的过程：创建命名锚记，链接锚记。

（1）创建命名锚记：也就是在文档中设置位置标记，并给该位置命名，以便引用。

步骤

① 将光标定位在标题"足坛综合新闻"处右击，在弹出的快捷菜单中选择"插入 HTML"选项，在弹出的"快速标签编辑器"中输入"<a name="a1">"，如图 4-8 所示。

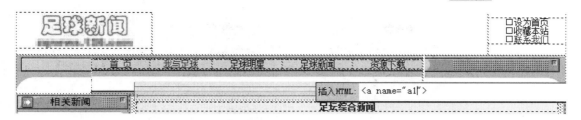

图 4-8　将光标定位后插入锚记标签

② 输入完毕，在页面其他位置单击，则锚点 ⚓ 即被插入文档中的相应位置，如图 4-9 所示。

图 4-9　插入命名锚记

③ 依次创建页面中标题的命名锚记，如表 4-1 所示。

表 4-1　命名锚记

链 接 按 钮	锚　　记	链 接 按 钮	锚　　记
英超新闻	yc	意甲新闻	yj
德甲新闻	dj	西甲新闻	xj
法甲新闻	fj	冠军杯新闻	gjb
联盟杯新闻	lmb	世界杯新闻	sjb

④ 创建完命名锚记后，在页面上的相应位置就做了标记，如图 4-10 所示。

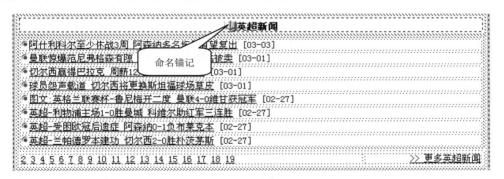

图 4-10　命名锚记

（2）链接锚记：将相应文字或图片的超链接指向当前页面的锚记。

🐬　**步骤**

① 选择要创建链接的文本或图像，这里在页面的左侧放了 9 个相应条目的链接按钮图片，选中"综合新闻"图片。

② 在"属性"面板的"链接"文本框中直接输入#和锚记名称，如"#a1"，表示链接到当前文档的锚记位置，如图 4-11 所示。也可以在"浏览"对话框中选中要链接的文件后添加#和锚记名称，链接到某一文档的某一位置。

③ 再依次选中"英超新闻""意甲新闻""德甲新闻""西甲新闻""法甲新闻""冠军杯新闻""联盟杯新闻""世界杯新闻"按钮，分别链接到前面已创建好的命名锚记上。

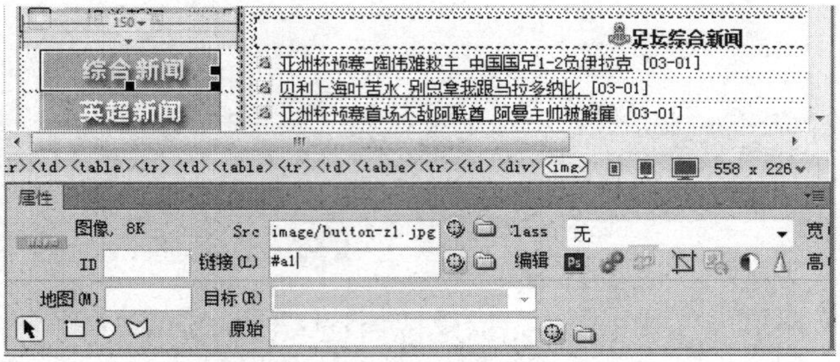

图 4-11 创建"足坛综合新闻"按钮的锚点链接

5）创建下载链接

链接到下载文件的方法与链接到网页的方法完全一样。当被链接的文件是浏览器无法识别的文件时，会弹出"文件下载"对话框，单击"保存"按钮即可下载该文件，如下载 EXE 文件或 ZIP 文件。

步骤

（1）将供下载的资源都放在一个文件夹中，并压缩为 RAR 文件或 ZIP 文件，如 a1.rar，将制作好的文件复制到创建好的网站中。例如，将压缩后的 a1.rar 文件复制到站点文件夹 news 内。

（2）选中页面上方导航栏中的链接文本"资源下载"，在"属性"面板中设定链接的文件为刚才复制到站点中的 a1.rar 文件，如图 4-12 所示。

图 4-12 选择浏览器无法识别的文件

（3）在浏览时单击"资源下载"按钮，会弹出如图 4-13 所示的"文件下载"对话框，可以选择链接的文件打开或保存的位置。

6）创建空链接

在 news.html 页面上方横向的导航栏中，有到自身页面"足球新闻"的链接，将其制作成空链接，可以使其既具有链接的外观，又不会跳转到其他位置上。链接的方法如下：选中要制作空链接的文本"足球新闻"，在"属性"面板的"链接"文本框中输入"#"或输入"JavaScript:"即可，如图 4-14 所示。

3．创建"图像地图"

可以对整个图像创建超链接，也可以对其某一个局部创建超链接（称为热区），即创建图像地图。

图 4-13 "文件下载"对话框   图 4-14 创建空链接

步骤

（1）在页面中选择友情链接下方的图像，在"属性"面板中选择使用热区工具（矩形、椭圆、多边形），在图像上划分热区，如图 4-15 所示。

（2）选择椭圆工具，并将鼠标指针拖到图像上，释放鼠标左键时弹出信息提示框，如图 4-16 所示，单击"确定"按钮即可创建一个椭圆形热点。

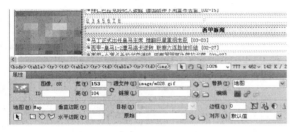

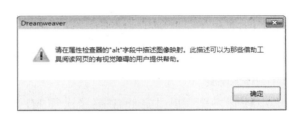

图 4-15 图像的"属性"面板   图 4-16 信息提示框

（3）在"属性"面板中可以为绘制的热点区域设置不同的链接地址和替换文字，如图 4-17 所示。

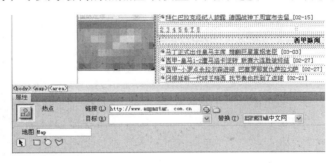

图 4-17 设置热区的链接地址和替换文字

（4）选择矩形工具，创建一个矩形热点。选择多边形工具，在各个顶点上单击，然后使用选择工具封闭此形状，可创建不规则形状的热点。

（5）按【F12】键预览网页，当光标指向不同的区域时，光标变为"小手"形状，单击后可以访问不同的链接地址。

4．保存文件

至此，本案例已基本制作完成了，现在需要将网页保存起来。由于本页面是从站点页面中打开的。因此，此时保存只需选择"文件"|"保存"选项即可。

4.2 超链接概述

4.2.1 超链接的类型

若用户在浏览网页时，单击带有链接的文字或图片，就会跳转到链接所指明的文件或网站。可以将带有链接的文字或图片称为"链接源端点"，而把跳转到的地方称为"链接目标端点"，根据两者的不同，超链接主要分为以下几种。

1. 内部链接

内部链接的目标端点是本站中的其他文档。利用这种链接，可以跳转到本站点其他的页面。

2. 外部链接

外部链接的目标端点是本站点之外的站点或文档。利用这种链接，可以跳转到其他的网站。

3. E-mail 链接

单击 E-mail 超链接，可以启动电子邮件程序书写邮件，并发送到指定的地址。

4. 锚点链接

锚点链接的目标端点是文档中的命名锚记，利用这种超链接，可以跳转到当前文档中的某一指定位置，也可以跳转到其他文档中的某一指定位置。

5. 下载链接

实现软件下载，也是通过超链接实现的，只是超链接指向的对象不是一般的 HTML 网页文档，而是 EXE 类型的可执行文件或 ZIP、RAR 类型的压缩文件等。当单击"下载"超链接时，会弹出"文件下载"对话框，询问打开还是保存文件，这也是许多网站提供软件下载的方式。

6. 空链接

空链接就是创建一个链接，但没有链接的指向。空链接主要用于页面上的对象或文本附加行为，以便当鼠标指针滑过该链接时，出现一些交换图像或显示层的效果。

7. 创建脚本链接

在"文档"窗口的"设计"视图中选择文本、图像或对象，在"属性"面板的"链接"文本框中，输入"javascript:"，后跟一些 JavaScript 代码或一个函数调用即可（在冒号与代码或调用之间不能输入空格）。

4.2.2 链接路径

能否正确理解路径是确保链接正确设置的先决条件。不能正确理解路径，可能会出现所设置的链接在本地正确执行，但是在其他计算机或上传到互联网后不能使用，或网页中的部分图片不能正确显示等情况，这些问题大多是由于在链接的过程中使用了错误的路径造成的。

要正确创建链接，必须了解链接与被链接文档之间的路径。每个网页都有一个唯一的地址，称为统一资源定位符（URL）。然而，当创建内部链接时，一般不会指定被链接文档的完整 URL，而是指定一个相对于当前文档或站点根文件夹的相对路径。

一般来说，链接的路径有以下三种表达方式。

1．绝对路径

绝对路径提供所链接文档的完整 URL，其中包括所使用的协议（如对于网页，通常为 http://），如 https://www.hxedu.com.cn/；对于图像，完整的 URL 可能会类似于 https://www.phei.com.cn/web/9787121248696.jpg。必须使用绝对路径，才能链接到其他服务器上的文档或资源。对本地链接（到同一站点内文档的链接）也可以使用绝对路径链接，但不建议采用这种方式，因为一旦将此站点移动到其他域，则所有本地绝对路径链接都将断开。通过对本地链接使用相对路径，还能在站点内移动文件时提高灵活性。

 提示

当插入图像（非链接）时，可以使用指向远程服务器的图像（在本地硬盘驱动器上不可用的图像）的绝对路径。

2．相对路径

对于大多数 Web 站点的本地链接来说，文档相对路径通常是最合适的路径。在当前文档与所链接的文档或资源位于同一文件夹中，而且可能保持这种状态的情况下，相对路径特别有用。文档相对路径还可用于链接到其他文件夹中的文档或资源，方法是利用文件夹层次结构，指定从当前文档到所链接文档的路径。

文档相对路径的基本思想是省略对于当前文档和所链接文档或资源都相同的绝对路径部分，而只提供不同的路径部分。

例如，假设一个站点的结构如图 4-18 所示。

（1）若要从 contents.html 链接到 hours.html（两个文件位于同一文件夹中），可使用相对路径 hours.html。

（2）若要从 contents.html 链接到 tips.html（在 resources 子文件夹中），可使用相对路径 resources/tips.html。每出现一个斜杠（/），表示在文件夹层次结构中向下移动一个级别。

（3）若要从 contents.html 链接到 index.html（位于父文件夹中，contents.html 的上一级），可使用相对路径 ../index.html。两个点和一个斜杠（../）可使文件夹层次结构向上移动一个级别。

（4）若要从 contents.html 链接到 catalog.html（位于父文件夹的不同子文件夹中），可使用相对路径 ../products/catalog.html。其中，../ 指向上移至父文件夹，而 products/指向下移至 products 子文件夹。

图 4-18　站点结构图

若成组地移动文件，如移动整个文件夹，该文件夹内所有文件保持彼此间的相对路径不变，此时不需要更新这些文件间的文档相对链接。但是，在移动包含文档相对链接的单个文件，或移动由文档相对链接确定目标的单个文件时，必须更新这些链接（如果使用"文件"面板移动或重命名文件，则 Dreamweaver 将自动更新所有相关链接）。

3．站点根目录相对路径

站点根目录相对路径描述了从站点的根文件夹到文档的路径。如果在处理使用多个服务器的大型 Web 站点，或者在使用承载多个站点的服务器时，则可能需要使用这些路径。不过，如果不熟悉此类型的路径，最好坚持使用文档相对路径。

站点根目录相对路径以一个正斜杠（/）开始，该正斜杠表示站点根文件夹。例如，/support/tips.html 是文件（tips.html）的站点根目录相对路径，该文件位于站点根文件夹的 support 子文件夹中。

如果需要经常在 Web 站点的不同文件夹之间移动 HTML 文件，那么站点根目录相对路径通常是指定链接的最佳方法。移动包含站点根目录相对链接的文档时，不需要更改这些链接，因为链接是相对于站点根目录的，而不是文档本身。例如，某 HTML 文件对相关文件（如图像）使用了站点根目录相对链接，则移动 HTML 文件后，其相关文件链接依然有效。但是，如果移动或重命名由站点根目录相对链接所指向的文档，则即使文档之间的相对路径没有改变，也必须更新这些链接。例如，移动某个文件夹，则必须更新指向该文件夹中文件的所有站点根目录的相对链接（如果使用"文件"面板移动或重命名文件，则 Dreamweaver 将自动更新所有相关链接）。

在默认情况下，Dreamweaver 使用文档相对路径创建指向站点中其他页面的链接。若要使用站点根目录相对路径，必须首先在 Dreamweaver 中定义一个本地文件夹，方法是选择一个本地根文件夹作为服务器上文档根目录的等效目录；Dreamweaver 使用该文件夹确定文件的站点根目录相对路径；新路径设置只适用于当前站点。

提示

使用本地浏览器预览文档时，除非指定了测试服务器，或在"编辑"｜"首选项"｜"在浏览器中预览"中选择了"使用临时文件预览"选项，否则文档中用站点根目录相对路径链接的内容将不会被显示。这是因为浏览器无法识别站点根目录，而服务器能够识别。预览站点根目录相对路径所链接内容的快速方法如下：将文件上传到远程服务器，然后选择"文件"｜"在浏览器中预览"选项。

4.2.3　创建超链接

链接的对象可以是多样的，如图片文件、电子表格或某个网站。如果链接的对象是浏览器不能识别的文档，如一个带有扩展名的压缩文件，或带有扩展名的报告文件，则通常浏览器会弹出"下载文件"对话框，提示"是否要下载该文件"。按链接的目标不同，超链接可分为内部链接、外部链接、E-mail 链接、锚点链接、下载链接等。创建超链接一般有两个步骤：一是确定链接的目标文件；二是确定目标文件的显示位置。

1．确定链接的目标文件

步骤

（1）在文档窗口中选中要创建链接的文本或图片，在"属性"面板"链接"文本框中输入链接的路径（或单击 图标，在弹出的"选择文件"对话框中选定要链接的文档）。

（2）选择采用哪种方式表达路径。在默认情况下，Dreamweaver 使用文档相对路径创建指向站点中其他页面的链接。如图 4-19 所示对话框的下半部分用来对链接文档的路径表达方式进行设定。

（3）改为站点根目录相对路径。一般而言，相对路径默认相对于文档，若要采用站点根目录相对路径，则可在"文件"面板中选择"管理站点"选项，在打开的"管理站点"对话框中编辑该站点，在"站点设置对象"对话框中选择"高级设置"选项卡，再选择"本地信息"子选项卡，选中"站点根目录"单选按钮，从而设置新链接的相对路径，如图 4-20 所示。在其中可对整个站点设置默认的链接路径。

图 4-19　选择文件并确定路径的表达方式

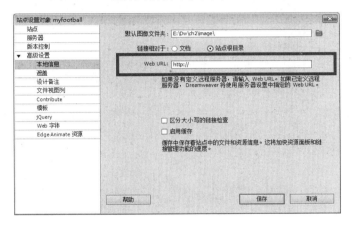

图 4-20　改变路径的表达方式

2．确定目标文件的显示位置

在确定链接的目标文件后，还需对链接后的页面显示位置进行设定。在"属性"面板的"目标"下拉列表中，可以选择"_blank""new""_parent""_self""_top"选项，其含义如下。

（1）"_blank"——将链接文件加载到一个新的、未命名的浏览器窗口。

（2）"new"——在新窗口载入所链接的文档。

（3）"_parent"——如果是嵌套的框架，链接会在父框架中打开；如果不是嵌套的框架，则等同于"_top"，在整个浏览器窗口显示。

（4）"_self"——浏览器的默认值，会在当前网页所在的窗口或框架中打开链接的网页。

（5）"_top"——会在完整的浏览器窗口打开网页。

各种超链接的具体创建方法，在前面的案例中已有详细的介绍，这里不再赘述。

4.3　管理超链接

超链接创建好后，Dreamweaver CC 提供了强大的管理功能，这里重点介绍自动更新管理功能与检查，以及修复断开的、外部的和孤立的链接。

4.3.1 自动更新链接

新建一个站点后，经常需要调整文件的位置，文件的位置改变了，其相关的超链接如果不发生相应变化，就会出现"断链"的情况。如果手工来修改，在文件数较多的情况下，工作量相当大，且易出错；如果利用 Dreamweaver 的链接管理自动更新功能，则完成起来比较轻松。

要实现 Dreamweaver 链接的自动管理，首先要进行相关参数的设置。选择"编辑"|"首选项"选项，弹出"首选项"对话框，如图 4-21 所示。在"移动文件时更新链接"下拉列表中进行选择。如果选择"总是"选项，则每当移动或重命名选定文档时，Dreamweaver 将自动更新该文档的所有链接；如果选择"提示"选项，则 Dreamweaver 将弹出一个提示对话框，列出更改影响到的所有文件，以进行进一步选择，系统默认的选项是"提示"。

图 4-21　"首选项"对话框

启动 Dreamweaver 之后，第一次更改或删除指向本地文件夹中文件的链接时，Dreamweaver 会提示更新文件是否扫描站点内文件，如图 4-22 所示。如果单击"扫描"按钮，则在站点内扫描所有与要更改的链接有关的文件；如果单击"不扫描"按钮，则不会修改文本框中文件的链接。弹出"更新文件"对话框，从中列出相关文件，如果单击"更新"按钮，则 Dreamweaver 会更新指向刚刚更改的文件的所有链接；如果单击"不更新"按钮，则 Dreamweaver 不更新链接。

图 4-22　列出需要更新的链接文件

4.3.2 更改链接

除了每次移动或重命名文件时让 Dreamweaver 自动更新链接，还可以手动更改所有链接（包括电子邮件链接、FTP 链接、空链接和脚本链接），使它们指向其他位置。

1．直接修改超链接

在"文件"面板中双击链接出错的文档，然后在 Dreamweaver CC 编辑窗口中选中链接的文字或图片，在"属性"面板中直接修改即可。

2．使用菜单选项更改超链接

（1）在"文件"面板中选择要改变链接的文档，选择"站点"|"改变站点范围的链接"选项，弹出"更改整个站点链接"对话框。

（2）在"更改所有的链接"文本框中，如果没有选择的文档，则需要单击其右侧的"浏览"按钮，选择需要更改的链接文档；在"变成新链接"文本框中，直接输入同站点的根目录路径相对应的其他文档，也可以单击其右侧的"浏览"按钮选择需要的文档，如图 4-23 所示。

（3）单击"确定"按钮，弹出"更新文件"对话框，如图 4-24 所示。

图 4-23　"更改整个站点链接"对话框

图 4-24　"更新文件"对话框

（4）单击"更新"按钮，更改文件的链接；单击"不更新"按钮，则不更改文件的链接。

提示

Dreamweaver 更新链接到选定文件的所有文档，使这些文档指向新文件，并沿用文档已经使用的路径格式（例如，如果旧路径为文档相对路径，则新路径也为文档相对路径）。不论链接类型是文档相对链接还是根目录相对链接，Dreamweaver 都会自动更新该链接。

4.3.3　删除链接

在 Dreamweaver CC 中删除或取消一个超链接有以下三种方法。

首先在文档窗口中选择需要删除超链接的文字或图片，然后按照下面的方法操作即可。

1．使用菜单选项删除超链接

选择"修改"|"移除链接"选项（或者按【Ctrl+Shift+L】组合键）即可删除或取消一个超链接。

2．使用快捷菜单删除超链接

右击，在弹出的快捷菜单中选择"删除标签<a>"选项即可删除超链接，如图 4-25 所示。

图 4-25　使用快捷菜单删除超链接

3．使用"属性"面板删除超链接

单击"属性"面板中的"链接"下拉按钮，使之呈现为选择状态，按【Delete】键删除原来的链接地址即可。

4.3.4 检查链接

通过选择"窗口"｜"结果"｜"链接检查器"选项，可以打开"链接检查器"面板，如图 4-26 所示。在该面板中可以搜索打开的文件、本地站点的某一部分或整个本地站点中的超链接。"检查链接"功能用于搜索断开的链接和孤立文件（文件仍然位于站点中，但站点中没有任何其他文件链接到该文件）。

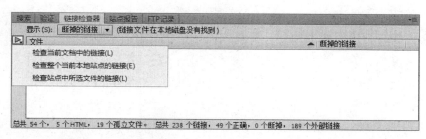

图 4-26 "结果"面板组中的"链接检查器"面板

步骤

（1）若要检查当前文档中的链接，则必须将文档打开；若要检查整个站点的链接，则在"文件"面板的"当前站点"下拉列表中选择一个站点；若要检查站点中所选文件的链接，则在"文件"面板中选中要检查链接的文档。

（2）在"链接检查器"面板中单击"检查链接"下拉按钮，在下拉列表中选择相应的检查链接选项。

（3）"断掉的链接"报告将出现在"链接检查器"面板（"结果"面板组）中，如图 4-27 所示。

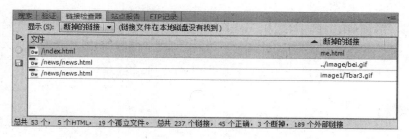

图 4-27 整个站点中断掉的链接列表

（4）在"链接检查器"面板的"显示"下拉列表中选择"外部链接"或"孤立的文件"选项，以查看其他报告。

（5）如果选择的报告类型为"孤立的文件"，则可以直接从"链接检查器"面板中删除孤立文件，方法是从该下拉列表中选中一个文件后按【Delete】键。

（6）若要保存报告，则应单击"链接检查器"面板中的"保存报告"按钮。

4.3.5 修复断开的链接

在运行链接报告之后，可直接在"链接检查器"面板中修复断开的链接和图像引用，也可以在此列表中打开文件，然后在"属性"面板中修复链接。

1．在"链接检查器"面板中修复链接

步骤

（1）运行链接检查报告。

（2）在"链接检查器"面板（"结果"面板组）中的"断掉的链接"列（而不是"文件"列）中，选择该断开的链接，如图4-28所示。

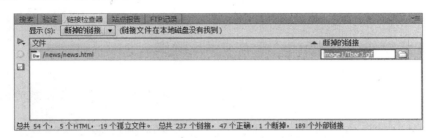

图4-28　选择断开的链接

（3）单击断开的链接旁边的文件夹图标 📁，以浏览正确文件，或输入正确的路径和文件名，如图4-29所示。

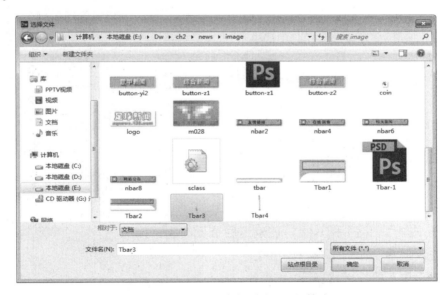

图4-29　选择正确的路径和文件名

（4）如果还有对同一文件的其他断开引用，则会提示修复其他文件中的这些引用。单击"是"按钮，则Dreamweaver将更新列表中引用此文件的所有文档。如果单击"否"按钮，则Dreamweaver将只更新当前引用。

2．在"属性"面板中修复链接

步骤

（1）打开"链接检查器"面板，进行相应的链接检查。

（2）在"链接检查器"面板（"结果"面板组）中双击"文件"列中的某个条目。

（3）Dreamweaver会打开该文档，选择断开的图像或链接，并在"属性"面板中高亮显示路径和文件名。

（4）可在"属性"面板中设置新路径和文件名，单击文件夹图标 📁，以浏览正确的文件，或在突出显示的文本上直接输入。

（5）保存此文件。

链接修复后，该链接的条目在"链接检查器"面板中将不再显示。如果在"链接检查器"面板中输入新的路径或文件名（或在"属性"面板中保存更改后），某一条目依然显示在列表中，则说明 Dreamweaver 找不到新文件，仍然认为该链接是断开的。

4.4 实战演练

在本章中学习了内部链接、外部链接、锚点链接及空链接等的应用，为了巩固所学内容，在此提供一个使用多种链接方法的实例。

1．实战效果

制作名为"每周星运"的网站链接，其实战效果如图 4-30 所示。

图 4-30　"每周星运"网站链接的实战效果图

2．制作要求

（1）在页面下方的"小屋"图片上，创建返回首页的超链接。

（2）创建"与我联系"的电子邮件超链接。

（3）创建"关于我"的空链接。

（4）创建页面上方图片中小圆图标的热点链接（图像地图）。

3．制作提示

（1）若要返回首页，则可通过网页中的 Home 图片返回。选中 Home 图片，如图 4-31 所示，单击"属性"面板"链接"右侧的文件夹图标 📁，在弹出的"选择文件"对话框中选择一个链接对象，此例为 index.html 网页，单击"确定"按钮。

（2）选中网页上的"与我联系"文本，创建电子邮件链接。选择"插入"|"常用"|"电子邮件链接"选项，输入电子邮件，如图 4-32 所示。

（3）创建"关于我"的空链接。选中"关于我"文本，在"属性"面板的"链接"文本框中输入"#"即可。

（4）选中页面上方的图片，单击"属性"面板中的"椭圆"热区按钮，将光标移到图片上并拖动鼠标，绘制一个黑色边界线的浅蓝色圆形区域，如图 4-33 所示。设置链接文件为 3-03.htm，在"属性"

面板的"替代"文本框中输入热区的说明"白羊座",在浏览器中光标指向热区时会显示此处输入的文字。

图 4-31 为图片创建返回首页的超链接

图 4-32 创建电子邮件链接

图 4-33 创建图像地图

(5)网页中其他的链接可根据情况重复执行前面的操作。

本章小结与重点回顾

本章详细介绍了超链接的概念以及在网页中建立各种超链接的方法,并介绍了如何进行超链接的管理。
本章重点:

● 内部链接、外部链接、锚点链接、电子邮件链接的创建方法。

● 链接的更新、修改、删除。

● 检查链接的方法及其修复。

第 5 章

表格布局

表格不但在组织页面数据时非常有用，而且在网页元素布局上也起着非常重要的作用，利用表格可以控制文本和图形等对象在页面上的位置。

5.1 应用表格布局页面——"足球明星"页面（photo.html）

5.1.1 案例综述

表格是用于在 HTML 页面上显示表格式数据，以及对文本和图形进行布局的强有力工具。在前面章节中所创建的网站 myfootball 中有一个"足球明星"页面——photo.html，准备用来存放明星照片，从中使读者初步认识表格的基本操作方法及其作用。案例的效果如图 5-1 所示。

图 5-1　"足球明星"页面的效果

5.1.2 案例分析

利用 Dreamweaver 的表格边框为 0 时不显示的特性，可将页面中的各个元素放置在表格的单元格中，从而达到定位的作用，这就是网页制作中常用的表格布局。"足球明星"页面（photo.html）就采用了表格布局，如图 5-2 所示，该页面由表格 T1（页眉区、导航栏）、表格 T2（主要内容区）和表格 T5（版权信息区）三部分组成，各部分均以等宽表格布局，而主要内容区由"昔日辉煌"和"当世枭雄"两个版块组成，这两个版块的布局十分相像，所以布局好前一版块后复制即可。将图片分列在表格的单元格中，再加上图片说明即可。通过本案例，可对表格的创建、表格及单元格的属性设置等内容有一些比较直观的了解；通过对表格的进一步修改和美化，可掌握表格的插入、添加，删除行列，拆分、合并单元格等基本操作。

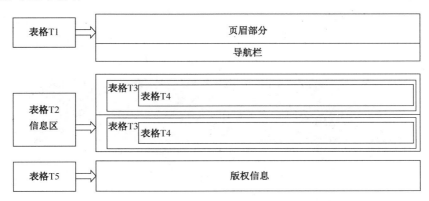

图 5-2 "足球明星"页面布局示意图

5.1.3 实现步骤

1. 制作相册页面

1）页面属性设置

步骤

在 Dreamweaver CC 的"文件"面板中双击打开 myfootball 站点的"足球明星"页面 photo.html，单击"属性"面板中的"页面属性"按钮，在弹出的"页面属性"对话框中，设置左边距为 0、下边距为 0，设置标题为"表格示例"，单击"确定"按钮完成设置。

2）页眉制作

步骤

（1）选择"插入"|"表格"选项，或在"插入"面板的"常用"类别中单击"表格"按钮，在弹出的"表格"对话框中，设置 2 行 1 列，宽度为 960 像素，边框粗细、单元格边距、单元格间距均为 0 的表格，如图 5-3 所示，单击"确定"按钮插入表格 T1。

（2）在表格"属性"面板中，输入表格名称为"T1"，将"Align"设置为"居中对齐"，使所制作的页面在浏览器的中间位置显示，如图 5-4 所示。

图 5-3 "表格"对话框

图 5-4　表格居中

（3）在表格第一行的单元格内插入素材文件夹 ch5\images\banner.jpg，作为网页横幅。

（4）将光标定位到第二行的单元格内，在单元格"属性"面板中设置"水平"为"居中对齐"，如图 5-5 所示。输入导航文字"我与足球""足球新闻"，中间用空格隔开。选定导航文字，分别制作导航文字的超链接。页眉的制作效果如图 5-6 所示。

图 5-5　单元格水平居中

图 5-6　页眉制作效果

3）主要信息显示区域表格设计

步骤

（1）将光标定位到表格 T1 后面，再次插入 2 行 1 列的表格 T2，宽度仍为 960 像素，其他均为 0，设置对齐方式为"居中对齐"。

（2）将光标定位到表格的第一行单元格内，在单元格"属性"面板中将高设置为 30，作为标题行，将背景颜色设置为蓝色"#66CCFF"，在此单元格的适当位置输入文字"昔日辉煌"。选中"昔日辉煌"，在"属性"面板中单击"HTML"按钮，打开 HTML "属性"面板，在"格式"下拉列表中选择"标题 4"选项，如图 5-7 所示。

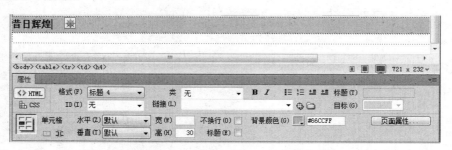

图 5-7　标题制作效果

（3）在表格第二行单元格中插入 3 行 5 列的嵌套表格 T3，用来放置足球明星照片，宽度仍为 960 像素，其他均为 0，插入的表格如图 5-8 所示。

（4）为了使照片居中显示，拖动鼠标选中新插入表格的所有单元格，在"属性"面板中设置"水平"为"居中对齐",设置表格宽度为 190 像素。

图 5-8　创建的网站相册

（5）在第一行第一列单元格中再插入 2 行 1 列的表格 T4,宽度为 80%,其他均为 0。选中表格 T4 的所有单元格,设置其"水平"为"居中对齐";将光标定位到第二个单元格中,设置其格式为"标题 5"。

（6）在标签选择器上单击左边离得最近的<table>标签,将设置好的表格 T4 选中,按【Ctrl+C】组合键复制,再在其他各单元格中按【Ctrl+V】组合键粘贴,如图 5-9 所示。

图 5-9　粘贴表格 T4 到各单元格中

（7）选中表格 T2,按【Ctrl+C】组合键复制,将光标定位到 T2 表格后面,按【Ctrl+V】组合键粘贴,如想多制作几个栏目,则可多粘贴几次。将栏目标题文字改为"当代球星",如图 5-10 所示。

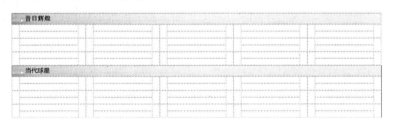

图 5-10　表格布局

4）插入图片并添加说明文字

步骤

在每个 T4 表格的第一行单元格中插入素材中提供的图片,在第二行单元格中输入相应的文字说明,如图 5-11 所示。

图 5-11　在表格中添加内容

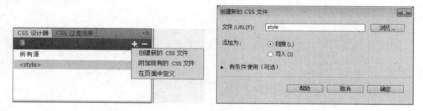

图 5-12　版权信息内容

5）制作版权信息

将光标定位到最外层表格的后面，再插入 1 行 1 列的表格 t5，宽度仍为 960 像素，其他均为 0，将对齐方式设置为"居中对齐"，在此单元格中输入相关的版权信息，如图 5-12 所示。设置单元格背景为淡蓝色"#66CCFF"。

6）保存并预览

选择"文件"｜"保存"选项，将网页存盘，按【F12】键，打开默认浏览器进行预览。

2．相册表格的美化

表格外观样式可以通过对表格、单元格、行、列等的属性设置来实现，在设置前需首先选中相应对象。

1）设置边框线

步骤

（1）单击栏目外层表格 T2，在"标签选择器"中选中<table>标签，选中表格，在编辑窗口右侧的"CSS 设计器"面板中（如未打开，可通过选择"窗口"｜"CSS 设计器"选项打开）定义一个边框样式。

（2）先单击"CSS 设计器"面板右上角的"+"按钮，在弹出的菜单中选择"创建新的 CSS 文件"选项，在随后弹出的"创建新的 CSS 文件"对话框中输入外部 CSS 文件名称"style"，如图 5-13 所示，单击"确定"按钮。

图 5-13　创建新的 CSS 文件

（3）在"选择器"面板中单击其右上角的"+"按钮，新建一个选择器，修改选择器名称为".bx"，如图 5-14 所示。

（4）在"属性"面板中单击"边框"按钮，在下面的属性列表中设置线型为单实线，颜色为蓝色，边框粗细为 1px，如图 5-15 所示。

图 5-14　新建选择器

图 5-15　表格边框 CSS 规则

（5）在表格"属性"面板的"Class"下拉列表中选择新定义的 CSS 规则.bx，即可应用此样式，使所选表格具有淡蓝色边线；同样，选中"当代球星"表格，在"Class"下拉列表中选择.bx，给表格加边线，如图 5-16 所示。

图 5-16　设置表格外框边线

2）设置单元格背景色

步骤

（1）单击第一行的第一个单元格，按住【Shift】键的同时单击此行的最后一个单元格，将该行单元格全选中，在"属性"面板中设置其背景色为淡蓝色"#ECF5FF"。

（2）以同样方法给下一行设置背景色为白色，这样每隔一行设置相同的背景，最后保存网页文件，按【F12】键即可进行预览。

5.2 表格的基本操作

娴熟地掌握表格技巧，如插入表格，在表格中输入数据，对表格进行修改，改变其外观和结构等操作，是每个网页设计者都应该完成的基本任务。

5.2.1 插入表格

将光标移至需要插入表格的位置，可选择"插入"|"表格"选项，或单击"插入"面板"常用"类别中的"插入表格"按钮 ，也可按【Ctrl+Alt+T】组合键，此时网页编辑窗口中会弹出"表格"对话框，如图 5-17 所示。

在"表格"对话框中，可设置表格的属性，单击"确定"按钮确认属性设置后，即可在页面指定位置插入表格，如图 5-18 所示。"表格"对话框中各选项的具体意义如下。

"行数""列"——设置表格的行数和列数。

"表格宽度"——设置表格的宽度，并在其右侧的下拉列表中选择表格宽度的单位，选项分别为像素和百分比，其中百分比是指表格与浏览器窗口的百分比。

"边框粗细"——设置表格外框线的宽度，如果没有明确指定边框粗细的值，则大多数浏览器按边框粗细设置为 1 显示表格。若要确保浏览器不显示表格边框，则应将边框粗细设置为 0。

图 5-17 "表格"对话框

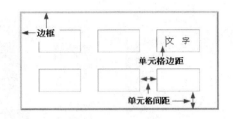

图 5-18 表格各选项示意图

"单元格边距"——设置单元格的内容和单元格边框之间空白处的宽度，如果没有明确指定边距的值，则大多数浏览器按边距设置为 1 显示表格。

"单元格间距"——设置表格中各单元格之间的宽度，如果没有明确指定间距的值，则大多数浏览器按边距设置为 2 显示表格。要确保浏览器不显示表格中的边距和间距，应将"单元格边距"和"单元格间距"设置为 0。

"标题"——此选项组中包括四部分："无"表示在表格中不使用页眉；"左"表示可以将表的第一列作为标题列，以便为表中的每一行输入一个标题；"顶部"表示可以将表的第一行作为标题行，以便为表中的每一列输入一个标题；"两者"表示能够在表中输入列标题和行标题。

"辅助功能"——给表格加上注释。

"标题"——输入一个将在表外显示的标题。

"摘要"——描述表格的说明。该说明不会显示在用户的浏览器中。

5.2.2 选定表格和单元格

由于表格包括行、列、单元格三个组成部分，所以选定表格的操作除包括如何选定整个表格的操作，还包括如何选定表格的行、列、单元格等内容。

1．选定整个表格

有多种方法可以实现选定表格的操作，大致可分为以下三种情况。

（1）通过标签选择器选择。单击编辑窗口左下角的<table>标签即可选中表格。

🐦 **提示**

当嵌套的表格不止一个时，很难用鼠标直观地指明需要编辑的表格或单元格，从而很难通过表格"属性"面板对表格或单元格的属性进行设置。其实可以通过 Dreamweaver 的标签选择器来解决这一难题。如图 5-19 所示，第一个<table>表明是最外围的表格，第二个<table>表明是表格内嵌套的第二层表格，用光标指向不同的<table>时，其相应的表格"属性"面板就会出现。至于其他单元格与行的选定与此类似，<tr>表示光标所在的行；<td>表示光标所在的单元格。 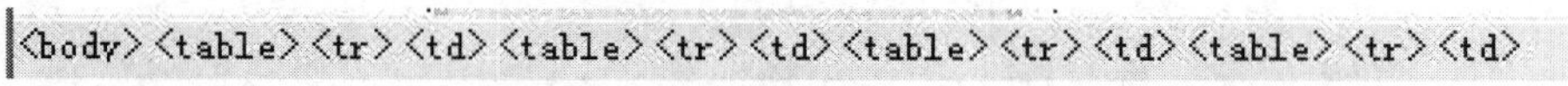

```
<body> <table> <tr> <td> <table> <tr> <td> <table> <tr> <td> <table> <tr> <td>
```

图 5-19 Dreamweaver 标签选择器

（2）将插入点置于表格中，选择"修改"|"表格"|"选择表格"选项。

（3）单击表格边缘。

2．选定行或列

将光标定位在目标行的左边缘或目标列的上边缘，等出现黑色箭头后，单击即可选定整行或整列，如图 5-20 所示。

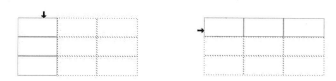

图 5-20　选定整行或整列

3．选定单元格

选定单元格的方法如下。

（1）将光标定位到要选定的单元格中，单击编辑窗口左下角的<td>标签。

（2）按住鼠标左键并拖动以选定单元格。

（3）按【Shift】键并单击单元格，或拖动鼠标，即可选定多个相连的单元格。

（4）按【Ctrl】键并单击单元格，或拖动鼠标，即可选定多个不相连的单元格。

5.2.3　设置表格和单元格的属性

选择表格或单元格后，打开其"属性"面板，可以设置表格或单元格的属性。

1．设置表格属性

选定表格后，在其"属性"面板中可以查看或修改表格的属性，如图 5-21 所示。

图 5-21　表格"属性"面板

在表格"属性"面板中可设置表格的下列属性。

"表格"——输入表格的名称。

"行"、"Cols"（列）、"宽"、"CellPad"（填充）、"CellSpace"（间距）、"Border"（边框）——设置方法与"表格"对话框的参数设置方法相同。

"Align"（对齐）——设置表格的对齐方式。

"Class"（类）——在其下拉列表中可以选择应用于该表格的 CSS 样式。

图 和图 ——可清除表格中行、列原来所设的行高和列宽。

图 和图 ——在百分比和像素之间切换，设置表格的宽度。

2．设置单元格属性

选定单元格后，在"属性"面板中可以查看或修改单元格的属性，如图 5-22 所示。

在单元格"属性"面板中可以设置单元格的下列属性。

"水平"——设置单元格中内容的水平对齐方式是"左对齐"、"右对齐"还是"居中对齐"。

图 5-22　单元格"属性"面板

"垂直"——设置单元格中内容的垂直对齐方式是"顶端对齐"、"底部对齐"、"基线对齐"还是"居中对齐"。

"宽"和"高"——设置单元格的宽度和高度，可以以像素或百分比来表示。

"不换行"——防止文本自动换行，单元格会自动延展以容纳数据。

"标题"——将选定单元格设置为表格的标题栏，其文本居中且以粗体显示。

"背景颜色"——设置单元格的背景颜色。

合并单元格按钮▣——可合并选定的单元格。

拆分单元格按钮▓——可拆分选定的单元格。

5.2.4　调整表格结构

在网页设计的过程中，常常会根据需要对表格中的行、列进行增加或删除等操作，这类操作可以通过表格"属性"面板、"插入"菜单或"修改"菜单来完成。

1．插入行和列

插入行和列可使用下列方法之一。

（1）选中要插入行或列的单元格，选择"修改"|"表格"|"插入行"（或"插入列"）选项，或在选中的单元格上右击，在弹出的快捷菜单中选择"表格"|"插入行"（或"插入列""插入行或列"）选项，均可完成行或列的插入。

（2）选中整个表格，在表格"属性"面板的"行"和"列"文本框中调整其中的数值来增加表格的行数和列数。

2．删除行和列

（1）选中该表格后，在其"属性"面板中修改行和列的值。

（2）将光标定位在表格的某个单元格中，选择"修改"|"表格"|"删除行"（或"删除列"）选项，也可删除该行或列。

（3）将光标定位在表格的某个单元格中并右击，在弹出的快捷菜单中选择"表格"|"删除行"（或"删除列"）选项，也可完成删除该行或列的操作。

3．单元格的合并和拆分

在编辑表格的操作过程中，常常会根据需要对表格的某些单元格进行拆分和合并操作。在表格的"属性"面板全部展开时，可看到合并和拆分按钮。

1）单元格的合并

（1）选中要合并的几个单元格，这些单元格的四周被出现的粗框线框住。

（2）单击单元格"属性"面板左下方的合并单元格按钮▣，可完成单元格的合并操作，如图 5-23 所示。

2）单元格的拆分

（1）将光标定位在要拆分的单元格中。

（2）单击单元格"属性"面板左下方的拆分单元格按钮，此时会弹出"拆分单元格"对话框，如图 5-24 所示。

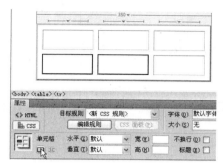

图 5-23　合并单元格　　　　　　　图 5-24　"拆分单元格"对话框

（3）在"拆分单元格"对话框中设定拆分方式。若要上下拆分单元格，则选中"行"单选按钮；若要左右拆分单元格，则选中"列"单选按钮。

（4）在"行数"或"列数"文本框中输入拆分单元格的数量。

（5）单击"确定"按钮，完成单元格的拆分操作。

若单元格拆分前有内容，则单元格拆分后内容要做相应的调整。

4．单元格的复制、粘贴、移动和清除

设计网页时，文本、图片等对象可以被复制、粘贴、移动或清除，表格中的单元格同样也支持这些操作。可以一次复制、粘贴、移动和清除一个或多个单元格。

（1）单元格移动、复制的方法如下。

① 在网页编辑窗口中选中要复制的对象，按【Ctrl+C】快捷键，或选择"编辑"｜"复制"选项，将对象复制到剪贴板中。

② 在网页编辑窗口中选中要移动的对象，按【Ctrl+X】快捷键，或选择"编辑"｜"剪切"选项，将对象剪切到剪贴板中。

③ 选中目标单元格，按【Ctrl+V】快捷键，或选择"编辑"｜"粘贴"选项，将对象粘贴到目标单元格中。

④ 在编辑窗口中选中要复制的对象，按住【Ctrl】键后，将复制的对象拖入目标单元格，即可完成对象的复制操作。直接拖动选中的对象到目标单元格中，即可完成对象的移动操作。

（2）单元格内容清除的方法如下。

选中目标单元格中要清除的对象，按【Delete】键，或选择"编辑"｜"清除"选项，即可清除单元格中的内容，但该单元格的格式仍被保留。

5．表格的嵌套

表格的嵌套在网页制作中会经常使用到，尤其是在新浪、搜狐、网易等网站中，为了使大量的信息整齐地展示在浏览者面前，表格的嵌套就使用得更为频繁，如图 5-25 所示，编辑状态下页面密密麻麻地布满了表格线。

在 Dreamweaver CC 中，对于表格的嵌套没有特别的限制，表格完全可以像文本、图像一样直接插入到其他表格的单元格中，然后通过对单元格的拆分、合并等编辑操作，完成复杂表格的嵌套操作。

图 5-25　表格嵌套网页

将光标定位到当前表格的某个单元格中，然后选择"插入"|"表格"选项，或单击"插入"面板中"常用"类别中的"表格"按钮，在"插入表格"对话框中输入新表格的属性，便可在当前单元格内再插入一个表格，这就是表格的嵌套操作。此时，表格边框线的宽度应该设为 0，否则会影响页面的美观。

网页表格中理论上可以有多层嵌套，但是表格多层嵌套后会直接影响浏览速度，故表格嵌套层数不宜过多。

5.3　页面布局理论

布局就是在页面上分出不同的区域，按照设计的原则和方法，把不同的内容放置到不同的位置上，并通过色彩调和出不同的网站基调，使网页内容形成一个有机的整体，充分表达网站主题的过程。

5.3.1　页面布局原则

网页布局设计是有原则的，无论使用何种手法对页面中的元素进行组合，都一定要遵循主要的三大原则：连贯、统一、分割。

（1）**连贯**：是指要注意页面的相互关系。网页设计中应利用各组成部分在内容上的内在联系和表现形式上的相互呼应，并注意整个网页设计风格的一致性，实现视觉上和心理上的连贯，使整个网页设计的各个部分极为融洽。

（2）**统一**：是指网页设计作品的整体性、一致性。设计作品的整体效果是至关重要的，在设计中切勿将各组成部分孤立分散，那样会使画面呈现出凌乱的效果。

（3）**分割**：是指将页面分成若干小块，小块之间有视觉上的不同，这样可以使浏览者一目了然。在信息量较大时为使浏览者能够看清楚，就要注意对画面进行有效的分割。分割不仅是表现形式的需要，还被视为对页面内容的一种分类归纳。

遵循网页设计三大原则，页面的视觉效果与人的视觉感受形成一种沟通，产生心灵的共鸣，这是网页设计成功的关键。

5.3.2　页面布局类型

网页布局大致可分为"国"字形、拐角型、标题正文型、左右框架型、上下框架型、综合框架型、封面型、Flash 型、变化型，下面分别对其进行论述。

1."国"字形

"国"字形也称为"同"字形，是一些大型网站所喜欢的类型，即最上面是网站的标题以及横幅广告条，接下来是网站的主要内容，左右分列两小条内容，中间是主要部分，与左右一起罗列到底，最下面是网站的一些基本信息、联系方式、版权声明等。这种结构是目前在网上见到的最多的一种结构类型，如图 5-26 所示。

2．拐角型

拐角型结构与"国"字形结构只是形式上的区别，实际上是很相近的，上面是标题及广告横幅，接下来的左侧是一窄列链接等，右列是很宽的正文，下面也是一些网站的辅助信息。在这种类型中，常见的是最上面为标题及广告，左侧是导航链接，如图 5-27 所示。

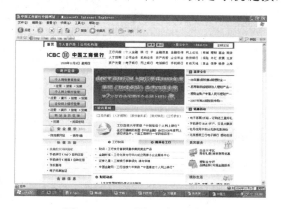

图 5-26　"国"字形布局　　　　　　　　　　　　图 5-27　拐角型布局

3．标题正文型

标题正文型即最上面是标题或类似的一些内容，下面是正文，如一些文章页面或注册页面等就使用了这种结构，如图 5-28 所示。

4．左右框架型

左右框架型是一种左右型的框架结构，一般左面是导航链接，有时最上面会有一个小的标题或标志，右面是正文。一般见到的大部分的大型论坛就使用了这种结构，有一些企业网站也喜欢采用这种结构，此结构非常清晰，一目了然，如图 5-29 所示。

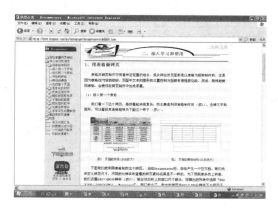

图 5-28　标题正文型布局　　　　　　　　　　图 5-29　左右框架型布局

5．上下框架型

上下框架型与左右框架型类似，区别仅仅在于这是一种上下分为两页的框架结构。

6．综合框架型

综合框架型是左右框架型与上下框架型两种结构的结合，是相对复杂的一种框架结构。

7．封面型

封面型基本上出现在一些网站的首页，大部分的特点如下：一些精美的平面设计结合一些小的动画，如放几个简单的链接，或仅有一个"进入"的链接，甚至直接在首页的图片上做链接而没有任何提示。这种类型大部分出现在企业网站和个人主页中，如果处理得好，会给人带来赏心悦目的感觉，如图5-30所示。

图 5-30　封面型布局

8．POP布局

POP源自广告术语，指页面布局像一张宣传海报，以一张精美图片作为页面的设计中心。优点是设计精美、吸引用户，缺点是速度稍慢、信息量偏小，如图5-31所示。

9．变化型

变化型是上面几种类型的结合与变化，例如，本书所建网站在视觉上是接近拐角型的，但所实现的功能实质上是综合框架型。

目前，网络上常见的布局形式如图5-32所示。

图 5-31　POP布局

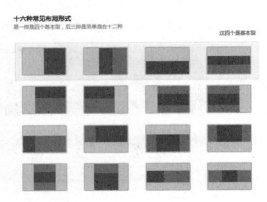

图 5-32　常见布局形式

5.3.3 页面布局方法

网页布局的方法有纸上布局、软件布局两步。

1．纸上布局

许多网页制作者不喜欢先画出网页布局的草图，而是直接在网页设计器中边设计布局边添加内容。这种不打草稿的方法可能无法让用户设计出优秀的网页来。所以，在开始制作网页前，要先在纸上画出页面的布局草图，如图 5-33 所示。

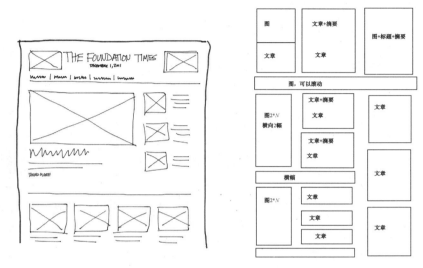

图 5-33　画出布局草图

2．软件布局

在有了布局草图后，可以利用图像处理软件，如 Photoshop、Fireworks 等进行页面设计，通过使用颜色、图形，以及利用层的功能设计出整个页面的大致效果，之后可通过裁切工具进行切图，将页面中的图片部分保存为 Web 图片，为后面的制作做好铺垫。

5.3.4 页面布局技术

目前，常见的页面布局技术有表格布局、框架布局和 Div+CSS 布局。

1．表格布局

表格布局的优势在于能对不同对象加以处理，而不用担心不同对象之间的影响。此外，表格在定位图片和文本上比用 CSS 更加方便。表格布局唯一的缺点是，当使用过多表格时，页面下载速度会受到影响。

2．框架布局

框架布局就是把多个页面有机地整合在一起，把不同对象放置到不同页面中加以处理。在 2005 年之前，框架结构应用较多，但随着搜索引擎的发展，框架结构不容易被搜索引擎收录，这就是框架结构在历史的舞台上渐渐失去色彩的一个原因。

3．Div+CSS 布局

随着 Web 2.0 标准化设计理念的普及，国内很多大型门户网站已经纷纷采用 Div+CSS 技术制作方法，该技术是目前较为流行的网页布局方式。Div+CSS 主要利用 Div 和 CSS 样式对网页元素进行布局和定位。

这种布局技术具有以下优点。

（1）结构清晰，容易被搜索引擎收录。

（2）与表格相比，能够减少代码并实现表格布局的许多功能，从而提高网页的加载速度。

（3）能够在任何地方任何设备上表现出已经构建好的网页布局。

（4）可以实现和表现出与内容数据的分离。

（5）能很好地控制页面布局的效果。

（6）拥有强大的字体控制和编排能力。

5.3.5 表格布局方法

在网页设计中，为了在用户浏览信息时，使网页的内容在不同的显示器分辨率、不同的浏览器中有比较固定的显示效果，常采用表格定位的方式，让网页信息按照设计人员预定的位置和模式呈现给用户。用户通常看到的网页中大都含有表格，通过浏览器并不一定能看到表格的边框，这些表格也都起到了定位的作用。

利用表格进行分栏，可以达到整齐排版的目的，美化网页的外观。所谓分栏，就是让网页变成一个大表格，然后根据布局设计，再将这个表格分成不同的行和列，调整各个行和列的宽度及高度，以达到排版的要求。具体做法如下。

（1）根据网页布局设计，将页面从上至下分成多个等宽的表格；插入表格时，表格的尺寸在设计最外层表格时应使用基于像素的表格，而在内层嵌套表格时应使用基于百分比的表格，高度不用设置，然后令这个表格居中。由于在浏览器中加载页面时，是以整个表格为单位来加载的，因此整个页面不要都嵌套在一个表格里，单一表格的结构要尽量整齐。

（2）熟练使用表格嵌套。也就是说，在一个表格中再插入另一个表格。举个例子，把要设计的页面分成几个较大的部分，然后利用表格的行数和列数来控制它们的布局，如果某一个单元格中的内容又要分成几部分，则可以继续在这个单元格中插入表格，方法同上。表格嵌套的层次尽量不要太多。

（3）表格的边框一定要为 0，即<table>中的 border 属性值为"0"，即使表格选框在网页预览中不可见，这样才能实现表格布局的目的。

表格布局时容易出现以下几类错误。

1．表格布满页面问题

为了使页面适应不同的分辨率，通常将表格的大小按百分比设置。刚开始学习制作网页时，编者已经把表格的宽度设置为 100%，但在浏览器上还是不能满屏显示，四周总有一圈空白，这个问题通过设置页面属性即可解决，选择"Modify"|"Page Properties"选项，在弹出的对话框中设置 Left、Top 为 0 即可。

2．表格的变形问题

（1）因为表格排列设置而在不同分辨率下出现的错位。

① 在 800×600 的分辨率下，一切正常，而到了 1024×800 的分辨率下，多个表格有的居中，有的左排列或右排列。这是因为，表格有左、中、右三种排列方式，如果没有特别进行设置，则默认为

居左排列，在 800×600 的分辨率下，表格恰好有编辑区域那么宽，不容易察觉，而在 1024×800 的分辨率下就会出现错位。解决的办法比较简单，即都设置为居中（或左排列、或右排列）。

② 同样是这种分辨率切换，表格的上下排列不一致。

上面所说的是水平错位，而这种则是纵向错位，多发生在一个表格中嵌入另一个表格的情况。其原因在于，嵌入的表格默认为竖向居中排列，在 800×600 的分辨率下，这种错位看不出来，而在 1024×800 的分辨率下就出现了。解决办法同前，应根据情况对排列进行设置，而不是采用其默认设置。

（2）采用百分比而出现的变形。

这里所说的百分比是指表格的高或宽设置为上层标记所占区域高或宽的百分比，如一个表格单元的宽度是 600，在它里面嵌入了另外一个表格，表格宽度占表格单元的 50%，则这个表格的宽度为 300，依此类推。如果一个表格不是嵌于另一个表格单元中，则其百分比是相对于当时窗口宽度的，常出现在 IE 浏览器中，随便改动主页窗口的大小时，表格的内容也会随之错位、变形，这是因为表格的百分比也要随着窗口的大小而改变成相应的百分比宽度。当然，解决办法是不要设置成百分比。如果表格没有外围嵌套标记，则将宽等设置成固定宽度；如有外围嵌套标记，则将外转嵌套标记的宽度设置为固定值，而表格的宽或高可设置为百分比，这样就不会出现变形了。

（3）表格单元格之间互相干扰引起的变形。

这种变形情况通常是因为在工具中制作主页时没有空隙，而在浏览时却发现多出了一些空隙。解决办法是先看表格设置有没有上面所介绍的两种情况，如没有，可能是在划分表格时，同一行的单元格之间相互牵制出现了问题。同一行的表格单元在诸如 Dreamweaver 或 Frontpage 中经常频繁地被拆分，所以，同一行的单元格与另一个单元格的宽与高不一致，当改变相邻单元格的高（或宽、或个数时），图中所指的单元格也会发生相应的变化，相互制约，调整起来很麻烦。所以，如果表格比较复杂，最好采取嵌套表格的形式，这样可以减少一些单元格之间相互干扰的情况出现，而使单元格之间相对独立。

出现变形的情况还有很多，这里不再一一陈述。在划分表格时，除了一些必要的高、宽设置，应将其他的高、宽设置全部删除，这样既可减少冗余代码，也可免除出现错误。

3．图片显示问题

有时明明在单元格中插入了背景图片，而且在 Dreamweaver 的视图里也可看到，但是预览背景图片时就不显示了。遇到这种情况，应检查代码是否正确，表格代码如下。

```
<table width="300" border="1" cellspacing="0" cellpadding="0" bordercolor="#000000">
<tr background="hzz01_050213.gif">
<td height="19"> </td>
<td height="19"> </td>
</tr>
</table>
```

上面的背景图确实有（background="hzz01_050213.gif"），但由于放错了地方，所以显示不出来。把背景属性放在<td>标记中，问题便得以解决。

4．任意大小的表格

用拖动鼠标的方法改变表格的大小时，会发现当表格的高度达到 10 时就不能拖动了，或者在"属性"面板里将表格的高度定义为 5 像素，但是在浏览器中显示的并不是高为 5 像素的表格，是不是不能制作这样的表格了呢？当然不是，这个问题在细线表格的制作方法中已涉及了，设置完表格的高度后，还需要把单元格中的""去掉。

5．被撑大的表格

有时已经定义了表格的大小，而输入内容后，表格却变大了，这是为什么呢？表格的大小不仅与自身的属性有关，还要受表格里内容的影响。例如，设置表格的尺寸为 120×80，然后在表格里插入 150×100 的图像，很明显按表格的尺寸根本放不下此图片，所以当在浏览器中查看时会发现表格变大了（此时，在"属性"面板里表格的大小依然显示的是 120×80，所以会让新手感到奇怪。实际上，在插入图片时表格的尺寸已经发生了改变，只是由于软件的局限性未显示出来）。如果确实需要表格不随插入的图片而改变，简单的办法就是把图片作为背景处理。

5.4 实战演练

1．实战效果

制作网页"我的第一页"，其效果如图 5-34 所示。

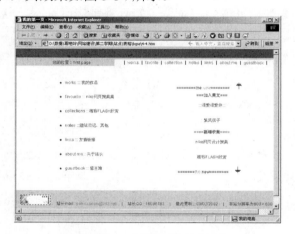

图 5-34　实战演练效果图

2．制作要求

（1）用表格布局。

（2）插入网页元素。

（3）初步认识 CSS 规则的创建及用法。

3．制作提示

注意： 以下数值如无特别说明，单位均为像素。

（1）页面标题：应用表格布局。

（2）页面属性：左边距设置为"0"，上边距设置为"0"，背景设置为"#CCC"，文字颜色设置为"#366"，链接颜色设置为"#099"，已访问链接颜色设置为"#6CC"，活动链接颜色设置为"#0FF"，如图 5-35 所示。

（3）对齐：水平居中。

（4）表格布局：插入 4×1 的表格，宽为 778，边框粗细、单元格边距、单元格间距均为 0。

① 第一行 T-1，背景为"#666"，高为 25。

② 第二行 T-2（导航栏），高为 25，对齐方式设置为"居中对齐"，垂直方式设置为"底部对齐"。

在 T-2 中插入 1×3 的表格，宽为 740，边框粗细、边距、间距均为 0，高度为 20。

图 5-35　页面属性设置

- 第一列 T-21，宽为 18，起间隔作用。
- 第二列 T-22，宽为 249，对齐方式设置为"水平居中"。
- 第三列 T-23，背景设置为"#FFF"。输入导航栏文字内容，并设置超链接，此处各链接暂时设置为"#"，如图 5-36 所示。

图 5-36　导航栏的设计

③ 第三行 T-3，背景设置为白色"#FFF"，高为 342，对齐方式设置为"水平居中"。在 t-3 中插入 1×5 的表格，宽为 760，高为 100%。各列宽度从左至右依次为 100、300、40、300、20。

- 第一列 T-31，只起间隔作用。
- 第二列 T-32，插入 7×1 的表格，宽为 250，输入相应文字内容，并设置超链接，此处可设置链接为"#"，调整各单元格的高度。
- 第三列 T-33，只起间隔作用。
- 第四列 T-34，插入 8×1 的表格，各列高度分别为 30、20、40、50、20、40、50，输入相应文字内容，并设置超链接，此处可设置链接为"#"。
- 第五列 T-35，只起间隔作用，如图 5-37 所示。

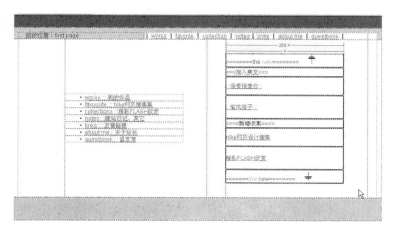

图 5-37　中间信息区的设计

④ 第四行 T-4，高为 50，垂直方式设置为"底部对齐"，插入图片及版权信息，如图 5-38 所示。

图 5-38　版权区的设计

（5）用 CSS 样式美化网页：切换到编辑窗口的代码视图，在页面头文件部分，即<head></head>之间加入如下代码。

```
<STYLE type=text/css>
.9font {
    FONT-FAMILY: "Arial", "Helvetica", "sans-serif"; FONT-SIZE: 12px; FONT-STYLE: normal}
A:hover {
    COLOR: #6699CC; TEXT-DECORATION: underline}
A {
    TEXT-DECORATION: none}
</STYLE>
```

上述代码定义了一个普通文本的样式，名为"9font"；还重新定义了链接的两个状态。此时可看到网页中文本及超链接文字的变化。

按【F12】键预览网页。

本章小结与重点回顾

本章介绍了网页布局的基本知识，并对表格的基本操作及属性设置进行了较为全面的讲解。

本章重点：

● 网页布局的基本常识。

● 表格布局的方法及步骤。

● 表格的基本操作。

● 表格及单元格的属性设置。

● 表格的调整方法。

第6章

层叠样式表

层叠样式表（CSS）是一组格式设置规则，用于控制网页内容的外观。通俗地讲，CSS 是控制网页中内容的颜色、字体、文字大小、宽度、边框、背景、浮动等样式来实现各式各样网页样式的统称。本章全面介绍 CSS 的含义、作用，以及其创建和使用方法。

6.1 使用 CSS 格式化页面

6.1.1 案例综述

为了使网页具有统一的风格，通常在网页中使用 CSS，并且一般将 CSS 的设置放在网页制作的第一步。当然，也可以边制作网页边进行设置，然后将 CSS 应用到网页中。

在前面创建的"我的足球网"的各网页中，已经应用了表格进行布局，并在单元格中插入了文本、图像，制作了链接。本案例将在已完成页面布局的网页上添加 CSS，进一步美化、格式化页面，从而达到统一风格、快速格式化网页的目的。通过本案例，可使大家掌握使用 CSS 格式化页面的方法。案例的效果如图 6-1 所示。

6.1.2 案例分析

使用 CSS 可以控制许多文本属性，包括特定字体和大小，粗体、斜体、下画线和文本阴影，文本颜色和背景颜色，链接颜色和链接下画线等。通过使用 CSS 控制字体，还可以在多个浏览器中以更一致的方式处理页面布局和外观。

在本案例中，将通过设置页面的 CSS 来优化页面，以帮助大家理解 CSS 在页面格式化中的作用，掌握 CSS 创建、调用的方法和步骤。

图 6-1　案例效果

6.1.3　实现步骤

1. 指定样式"源"

在创建各种样式之前，需考虑所建样式的重复使用问题。如果该样式只在当前文档中使用，则在创建时指明用于本文档即可；如果要用于多个页面，则需将此样式存于外部的 CSS 文件，若该文件尚不存在，则创建该文件。

步骤

（1）选择"窗口"|"CSS 设计器"选项，打开"CSS 设计器"面板，如图 6-2 所示。

（2）单击"CSS 设计器"面板中"源"选项右侧的添加 CSS 源按钮"+"，再选择"新建新的 CSS 文件"选项，弹出"创建新的 CSS 文件"对话框，如图 6-3 所示。在"文件/URL"文本框中输入新创建的样式表文件 style.css，单击"确定"按钮。

图 6-2　"CSS 设计器"面板　　　　图 6-3　"创建新的 CSS 文件"对话框

2．创建 CSS

创建 CSS 可在编辑窗口右侧的"CSS 设计器"面板中进行，可通过"窗口"｜"CSS 设计器"选项，打开/隐藏该面板。

1）创建嵌入文件头部信息的 CSS 样式——页面属性

🐬　**步骤**

（1）在 Dreamweaver 的"文件"面板中打开已创建的"我的足球网"站点。

（2）在"我的足球网"的 4 个页面中，在其页面设置中都已设置背景颜色或背景图像、文本颜色、边距等内容，这些设置其实就是一种嵌入文档头部信息的 CSS 样式。双击打开 index.html 文件。

（3）切换到"代码"视图，查看头部信息中的样式代码，如图 6-4 所示。

```
<head>
<meta http-equiv="Content-Type" content="text/html; charset=utf-8" />
<title>我的足球网</title>
<style type="text/css">
<!--
body {
    background-color: #090;
    text-align: center;
}
.bt {
}
.bt {
    text-align: center;
}
-->
</style></head>
```

图 6-4　设置在头部信息中的样式代码

2）重新定义标签样式

网页中插入对象所对应的标签，Dreamweaver 中都给予了其默认属性，当想改变这些属性时，可以通过在"CSS 设计器"面板中重新定义标签样式来完成。

（1）重新定义单元格标签<td>。

对于页面中的正文文字，因为页面使用的是表格布局，所有文字都在单元格内的<td>标签中，因此，通过对 HTML 标签进行重新定义，可达到对这些文字进行统一格式化的作用。

🐬　**步骤**

① 在"源"窗格中选择新创建的 style.css 为源，在"选择器"窗格中单击添加选择器"+"按钮，在随后弹出的文本框中输入要定义的标签"td"，按【Enter】键，确定添加 td 标签样式，如

图 6-5 所示。

② 在"属性"窗格中选择文本 T 类别属性，在其属性列表中设置字体大小（font-size）为 12px，颜色（color）为黑色#000000，如图 6-6 所示。

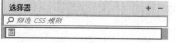

图 6-5 新建 CSS 规则　　　　图 6-6 单元格文本样式 td 属性设置

（2）重新定义超链接样式。

超链接文字有四种状态：a:link 用于表示超链接的正常状态；a:visited 是超链接被访问过后的状态；a:hover 是超链接在鼠标经过时的状态；a:active 是超链接的激活状态。这里通过重新定义这些标签来设置默认的链接为黑色、宋体、12px，没有下画线；光标经过时链接变为深红色、斜体、12px，出现下画线；而访问过后的链接又恢复为黑色、宋体、12px，没有下画线。

步骤

① 设置超链接的正常状态 a:link 和访问过后的状态 a:visited 的文本属性为：color 为#000000 黑色；text-decoration 为 none，即无下画线，如图 6-7 所示。

② 设置超链接的鼠标经过状态 a:hover 的文本属性如下：color 为#A61717 深红色；text-style 为 italic，即斜体，如图 6-8 所示。

图 6-7 设置超链接正常及访问过后的状态样式　　图 6-8 设置鼠标经过超链接时的样式

（3）重新定义图片样式 img。

当图片创建超链接时会在图片的四周出现很难看的边框，十分影响美观，可通过定义<img>标签的边框属性将边框去除。

🐬 **步骤**

单击"CSS 设计器"面板中"选择器"窗格的"+"按钮，添加新的选择器 img，设置其边框属性如下：width 为 0px，如图 6-9 所示。

3）创建自定义类样式

类样式是唯一可以应用于文档中任何元素的 CSS 类型。要想设置某些元素独有的特性，可通过自定义类样式后加以应用来实现。

（1）创建表格边框样式.bx。

由于网页采用表格进行布局，在此设置表格的边框样式，用于美化页面。

🐬 **步骤**

单击"CSS 设计器"面板"选择器"窗格中的"+"按钮，添加新的选择器.bx，设置其边框属性为：width 为 1px、style 为 solid、color 为#123706，如图 6-10 所示。

图 6-9　img 标签属性定义

图 6-10　.bx 样式属性定义

（2）创建版权信息文字样式.copyright。

网页制作过程中，若想使版权信息部分的文字有别于正文，可定义一个类样式。

🐬 **步骤**

单击"CSS 设计器"面板"选择器"窗格中的"+"按钮，添加新的选择器.copyright，设置其文字属性为：font-size 为 10px、color 为#FFFFFF，如图 6-11 所示。

（3）创建单元格背景样式 .bj。

设计网页时，如果想让某元素具有独特的外观，则可以创建类样式，这样在需要使用该样式的地方应用它即可达到目的，如设置单元格的背景等。

🐬 **步骤**

单击"CSS 设计器"面板"选择器"窗格中的"+"按钮，添加新的选择器.bj，设置其背景属性为：gradient 为"蓝白渐变"，如图 6-12 所示。

3．在当前页面中应用 CSS

在前面创建的样式中，由于页面属性和重定义的 HTML 标签样式与 HTML 标签相关联，因此它们的样式属性自动应用于文档中受定义样式影响的任何标签。所以，页面属性、单元格 td、超链接等 CSS 设置完成后，即可看到所设置的效果，而类样式则需在"属性"面板的"样式"或"类"中选择应用。

图 6-11　.copyright 样式属性定义　　　　　　图 6-12　.bj 样式属性定义

1）给网页加边框

步骤

选中最外层的表格，在"属性"面板"类"下拉列表中选择 .bx，给表格添加外框线，如图 6-13 所示。

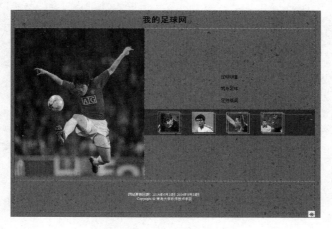

图 6-13　应用边框样式

2）设置版权信息文本格式

步骤

（1）选中版权信息文字，在"属性"面板"HTML"类别的"类"下拉列表中选择已定义的"copyright"，如图 6-14 所示。

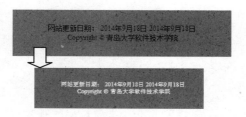

图 6-14　应用样式后的效果

（2）应用了 CSS 后，其标签栏中相对应的标签变为<td.copyright>，如图 6-15 所示。

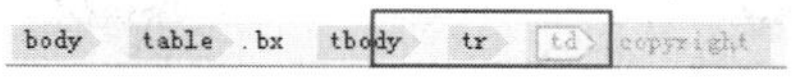

body
table .bx
tbody
tr
td
copyright

图 6-15 应用样式后的标签

3）设置页眉、页尾单元格背景

步骤

（1）选中页眉部分单元格，在“属性”面板“HTML”类别的“类”列表中选择已定义的“bj”，如图 6-16 所示。

（2）选中版权信息单元格，在“属性”面板“HTML”类别的“类”下拉列表中选择“应用多个类”，在弹出的“多类选区”对话框中选中需要应用的类样式，单击“确定”按钮，如图 6-16 所示。

设置完成后，切换到实时视图中查看效果，如图 6-17 所示。

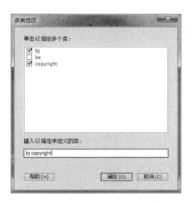

多类选区
单击以指定多个类：
bj
bx
copyright
键入以指定未定义的类：
bj copyright
帮助(H)
确定(O)
取消(C)

图 6-16 应用多个类

我的足球网

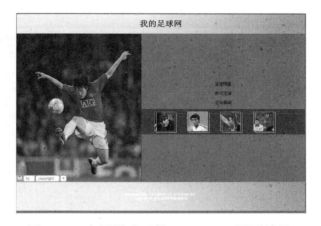

图 6-17 应用样式后的 index.html 页面效果

4．链接样式表并统一网站风格

网站中的多个页面可以共享一个 CSS 文件，需要引用样式文件中的 CSS 时，可以将其链接到网页文档中。而对其中 CSS 文件的修改将会影响所有以链接方式调用这个 CSS 文件的网页。

步骤

（1）打开 me.html，在“CSS 设计器”面板的“源”窗格中单击添加源按钮“+”，选择“附加现有的 CSS 文件”选项，在弹出的“使用现有的 CSS 文件”对话框中单击“浏览”按钮，选定前面已创建的 style.css，如图 6-18 所示。

（2）单击“确定”按钮，在“CSS 设计器”面板的“选择器”窗格中，可看到链接的样式表文件以及其中的 CSS。

（3）按前面的方法，分别应用前面所创建的“类”样式，给页面加边框，设置版权信息文字样式，设置页眉及页尾单元格背景。

（4）添加新的 bt 样式到 style.css 样式表文件中，字体大小设置为 24，颜色设置为#06F。选中页面中的标题文字，应用该样式。

（5）添加新的 bk 样式到 style.css 样式表文件中，边框 width 设置为 10px，如图 6-19 所示。

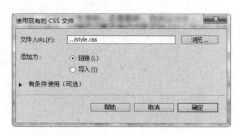

图 6-18　"使用现有的 CSS 文件"对话框　　　　图 6-19　设置.bk 样式

（6）选中页面中的插图，在其"属性"面板的"类"列表中选择 bk，使该样式应用于此图片。将文件保存起来，按【F12】键进行预览，如图 6-20 所示。

图 6-20　链接样式表及应用后的效果

（7）预览后发现版权信息文字的颜色并不清晰，此时可以在"CSS 设计器"面板的"选择器"窗格中找到已创建的选择器.copyright，在下面的"属性"窗格中修改其 color 为#001832，修改后版权信息如图 6-21 所示。

图 6-21　修改版权信息文字样式后的效果

（8）在 CSS 文件被修改后，所有链接该文件的应用此样式的元素也随之改变。回到 index.html 页面，切换到实时视图，可发现版权信息文字效果与此页一致。

（9）同理，将 style.css 文件附加到 news.html、photo.html 页面中，选择相应元素应用各样式。

6.2　CSS 概述

CSS 是一组格式设置规则，用于控制网页内容的外观。通过使用 CSS 设置页面的格式，可将页面的内容与表示形式分离。页面内容（HTML 代码）存放在 HTML 文件中，而用于定义代码表示形式的 CSS 规则存放在另一个文件（外部样式表）或 HTML 文档的另一部分（通常为文件头部分）中。

除了设置文本格式，还可以使用 CSS 控制网页中块级元素的格式和定位。块级元素是一段独立的内容，在 HTML 中通常由一个新行分隔，并在视觉上设置为块的格式。例如，h1 标签、p 标签和 div 标签都在网页上产生块级元素。可以对块级元素执行以下操作：为它们设置边距和边框，将它们放置在特定位置，向它们添加背景颜色，在它们周围设置浮动文本等。对块级元素进行操作的方法实际上就是使用 CSS 进行页面布局设置的方法。

6.2.1　使用 CSS 的优势

使用 CSS 定义样式的优点是，利用它不仅可以控制传统的格式属性，如字体、大小、对齐，还可以设置如位置、特殊效果、鼠标滑过之类的 HTML 属性。采用 CSS 布局相对于传统的表格布局具有以下显著优势：

（1）表现和内容相分离。将设计部分剥离出来放在一个独立的样式文件中，HTML 文件中只存放文本信息。这样的页面对搜索引擎更加友好。

（2）提高页面浏览速度。对于同一个页面视觉效果，采用 CSS 布局的页面容量要比使用表格编码的页面文件容量小得多，前者一般只有后者的 1/2。浏览器不用编译大量冗长的标签。

（3）易于维护和改版。只要简单地修改几个 CSS 文件就可以重新设计整个网站的页面。

（4）使用 CSS 布局更符合现在的 W3C 标准。

6.2.2　关于 CSS 规则

CSS 格式设置规则由选择器和声明块（大多数情况下为包含多个声明的代码块）两部分组成。选择器是标识已设置格式元素的术语（如 p、h1、类名称或 ID）；而声明块则用于定义样式属性。在下面的示例中，h1 是选择器，介于大括号（{}）之间的所有内容都是声明块：

```
h1 { font-size: 16 pixels; font-family: Helvetica; font-weight:bold; }
```

各个声明块由属性（如 font-family）和值（如 Helvetica）两部分组成。在前面的 CSS 规则中，已经为 h1 标签创建了特定样式：所有链接到此样式的 h1 标签的文本将为 16 像素大小的 Helvetica、粗体。

样式（由一个规则或一组规则决定）存放在与要设置格式的实际文本分离的位置（通常在外部样式表或 HTML 文档的文件头部分中），因此，可以将 h1 标签的某个规则一次应用于许多标签（如果在外部样式表中，则可以将此规则一次应用于多个不同页面的许多标签）。通过这种方式，CSS 可提供非常便利的更新功能。若在一个位置更新 CSS 规则，则使用已定义样式的所有元素的格式设置将自动更新为新样式，如图 6-22 所示。

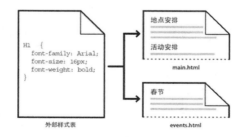

图 6-22　多个文档中的 h1 字体随 CSS 规则更新

CSS 样式可以位于以下位置。

（1）外部 CSS：存储在一个单独的外部 CSS（.css）文件（而非 HTML 文件）中的若干组 CSS 规则。此文件利用文档头部的链接或 @import 规则链接到网站中的一个或多个页面。

```
<head>
<link rel="stylesheet" type="text/css" href="mystyle.css" />
</head>
```

浏览器会从文件 mystyle.css 中读取样式声明，并根据它来格式化文档。

（2）内部（或嵌入式）CSS：嵌入 HTML 文档头部的 style 标签中的 CSS 规则。

```
<head>
<style type="text/css">
    hr {color: sienna;}
    p {margin-left: 20px;}
    body {background-image: url("images/back40.gif");}
</style>
</head>
```

（3）内联样式：在整个 HTML 文档中的特定标签实例内定义。一般不建议使用内联样式。例如，改变段落的颜色和左外边距的代码如下。

```
<p style="color: sienna; margin-left: 20px">
This is a paragraph
</p>
```

可在 Dreamweaver 中定义以下几种类型的样式：

① 类样式可将样式属性应用于页面上的任何元素。

② HTML 标签样式重新定义特定标签（如 h1）的格式。创建或更改 h1 标签的 CSS 时，所有用 h1 标签设置了格式的文本都会立即更新。

③ 高级样式重新定义特定元素组合的格式，或其他 CSS 允许的选择器表单的格式（例如，每当 h2 标题出现在表格单元格内时，就会应用选择器 td h2）。高级样式还可以重定义，包含特定 ID 属性的标签的格式（例如，由#myStyle 定义的样式可以应用于所有包含属性/值对 id="myStyle"的标签）。

6.2.3 关于层叠样式

层叠是指浏览器最终为网页上的特定元素显示样式的方式。三种不同的源决定了网页上显示的样式：由页面的作者创建的样式表、用户的自定义样式选择（如果有）和浏览器本身的默认样式。网页的最终外观是由这三种源的规则共同作用（或者"层叠"）的结果，最后以最佳的方式呈现网页。

当同一个 HTML 元素被不止一个样式定义时，应使用哪个样式呢？一般而言，所有的样式都会根据下面的规则层叠于一个新的虚拟样式表中，其中内联样式拥有最高的优先权。

（1）浏览器默认设置。

（2）外部样式表。

（3）内部样式表（位于<head>标签内部）。

（4）内联样式（在 HTML 元素内部）。

因此，内联样式（在 HTML 元素内部）拥有最高的优先权，这意味着它将优先于以下的样式声明：<head> 标签中的样式声明，外部样式表中的样式声明，或者浏览器中的样式声明（默认值）。

如果某些属性在不同的样式表中被同样的选择器定义，那么属性值将从更具体的样式表中被继承过来。

例如，外部样式表拥有针对 h3 选择器的三个属性：

```
h3 {
    color: red;
    text-align: left;
    font-size: 8pt;
    }
```

而内部样式表拥有针对 h3 选择器的两个属性：

```
h3 {
    text-align: right;
    font-size: 20pt;
    }
```

假如拥有内部样式表的这个页面同时与外部样式表链接，那么 h3 得到的样式如下：

```
color: red;
text-align: right;
font-size: 20pt;
```

也就是说，颜色属性将被继承于外部样式表，而文字排列（text-alignment）和字体大小（font-size）会被内部样式表中的规则取代。

6.3 CSS 的创建与应用

6.3.1 "CSS 设计器"面板

"CSS 设计器"面板属于 CSS "属性"面板，能让用户"可视化"地创建 CSS 样式和规则，以及设置属性和媒体查询。

1. 打开"CSS 设计器"面板

打开"CSS 设计器"面板可以使用以下方法：

（1）选择"窗口"|"CSS 设计器"选项。

（2）按【Shift+F11】组合键。

（3）单击"属性"面板的"CSS"类别中的"CSS Designer"按钮。

2. "CSS 设计器"面板的结构

"CSS 设计器"面板如图 6-23 所示，由以下四个窗格组成。

源：列出与文档相关的所有 CSS。使用此窗格，可以创建 CSS 并将其附加到文档中，也可以定义文档中的样式。

@媒体：在"源"窗格中列出所选源中的全部媒体查询。如果不选择特定 CSS，则此窗格将显示与文档关联的所有媒体查询。

选择器：在"源"窗格中列出所选源中的全部选择器。如果同时选择一个媒体查询，则此窗格会为该媒体查询缩小选择器列表范围。如果没有选择 CSS 或媒体查询，则此窗格将显示文档中的所有选择器。

图 6-23　"CSS 设计器"面板

在"@媒体"窗格中选择"全局"后，将显示在所选源的媒体查询中不包括的所有选择器。

属性：显示可为指定的选择器设置的属性。

CSS 设计器是上下文相关的。这意味着，对于任何给定的上下文或选定的页面元素，都可以查看关联的选择器和属性。此外，在 CSS 设计器中选中某选择器时，关联的源和媒体查询将在各自的窗格中高亮显示。

6.3.2 创建和附加样式表

在"CSS 设计器"面板的"源"窗格中，单击 ➕ 按钮，选择以下某个选项可进行相关设置：

（1）**创建新的 CSS 文件**：创建新的 CSS 文件并将其附加到文档中。

（2）**附加现有的 CSS 文件**：将现有 CSS 文件附加到文档中。

图 6-24　"使用现有的 CSS 文件"对话框

（3）**在页面中定义**：在文档内定义 CSS。

当选择"创建新的 CSS 文件"或"附加现有的 CSS 文件"选项时都会弹出相应对话框，如图 6-24 所示。从中选择创建或附加的 CSS 文件名称和位置，以及是以"链接"方式与 CSS 文件链接，还是以"导入"方式将 CSS 文件导入到该文档中。选择"有条件使用（可选）"选项，可指定要与 CSS 文件关联的媒体查询。

6.3.3 定义媒体查询

（1）在"CSS 设计器"面板中，选择"源"窗格中的某个 CSS 源。

（2）在"@媒体"窗格中单击 ➕ 按钮，以添加新的媒体查询。随后将弹出"定义媒体查询"对话框，如图 6-25 所示，其中列出了 Dreamweaver 支持的所有媒体查询条件，根据需要选择"条件"，目前对多个条件只支持"And"运算。

图 6-25　"定义媒体查询"对话框

如果通过代码添加媒体查询条件，则只会将受支持的条件填入"定义媒体查询"对话框中。然而，该对话框中的"代码"文本框会完整地显示代码（包括不支持的条件）。

6.3.4 定义 CSS 选择器

（1）在"CSS 设计器"面板中，选择"源"窗格中的某个 CSS 源或"@媒体"窗格中的某个媒体查询。

（2）在"选择器"窗格中，单击  按钮。根据在文档中选择的元素，CSS 设计器会智能确定并提示使用相关选择器（最多三条规则），如图 6-26 所示。

图 6-26　添加选择器

可执行下列一个或多个操作：

① 使用向上（或向下）箭头键可为建议的选择器调整具体程度。

② 删除建议的规则并输入所需的选择器（选择器名称以及"选择器类型"的指示符）。例如，要指定 ID，可在选择器名称之前添加前缀"#"。

③ 若要搜索特定选择器，则在窗格顶部的搜索框中输入选择器名称。

④ 若要重命名选择器，则单击该选择器并输入所需的名称。

⑤ 若要重新整理选择器，则将选择器拖至所需位置。

⑥ 若要将选择器从一个源移至另一个源，则将该选择器拖至"源"窗格中所需的源上。

⑦ 若要复制所选源中的选择器，则右击该选择器，在弹出的快捷菜单中选择"复制"选项。

⑧ 若要复制选择器并将其添加到媒体查询中，则右击该选择器，将光标悬停在"复制到媒体查询中"上，然后选择该媒体查询。

注意：只有选定的选择器的源包含媒体查询时，"复制到媒体查询中"选项才可用。无法从一个源将选择器复制到另一个源的媒体查询中。

6.3.5　设置 CSS 属性

属性分为以下几个类别，并由"属性"面板顶部的不同图标表示：布局、文本、边框、背景、其他（"仅文本"属性而非具有可视控件的属性的列表）。

（1）选中"显示集合"复选框可仅查看集合属性。若要查看可为选择器指定的所有属性，应取消选中"显示集合"复选框，如图 6-27 和图 6-28 所示。

（2）若要设置属性（如宽度或边框合并），则可选择"属性"窗格中的属性旁边显示的所需选项。

（3）被覆盖的属性使用删除线格式表示，如图 6-29 所示。

图 6-27　显示所有属性

图 6-28　仅显示设置的属性

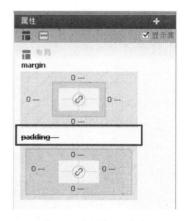
图 6-29　表示属性被覆盖的删除线格式

1. 设置布局属性

使用"CSS 设计器"面板中的"布局"选项，可以快速设置边距、填充和位置属性，如图 6-30

所示，单击相应值并输入所需值即可。

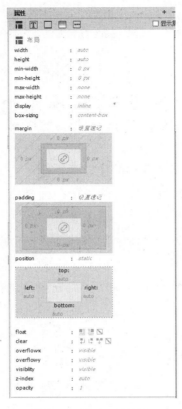

图 6-30　布局属性

"布局"类别属性可以进行如下设置。

"width"和"height"——设置元素的宽度和高度。

"margin"——指定一个元素的边框（如果没有边框，则为填充）与另一个元素之间的间距。当应用于块级元素（如段落、标题、列表等）时，Dreamweaver 才在"文档"窗口中显示该属性，如图 6-31 所示。

"padding"——指定元素内容与元素边框（如果没有边框，则为边距）之间的间距，如图 6-32 所示。

"position"——设置定位方法，如图 6-33 所示。

"float"——设置其他元素（如文本、AP 元素、表格等）在哪边围绕元素浮动。其他元素按通常的方式环绕在浮动元素的周围。

"clear"——定义不允许出现 AP 元素的边。如果清除边上出现的 AP 元素，则带清除设置的元素移到该 AP 元素的下方。

如果想让四个值相同并同时更改，可单击中心位置的链接图标 。随时可禁用（ ）或删除（ ）特定值，如删除左侧外边距值，同时保留右侧、顶部和底部外边距值，如图 6-34 所示。

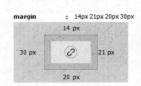
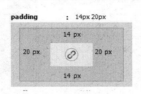
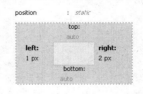
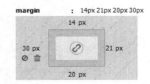

| 图 6-31　"margin" 属性 | 图 6-32　"padding" 属性 | 图 6-33　"position" 属性 | 图 6-34　边距的禁用、删除 和链接图标 |

2．设置文本属性

"文本"类别属性如图 6-35 所示，可进行如下设置。

"color"——设置文本的颜色。

"font-family"——为样式设置字体（或字体系列）。

"font-style"——将"正常"、"斜体"或"偏斜体"指定为字体样式，默认设置是"正常"。

"font-variant"——设置文本的小型大写字母变量。

"font-weight"——对字体应用特定或相对的粗体量。"正常"等于 400，"粗体"等于 700。

"font-size"——定义文本大小。可以通过选择数字和度量单位选择特定的大小，也可以选择相对大小。以像素为单位可以有效地防止浏览器破坏文本显示效果。

"line-height"——设置文本所在行的高度，该设置传统上称为前导。选择"正常"选项将自动计算字体大小的行高，或输入一个确切的值并选择一种度量单位。

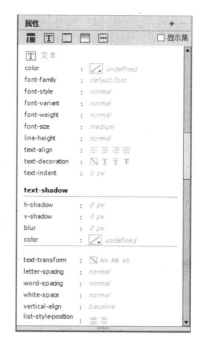

图 6-35　文本属性

"text-align"——设置元素中的文本对齐方式。

"text-decoration"——向文本中添加下画线、上画线或删除线，或使文本闪烁。正常文本的默认设置是"无"。链接的默认设置是"下画线"。将链接设置为"无"时，可以通过定义一个特殊的类删除链接中的下画线。

"text-indent"——指定第一行文本缩进的程度。可以使用负值创建凸出，但显示效果取决于浏览器。仅当标签应用于块级元素时，Dreamweaver 才能在"文档"窗口中显示该属性。

"text-transform"——将选定内容中的每个单词的首字母大写，或将文本设置为全部大写或小写。

"letter-spacing"——增加（或减小）字母（或字符）的间距，指定一个负值可减小字符间距。字母间距设置覆盖对齐的文本设置。

"word-spacing"——设置单词的间距。

"white-space"——确定如何处理元素中的空白。其包括三个选项："normal"表示收缩空白，"pre"表示保留空白，"nowrap"表示仅当遇到
标签时文本才换行。

"vertical-align"——指定元素的垂直对齐方式。仅当应用于<img>标签时，Dreamweaver 才在"文档"窗口中显示该属性。

3．设置边框属性

边框类别属性为逻辑选项卡形式，可以迅速查看或修改属性。

"边框"类别属性可进行如下设置，如图 6-36 所示。

"width"——设置元素边框的粗细，两种浏览器都支持"宽度"属性。取消选中"全部相同"复选框可设置元素各边的边框宽度。选中"全部相同"复选框，则将相同的边框宽度属性值设置于元素的"top""right""bottom""left"侧。

"style"——设置边框的样式外观。样式的显示方式取决于浏览器，Dreamweaver 在"文档"窗口中将所有样式呈现为实线。

"color"——设置边框的颜色。可以分别设置每个边的颜色，但显示取决于浏览器。

要指定边框控件属性，首先在"所有边"选项卡中设置属性。其他选项卡也会被启用，"所有边"选项卡中设置的属性会反映于各个边框。

当更改各个边框选项卡中的属性时，"所有边"选项卡中的相应属性值更改为"未定义"（默认值）。在"检查"期间，基于"设置"选项卡的优先级别聚焦。优先级最高的为"所有边"选项卡，紧接着为"顶部"、"右边"、"底部"和"左边"。例如，如果一个边框仅设置了最高值，则计算方式将聚焦于"顶部"选项卡而忽略"所有边"选项卡，因为未设置"所有边"选项卡。

创建的 CSS 可以外部文件的方式独立存在，也可嵌入当前网页文档。因此，在应用样式时，若以外部文件的形式存在，则需要将它链接到当前文档；而若是存在于当前文档中，则可直接应用。

4．设置背景属性

"背景"类别属性如图 6-37 所示，可进行如下设置。

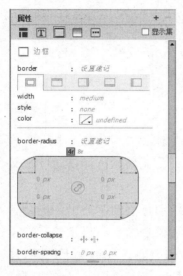

图 6-36　边框属性

图 6-37　背景属性

"background-color"——设置元素的背景颜色。

"background-position"——指定背景图像相对于元素的初始水平和垂直位置。可以用于将背景图像与页面中心垂直和水平对齐。如果附件属性为"固定"，那么位置相对于"文档"窗口而不是元素。

"background-image"——设置元素的背景图像。

"gradient"——设置背景图像的渐变。

"url"——设置背景图像。

"background-repeat"——确定是否以及如何重复背景图像。可选择 background-repeat : ⊞ ▦ ▥ ▣ ，表示重复、横向重复、纵向重复和不重复。

"background-attachment"——确定背景图像是固定在它的原始位置还是随内容一起滚动。

6.4　CSS 的应用

在创建的 CSS 类型中，由于重定义的 HTML 标签样式与 HTML 标签相关联，因此它们的样式属性自动应用于文档中受定义样式影响的任何标签。所以，页面属性和用于超链接的 CSS 设置完成后，即可看到所设置的效果。只有类样式需在"属性"面板的"样式"或"类"下拉列表中选择应用，如

图 6-38 所示。

图 6-38 在"属性"面板的"样式"或"类"中应用样式

步骤

（1）选中要采用类样式的对象，如文本、图像或表格等。

（2）在其"属性"面板的"目标规则"或"类"下拉列表中选择已创建好的样式。

6.5 实战演练

1．实战效果

实战页面的效果如图 6-39 所示。

图 6-39 实战页面的效果

2．实战要求

（1）在网页中创建四个 CSS：body——设置背景；.box1——设置图片的环绕效果；.box2——设置正文的字体、背景、缩进、边距；title——设置标题的滤镜效果。

（2）选定不同的对象，应用 CSS。

3．操作提示

下面主要为大家提供网页中所涉及的一些 CSS 的编辑内容。

（1）新建页面，将页面标题设置为"Snoopy 的世界"，保存文件为 final.htm。

（2）打开"CSS 设计器"面板，在"源"窗格中单击"+"按钮，选择"在页面中定义"选项。在"选择器"窗格中单击"+"按钮，输入 body 并确定。在其下面的"属性"窗格中，选择"背景"类别，将 background-image:snoopy1.gif 的 background-repeat 设置为不重复。

（3）插入一个 2×1 的表格，表格宽度为 600 像素。在第一行中输入"花生"，"对齐方式"设置为居中。

（4）新建 CSS 样式 title。在"选择器"窗格中单击"+"按钮，在"名称"文本框中输入样式的名称为.title，在"属性"窗格中，选择"布局"类别，字体为"华文行楷"，大小为 36 像素，颜色为#900。选择"背景"类别，将"背景颜色"设置为#CFF。

（5）选中第一个单元格，在"属性"面板的"类"下拉列表中选择.title，使其采用创建的样式。应用了 CSS 后，标签变为<td.title>，设置完成后单击"确定"按钮。

（6）在第二个单元格中复制并粘贴文本，插入图片 snoopy2.gif。

（7）新建 CSS 样式.box1。在"选择器"窗格中单击"+"按钮，添加选择器.box1，在"属性"窗格中选择"文本"类别，字体大小设置为 12px，行高设置为 25px，文本颜色设置为#960，"文字缩进"设置为 24px。选择"背景"类别，将"背景颜色"设置为#CCC，"背景图像"设置为 line.gif。选择"边框"类别，"所有边框"设为"全部相同"，设置为 1px，颜色设置为#960。

（8）选中第二个单元格，在"属性"面板的"类"下拉列表中选择.box1，以应用此样式。

（9）新建 CSS 样式.box2。选择"边框"类别，将"所有边框"的填充设置为 6 像素，浮动设置为"右对齐"，设置完成后单击"确定"按钮。

（10）选中图片 snoopy2.gif，在"属性"面板的"类"下拉列表中选择.box2，使其应用此样式。此时标签变为<img.box2>。

本章小结与重点回顾

CSS 不仅能使设计者控制许多 HTML 样式不能控制的属性，还能迅速准确地将样式作用于整个网站的多个网页上，利用它可以对页面中的文本、段落、图像、页面背景、表单元素外观等实现更加精确的控制。更为重要的是，CSS 真正实现了网页内容和格式定义的分离，通过修改层叠样式表文件就可以修改整个站点文件的风格，大大减少了更新站点的工作量。另外，它带有的特效滤镜也使得网页设计效果更加丰富多彩。

本章重点：
- 创建、编辑 CSS。
- 创建、编辑、附加 CSS 外部样式表。

第 *7* 章

CSS 页面布局

前面已经学习了 CSS 的创建和应用方法，可以看到 CSS 在美化网页方面的方便和强大，从中可以看出 CSS 能够使网页内容与表现相分离，使页面的布局及修改更加方便。本章将重点介绍 CSS 的布局方法。

7.1 应用 CSS 布局页面

7.1.1 案例综述

CSS 布局是网页通过 Div+CSS 代码开发制作（HTML）网页的统称。CSS 布局与传统表格布局最大的区别在于：原来的定位都采用表格，通过表格的间距或者用无色透明的 GIF 图片来控制布局板块的间距；而现在则采用 Div 来定位，通过 Div 的 margin、padding、border 等属性来控制板块的间距，以达到布局的目的。通过本案例可使大家了解 Div+CSS 布局页面的方法，案例的效果如图 7-1 所示。

图 7-1 案例的效果

7.1.2 案例分析

Div+CSS 布局是将网页内容放在 Div 元素中，之后使用 CSS 进行布局、格式设计。在页面的布局上，本案例采用了最基本的上、中、下三栏的页面构成形式，将网站的 Logo 放置在页面左上角最显眼的地方，给浏览者以深刻的印象；页面正文部分采用最常用的左右两栏排法，将重要的部分排列在页面的右侧，突出页面的重要信息；最下面放置网站的版权信息。

有了上面的分析，布局起来就很容易了，案例设计层如图 7-2 所示。

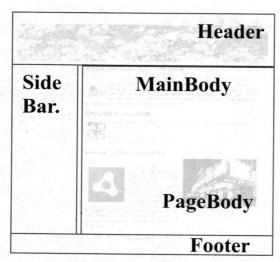

图 7-2　案例设计层

7.1.3 实现步骤

CSS 布局使网页制作的内容与形式相分离，在制作中将秉承这一原则，按照先 HTML 内容后 CSS 格式的步骤进行制作。

1. 创建 HTML 页面结构

按照前面的构思，使用 Div 标签搭建 HTML 页面结构，页面中各个 Div 的嵌套关系如图 7-3 所示。

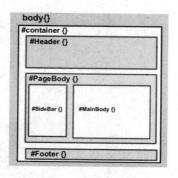

图 7-3　页面布局

Div 的结构如下。

　　body {}

```
└#Container {}              /*页面层容器*/
    ├#Header {}             /*页面头部*/
    ├#PageBody {}           /*页面主体*/
    │   ├#SideBar {}        /*侧边栏*/
    │   └#MainBody {}       /*主体内容*/
    └#Footer {}             /*页面底部*/
```

🐋 步骤

（1）在 Dreamweaver 站点中新建 HTML 文件，文件命名为 index.html，并在"文档"窗口中将其打开。

（2）在"插入"面板的"常用"类别中单击"Div"按钮，插入 Div。

（3）在弹出的"插入 Div"对话框中，在"插入"下拉列表中选择"在插入点"选项，同时输入"ID"为"container"，如图 7-4 所示。单击"确定"按钮后，将"container"标签插入网页中。

（4）继续在"插入"面板的"常用"类别中单击"Div"按钮，弹出"插入 Div"对话框，在"插入"下拉列表中选择"在标签开始之后"选项，在其右侧下拉列表中选择"<div id="container">"选项；在"ID"文本框中输入"header"，如图 7-5 所示。单击"确定"按钮，将"header"Div 标签插入"container"Div 标签之内。

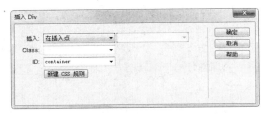
图 7-4　插入 ID 为"container"的块元素

图 7-5　插入 ID 为"header"的 Div 元素

（5）继续在"插入"面板的"常用"类别中单击"Div"按钮，弹出"插入 Div"对话框，在"插入"下拉列表中选择"在标签后"选项，在其右侧下拉列表中选择"<div id="header">"选项；在"ID"文本框中输入"PageBody"，如图 7-6 所示。

（6）用同样的方法，在"PageBody"标签开始之后向网页中继续插入 Div 标签，标签"ID"为"Sidebody"；在"Sidebody"标签之后向网页中继续插入 Div 标签，标签"ID"为"Mainbody"；在"PageBody"标签之后向网页中继续插入 Div 标签，标签"ID"为"footer"。

Div 插入完成后页面如图 7-7 所示。

图 7-6　插入 ID 为"PageBody"的 Div 元素

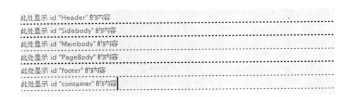
图 7-7　Div 插入完成后页面

切换到"代码"视图，修改各层中的注释文字，即可看到最终 HTML 源码，源码如下。

```
<Div id="container"><!--页面层容器-->
```

```
<Div id="Header"><!--页面头部-->
    </Div>
    <Div id="PageBody"><!--页面主体-->
        <Div id="Sidebody"><!--侧边栏-->
        </Div>
        <Div id="MainBody"><!--主体内容-->
        </Div>
    </Div>
    <Div id="Footer"><!--页面底部-->
</Div>
```

2．定义基本样式

页面中大部分元素具有边界、填充、边框为 0 的属性，所以在开始制作页面时，可以使用通配符 *直接对页面中所有元素的 margin、padding 和 border 值进行设置。如果页面某个元素的值与通配符中设置的不相符，则可以另行设置。同时，可对标签 body 重新定义来设定页面字体、背景的样式。

步骤

（1）打开"CSS 设计器"面板，在"源"窗格中单击"+"按钮，选择"创建新的 CSS 文件"选项，创建 CSS 文件为 index.css。在"选择器"窗格中单击"+"按钮，创建选择器*和 body。

（2）在"选择器"窗格中选中*，在"属性"窗格中定义 margin、padding 和 border 均为 0，如图 7-8 所示。

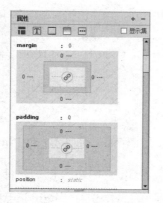
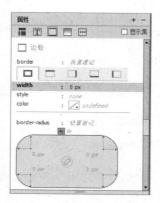

图 7-8　设置*基本样式

（3）在"选择器"窗格中选中 body，在"属性"窗格中定义字体为宋体，字号为 12px，颜色为 #666，背景图片为 001.jpg，图片横向重复，如图 7-9 所示。

图 7-9　设置 body 基本样式

CSS 代码如下。

```
* {
    margin: 0px;
    padding: 0px;
    border: 0px;
}
body {
    font-family: "宋体";
    font-size: 12px;
    color: #666;
    background-image: url(img/001.jpg);
    background-repeat: repeat-x;
}
```

3. 定义 Div 标签的 CSS 样式

分别对页面中的 Div 元素"#container""#header""#PageBody""#Sidebody""#Mainbody""#footer"定义 CSS 样式。

步骤

（1）选中要定义 CSS 规则的 Div，在"CSS 设计器"面板的"选择器"窗格中单击"+"按钮，在其文本框中输入#container。

（2）在"属性"窗格中选择"边框"类别，设置"width"为100%；"margin"的"right"和"left"的边界为"auto"，"top"和"bottom"为10，如图 7-10 所示。

（3）在"CSS 设计器"面板的"选择器"窗格中单击"+"按钮，添加#header 选择器，在"属性"窗格中选择"布局"类别，设置"width"为960px，"height"为100px，"margin"的"right"和"left"的边界为"auto"，如图 7-11 所示。

（4）添加#PageBody 选择器，在其下方的"属性"窗格中选择"布局"类别，设置"width"为960px，"height"为400px，"margin"的"right"和"left"的边界为"auto"，如图 7-12 所示。

图 7-10 定义#container 样式   图 7-11 定义#header 样式   图 7-12 定义#PageBody 样式

（5）添加#Sidebody 选择器，在"属性"窗格中选择"布局"类别，设置"width"为298px，"height"为400px，"float"为"left"，如图 7-13 所示。

（6）添加#Mainbody 选择器，在"属性"窗格中选择"布局"类别，设置"width"为 660px，"height"为400px，在"float"下拉列表中选择"right"，如图 7-14 所示。

（7）添加#footer 选择器，在"属性"窗格中选择"布局"类别，设置"width"为 960px，"height"为 100px，在"clear"下拉列表中选择"both"。设置"margin"的"right"和"left"的边界为"auto"，如图 7-15 所示。

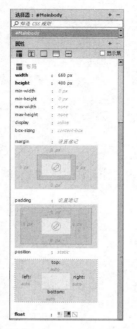

图 7-13　定义#Sidebody 样式　　　图 7-14　定义#Mainbody 样式　　　图 7-15　定义#footer 样式

CSS 定义完成后，打开 Index.css 文件，CSS 代码如下。

```
/*页面层容器*/
#container {width:100%}
/*页面头部*/
#header {width:960px;margin:0 auto;height:100px;background:#FC9}
/*页面主体*/
#PageBody{width:960px;margin:0 auto;height:400px;background:#9FC}
/*页面底部*/
#Footer {width:960px;margin:0 auto;height:50px;background:#0FF}
```

在编辑窗口中可看到页面的布局，如图 7-16 所示。

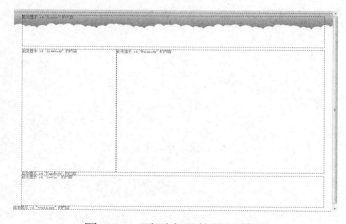

图 7-16　页面布局的显示效果

4．细化页面结构

为了能看清搭建的页面结构，在前面定义了各层的高度值，而在实际插入内容时，要自动调节高度。下面继续细化页面布局，删除要嵌套<Div>标签的块内提示文字。

（1）"header"部分：页面头部由导航栏和 Banner 图片组成，将它们分别放在 ID 为"menu"和"banner"的两个 Div 中。

（2）"Sidebody"部分：在侧栏 Sidebody 内嵌入两个 ID 为"sbar1""sbar2"的 Div 元素，分别用于放置会员登录和链接导航。

（3）"MainBody"：主体内容区由"class01"、"class02"和"class03"三个 Div 上下排列而成。

细化后的页面布局如图 7-17 所示。

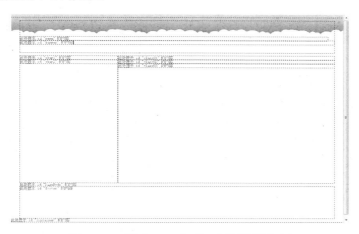

图 7-17　嵌套 Div 细化后的页面布局

5．页面内容制作

1）横向导航栏的制作

步骤

（1）将光标定位在 menu 中，删除原有提示文件，在"插入"面板中选择"文本"类别，单击其中的"项目列表"按钮，插入项目列表，单击其中的列表项按钮，插入列表项，输入菜单项"首页""博客""设计""相册""论坛""关于"，每项输入后都按【Enter】键换行。选中列表文字，创建其超链接为"#"，输入菜单项后如图 7-18 所示。

图 7-18　输入菜单项后的导航栏

为了增加间隔线，在列表项间插入代码<li class="menuDiv"></li>，菜单项的代码如下。

```
<Div id="menu">
    <ul>
    <li><a href="#">首页</a></li>
    <li class="menuDiv"></li>
    <li><a href="#">博客</a></li>
    <li class="menuDiv"></li>
    <li><a href="#">设计</a></li>
    <li class="menuDiv"></li>
    <li><a href="#">相册</a></li>
    <li class="menuDiv"></li>
    <li><a href="#">论坛</a></li>
```

```
        <li class="menuDiv"></li>
        <li><a href="#">关于</a></li>
    </ul>
</Div>
```

（2）设定导航栏 CSS 样式。这里要将列表菜单定义为横向的，所以在#menu ul 的"属性"面板中选择"文本"类别，设置属性"list-style"为 none（取消默认的项目符号），在"布局"类别中设置"margin"为 0px（取消缩进），"float"为 right（菜单置右），并定义菜单超链接样式。

菜单定义代码如下。

```
#menu {padding:50px 20px 0 0}
/*利用padding:50px 20px 0 0来固定菜单位置*/
#menu ul {float:right;list-style:none;margin:0px;}
/*添加了float:right使菜单位于页面右侧*/
#menu ul li {float:left;margin:0 10px}
/*使列表内容之间产生一个20像素的距离(左为10px，右为10px)*/
.menuDiv {width:1px;height:20px;background:#999}
/*加入竖线*/
#menu ul li a:link{  color: #999999; text-decoration: none;
}/*设置超链接样式*/
#menu ul li a:visited {}
#menu ul li a:hover{color: #666; font-weight: bold;
}
```

在"banner"中插入图片 img05.jpg，完成后的页面头部如图 7-19 所示。

图 7-19　页面头部

2）页面主体制作

由于页面的具体内容不是本章的重点，所以这里只给出了粗略的制作步骤，以下各区块的制作读者可以根据需要自行设计。

🐬　**步骤**

（1）在 Sidebody 内嵌入两个 ID 为"sbar1""sbar2"的 Div 元素，分别用于放置会员登录和链接导航。

（2）在 sbar1 中插入 ID 为 login 的 Div，再在"插入"面板的"表单"类别中选择表单，在"属性"面板中设置 ID 为 form1，在红色表单区域内插入用于输入用户名（ID 为 login_name，标签为"用户名:"）和密码（ID 为 login_pass，标签为"密码:"）的"文本字段"，最后插入图像域（选择图像 007.jpg 和 008.jpg 分别为"用户登录"和"忘记密码"按钮，设置 ID 为 button 和 button1）按钮。

（3）定义会员登录区块样式:

```
#sbar1 {
 height: 150px;
 width: 230px;
}
#login {
 background-image: url(img/login_bg.gif);
 background-repeat: no-repeat;
 height: 96px;
 width: 200px;
```

```
  margin-bottom: 12px;
  padding-top: 15px;
  padding-right: 15px;
  padding-left: 15px;
  padding-bottom: 15px;
/*定义#login Div样式*/
}
#form1 {
  width:180px;
  height:66px;
  line-height: 22px;
/*定义红色表单样式*/
}
#login_name,#login_pass {
  border: 1px solid #999;
  height: 16px;
  width: 120px;
/*定义文本框样式*/
}
#button1,#button2 {
  float: left;
  margin-left:5px;
  margin-right: 10px;
  margin-top: 4px;
/*定义按钮图片样式*/
}
#login img {
  margin-top: 5px;
  float: left;
}
```

（4）插入表单元素并定义样式，页面如图 7-20 所示。

（5）在 sbar2 中插入图片 002.jpg 和 003.jpg，制作超链接。在 Index.css 中定义#img1、#img2 的样式，代码如下。

```
#img1,#img2 {
  margin-bottom: 10px;
}
```

（6）主体内容区由 class01、class02 和 class03 三个 Div 上下排列而成，在三个块中分别输入文字，将标题文字的格式设置为"标题 2"，效果如图 7-21 所示。

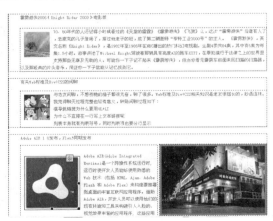

图 7-20　登录栏　　　　　图 7-21　在 Div 中插入文字及图片效果图

（7）定义文中标题的样式，代码如下。

```
h2 {
    font-size: 18px;
    font-weight: bold;
    color: #63C;
    text-decoration: none;
}
```

（8）定义三个 Div 的 CSS 样式，代码如下。

```
#class01,#class02,#class03{
    width: 666px;
    margin-top: 20px;
    float: left;
    padding-top: 0px;
    line-height: 20px;
    padding-left: 32px;
}
```

3）页面底部制作

步骤

将光标定位在 footer 区中，输入相关版权信息，定义 footer 的背景及文本样式，代码如下。

```
#container #footer {
    clear: both;
    height: 62px;
    width: 960px;
    margin-right: auto;
    margin-left: auto;
    background-repeat: no-repeat;
    text-align: center;
}
.bq {
    font-size: 10px;
    color: #FFF;
    margin-top: 20px;
    margin-left: 20px;
}
```

制作完成后，切换到实时视图并查看制作效果，最终效果如图 7-22 所示。

图 7-22　Div+CSS 布局完成效果

7.2　CSS 布局设计

在前面已学习了表格布局页面的方法，而目前流行的网页布局已经倾向于符合"Web 标准"的网页布局，而"CSS 布局"正是实现"Web 标准"的基础。使用"CSS 布局"，也符合"Web 标准"所提倡的"内容"和"表现"分离的思想。

CSS 页面布局使用层叠样式表格式，用于组织网页上的内容。CSS 布局的基本构造块是<Div>标签，它是一个<HTML>标签，在大多数情况下用作文本、图像或其他页面元素的容器。当创建 CSS 布局时，会将<Div>标签放在页面上，向这些标签中添加内容，然后将它们放在不同的位置上。与表格单元格（被限制在表格行和列中的某个现有位置）不同，<Div>标签可以出现在网页上的任何位置。可以以绝对方式（通过指定 X 和 Y 坐标）或以相对方式（通过指定其与当前位置的相对位置）定位<Div>标签。还可通过指定浮动、填充和边距（当今 Web 标准的首选方法）放置<Div>标签。

7.2.1　Div 标签的使用

Div 元素是用来为 HTML 文档内大块的内容提供结构和背景的元素。Div 的起始标签和结束标签之间的所有内容都是用来构成这个块的，其中所包含元素的特性由 Div 标签的属性来控制，或通过使用样式表格式化这个块来进行控制。

Div 可以理解为层或一个"块"，从语法上只有<Div>开始以及</Div>结束这样一个简单的定义。通过 Div 的使用，可以将网页中的各个元素划分到各个 Div 中，成为网页中的结构主体，而样式表现则由 CSS 来完成。

1．插入 Div 标签

在 Dreamweaver 中可以方便地插入<Div>标签，具体步骤如下。

步骤

（1）在"文档"窗口中，将插入点定位在要显示<Div>标签的位置。

（2）选择"插入"|"Div"选项，或在"插入"面板的"常用"类别中单击"Div"按钮。

（3）在弹出的"插入 Div"对话框中设置以下选项，如图 7-23 所示。

插入：选择新插入<Div>标签的位置，其选项如下。

- 在插入点。
- 在选定内容旁换行。
- 在开始标签之后。
- 在结束标签之前。
- 在标签之前（后）。

Class：显示了当前应用于标签的类样式。如果附加了样式表，则该样式表中定义的类将出现在列表中。

ID：用于标识<Div>标签的名称。它是控制某一内容块的手段，通过给这个内容块套上 Div 并加上唯一的 ID，就可以用 CSS 选择器来精确定义每一个页面元素的外观表现，包括标题、列表、图片、链接或段落等。

新建 CSS 规则：弹出"新建 CSS 规则"对话框，从中指定 CSS 源及选择器名称、类型，单击"确定"按钮，即可弹出"CSS 规则编辑"对话框，对 CSS 规则的各属性进行定义。

（4）单击"确定"按钮后，页面上<Div>标签以一个框的形式出现在文档中，并带有占位符文本。当鼠标指针移到该框的边缘上时，Dreamweaver 会高亮显示该框，如图 7-24 所示。

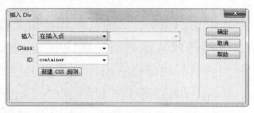

图 7-23　"插入 Div"对话框

图 7-24　插入的<Div>标签

2．编辑<Div>标签

插入<Div>标签之后，可以对它进行操作或向它添加内容。

在选择<Div>标签时，可以在"CSS 设计器"面板中查看和编辑它的规则。也可以向<Div>标签中添加内容，方法如下：将插入点定位在<Div>标签中，然后就像在页面中添加内容那样添加内容。

（1）在<Div>标签中放置插入点以添加内容，在该标签边框内的任意位置单击。

（2）更改<Div>标签中的占位符文本，选择该文本，然后在它上面输入内容或按【Delete】键。

7.2.2　HTML 结构设计

在刚学习网页制作时，总是先考虑怎么设计，考虑使用哪些图片、字体、颜色及布局方案；然后用 Photoshop 或 Fireworks 画出图并将其切割成小图；最后通过编辑 HTML 将所有设计还原表现在页面上。

如果 HTML 页面用 CSS 布局（是 CSS-friendly 的），则需要回头重来，先不考虑"外观"，而是先思考页面内容的语义和结构。需要分析页面的内容块，以及每块内容服务的目的，然后根据这些内容的目的建立起相应的 HTML 结构。

一般的内容结构有以下几块：标志、站点名称、主页面内容、站点导航（主菜单）、子菜单、搜索框、功能区（如购物车、收银台）、页脚（版权和有关法律声明）等。

通常采用 Div 元素来将这些结构定义出来，类似如下样式：

```
<div id="header"></div>
<div id="content"></div>
<div id="globalnav"></div>
<div id="subnav"></div>
<div id="search"></div>
<div id="shop"></div>
<div id="footer"></div>
```

Div 容器中可以包含任何内容块，也可以嵌套另一个 Div。内容块可以包含任意的 HTML 元素——标题、段落、图片、表格、列表等。

在"插入"面板的"结构"类别中提供了创建各内容块的快捷按钮，如图 7-25 所示，在创建页面的 HTML 结构时可以直接使用。

图 7-25　设置边框属性

7.2.3　CSS 页面布局结构

CSS 布局的基本构造块是<Div>标签，它是一个 HTML 标签，在大多数情况下用作文本、图像或其他页面元素的容器。下例显示了一个 HTML 页面，其中包含三个单独的<Div>标签：一个大的"容器"标签和该容器标签内的另外两个标签（侧栏标签和主内容标签），如图 7-26 所示。

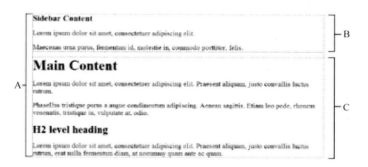

图 7-26　HTML 页面

A—容器 Div；B—侧栏 Div；C—主内容 Div

以下是 HTML 中三个 Div 标签的代码。

```
<!--container div tag-->
<div id="container">
<!--sidebar div tag-->
  <div id="sidebar">
  <h3>Sidebar Content</h3>
  <p>Lorem ipsum dolor sit amet, consectetuer adipiscing elit.</p>
  <p>Maecenas urna purus, fermentum id, molestie in,
commodo  porttitor, felis.</p>
</div>
<!--mainContent div tag-->
<div id="mainContent">
  <h1> Main Content </h1>
  <p>Lorem ipsum dolor sit amet, consectetuer adipiscing elit.
    Praesent aliquam,  justo convallis luctus rutrum.</p>
  <p>Phasellus tristique purus a augue condimentum adipiscing.
    Aenean  sagittis. Etiam leo pede, rhoncus venenatis,
tristique in, vulputate at, odio.</p>
```

```
    <h2>H2 level heading </h2>
    <p>Lorem ipsum dolor sit amet, consectetuer adipiscing elit.
Praesent aliquam,  justo convallis luctus rutrum,
     erat nulla fermentum diam, at nonummy quam  ante ac quam.</p>
    </div>
  </div>
```

在上例中，任何<Div>标签都没有附加"样式"。如果未定义 CSS 规则，则每个<Div>标签及其内容都将位于页面上的默认位置。不过，如果每个<Div>标签都有唯一的 ID（如上例所示），那么可以使用这些 ID 来创建在应用时更改<Div>标签的样式和位置的 CSS 规则。

下面的 CSS 规则可以驻留在文档头或外部 CSS 文件中，用于为页面上的第一个<Div>标签或"容器"<Div>标签创建样式规则。

```
#container {
    width: 780px;
    background: #FFFFFF;
    margin: 0 auto;
    border: 1px solid #000000;
    text-align: left;
}
```

#container 规则将容器<Div>标签的样式定义为 780 像素宽、白色背景、无边距（距离页面左侧）、有一个 1 像素宽的黑色实线边框、文本左对齐。将该规则应用于容器<Div>标签的结果如图 7-27 所示。

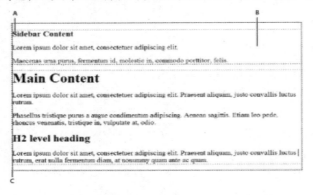

图 7-27　容器 Div 应用#container 规则

以下 CSS 规则为侧栏<Div>标签创建样式规则。

```
#sidebar {
    float: left;
    width: 200px;
    background: #EBEBEB;
    padding: 15px 10px 15px 20px;
}
```

#sidebar 规则将侧栏<Div>标签的样式定义为 200 像素宽、灰色背景、顶部和底部填充为 15 像素、右侧填充为 10 像素、左侧填充为 20 像素（默认的填充顺序为顶部—右侧—底部—左侧）。另外，该规则使用"浮动：左侧"属性定位侧栏<Div>标签，该属性将侧栏<Div>标签推到容器<Div>标签的左侧。将该规则应用于侧栏<Div>标签的效果如图 7-28 所示。

最后，主内容<Div>标签的 CSS 规则代码如下。

```
#mainContent {
    margin: 0 0 0 250px;
    padding: 0 20px 20px 20px;
}
```

#mainContent 规则将主内容 Div 的样式定义为左边距 250 像素，这意味着会在容器 Div 左侧与主

内容 Div 左侧之间留出 250 像素的空间。另外，该规则在主内容 Div 的右侧、底部和左侧各留出 20 像素的空间。将该规则应用于主内容 Div，最终效果如图 7-29 所示。

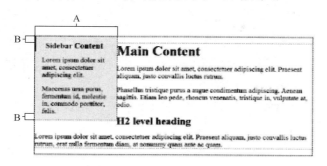

图 7-28　侧栏 Div 应用#sidebar 规则的效果

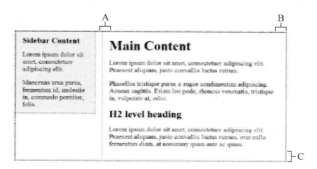

图 7-29　主内容 Div 应用#mainContent 规则的效果

7.3　CSS 规则定义

7.3.1　CSS 盒模型

自从 1996 年 CSS1 推出以来，W3C 组织就建议把所有网页上的对象都放在一个盒中，设计师可以通过创建定义来控制这个盒的属性，这些对象包括段落、列表、标题、图片以及层。

根据字面我们可以理解，CSS 盒子也是装东西的，如要将文字内容、图片布局到网页中，就需要像盒子一样装着。一组<Div></Div>、<span></span>等类似语法标签组叫作 1 个盒子。因为对其设置了高度（height）、宽度（width）、边框（border）、外边距（margin）、内边距（padding）等属性后即可呈现出盒子一样的长方形或正方形，如图 7-30 所示。

在 CSS 中，内边距、边框和外边距都是可选的，默认值是 0。width 和 height 是指内容区域的宽度和高度。增加内边距、边框和外边距不会影响内容区域的尺寸，但是会增加元素框的总尺寸。内边距、边框和外边距可以应用于一个元素的所有边，也可以应用于单独的边。外边距可以是负值，而且在很多情况下都要使用负值的

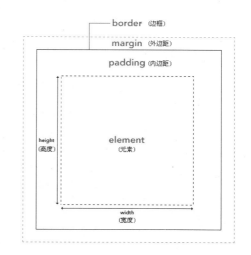

图 7-30　盒模型属性示意图

外边距。

1．内边距属性

元素的内边距在边框和内容区之间。padding 属性接受长度值或百分比值，但不允许使用负值。通过 Top、Right、Bottom、Left 四个属性值设置上、右、下、左的内边距，在"CSS 设计器"面板"属性"窗格的"布局"类别中，可以对外边距的 padding 属性进行设置，如图 7-31 所示。

2．外边距属性

围绕在元素边框的空白区域是外边距。设置外边距会在元素外创建额外的"空白"。设置外边距的最简单方法就是使用 margin 属性，这个属性接受任何长度单位、百分数值甚至负值。在"CSS 设计器"面板"属性"窗格的"布局"类别中，可以对外边距的 margin 属性进行设置，如图 7-32 所示。

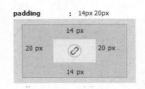

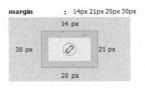

图 7-31　设置内边距属性　　　　　图 7-32　设置外边距属性

margin 属性接受任何长度单位，可以是像素、英寸、毫米或 em。margin 可以设置为 auto。通常通过设置 left、right 为 auto 来实现水平居中的效果。

3．边框

元素的边框是围绕元素内容和内边距的一条或多条线。CSS border 属性可以规定元素边框的样式、宽度和颜色。在"CSS 设计器"面板"属性"窗格的"边框"类别中，可以对边框的样式 style、边框的宽度 width、边框的颜色 color 属性进行设置，如图 7-33 所示。

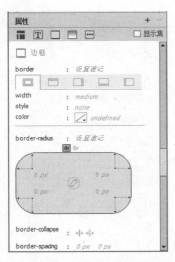

图 7-33　设置边框属性

（1）style（样式）：为边框设置样式，其样式种类如下。

◆ none：无边框。

◆ hidden：用于解决边框冲突。

◆ dotted：定义点状边框。

◆ dashed：定义虚线。

◆ solid：定义实线。

◆ double：定义双线。

◆ groove：定义 3D 凹槽边框。

◆ ridge：定义 3D 垄状边框。

◆ inset：定义 3D inset 边框。

◆ outset：定义 3D outset 边框。

◆ inherit：规定应该从父元素继承边框样式。

（2）width（宽度）：为边框指定宽度。有两种方法：可以指定宽度值，如 2px 或 0.1em；或使用 3 个关键字之一，它们分别是 thin、medium（默认值）和 thick。

（3）color（颜色）：可以使用任何类型的颜色值，如可以是命名颜色，也可以是十六进制数和 RGB 值，如 blue、rgb（25%、35%、45%）、#909090、red。

7.3.2 CSS 定位

所有的块元素在 HTML 文档中是按照它们出现在文档中的先后顺序排列的（嵌套不在此列），每个块都会另起一行，如图 7-34 所示。

在文档流中，每个块元素都会被安排到流中的一个位置，可以通过 CSS 中的定位属性来重新安排它的位置。

在"CSS 设计器"面板"属性"窗格的"布局"类别中，可以对外边距的 position 属性进行设置，如图 7-35 所示，其属性值可为 relative | absolute | static | fixed 之一。可以看出，定位的方法有很多种，它们分别是相对定位（relative）、绝对定位（absolute）、静态（static）、固定（fixed）。这里介绍最常用也最实用的是绝对定位、相对定位两个定位方法。

图 7-34　Div 元素排列顺序　　　　图 7-35　position 属性

绝对定位：将被赋予此定位方法的对象从文档流中拖出，使用 left、right、top、bottom 等属性相对于其最接近的一个最有定位设置的父级对象进行绝对定位，如果对象的父级没有设置定位属性，即还是遵循 HTML 定位规则的，则依据 body 对象左上角作为参考进行定位。绝对定位对象可层叠，层叠顺序可通过 z-index 属性控制，z-index 值为无单位的整数，大的在最上面，可以有负值。

相对定位：对象不可层叠，依据 left、right、top、bottom 等属性在正常文档流中偏移自身位置。同样可以用 z-index 分层设计。

相对定位是相对于该块元素在文档流中的位置，例如，可以使用相对定位把 div2 放到 div1 的右侧，CSS 代码如下。

```
#div1 {
    border: 1px solid #000099;
    height: 60px;
    width: 200px;
    margin:2px;
}
```

```
#div2 {
    border: 1px solid #000099;
    height: 60px;
    width: 200px;
    margin:2px;
    position: relative;
    top: -64px;
    left: 204px;
}
```

```
#div3 {
    border: 1px solid #000099;
    height: 60px;
    width: 200px;
    margin:2px;
}
```

相对定位效果如图 7-36 所示。

可以看到，虽然把 div2 移走了，但是 div1 和 div3 中间还是有一个空间，这说明相对定位的元素是会占据文档流空间的。

使用绝对定位也可以把 div2 摆到 div1 的右边，而且绝对定位是不会占据文档流空间的，如图 7-37 所示，div1 和 div3 之间没有空白。

图 7-36　相对定位效果　　　　　　　　图 7-37　绝对定位效果

div2 的 CSS 代码如下。

```
#div2 {
    border: 1px solid #000099;
    height: 60px;
    width: 200px;
    margin:2px;
    position: absolute;
    top: 15px;
    left: 214px;
}
```

绝对定位可以把内容显示到页面上的任何位置。但是对于程序员来说，却不能使用太多的绝对定位，因为使用程序动态向 Div 中添加内容，Div 的大小是不可知的，无法将每个 Div 的位置都定死。

7.3.3　CSS 中的浮动和清除

浮动可以达到这样的效果：本来应该一行一个的块元素，如果定义了 float 属性，则只要行的空间足够，它会接到别的浮动元素的后面，而不再会单独占用一行，如图 7-38 所示。

这里把 div2 和 div3 都定义为浮动，代码如下：

```
#div2 {
    border: 1px solid #000099;
    height: 60px;
    width: 200px;
    margin:2px;
    float:left;
}
```

```
#div3 {
    border: 1px solid #000099;
    height: 60px;
    width: 200px;
    margin:2px;
    float:left;
}
```

清理是因为 float 的元素和绝对定位的元素一样，也是不占用文档空间的。因此，如果把 div2 和 div3 都嵌套在 div1 中，并且把 div2 和 div3 都定义为浮动，那么由于它们不占用文档空间，设置为浮动后 div2 和 div3 都不属于 div1 的内容了；所以作为父元素的 div1 没有内容填充，不知道自动扩展大小，以至于显示出来的 div2 和 div3 会跑到 div1 的外面，如图 7-39 所示。

下面是它们的 HTML 代码。

```
<div id="div1">div1
```

```
        <div id="div2">div2</div>
        <div id="div3">div3</div>
    </div>
```

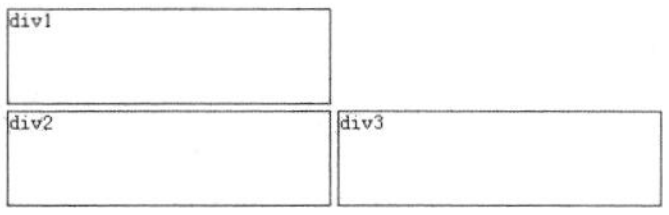

图 7-38　浮动效果 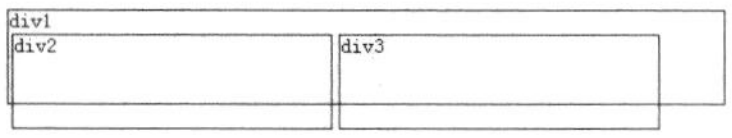　　　　　　　　图 7-39　未清理浮动效果

下面是它们的 CSS 代码。

```
#div1 {
    border: 1px solid #000
099;
    height: 60px;
    width: 450px;
    margin:2px;
}
```

```
#div2 {
    border: 1px solid #000
099;
    height: 60px;
    width: 200px;
    margin:2px;
    float:left;
}
```

```
#div3 {
    border: 1px solid #000
099;
    height: 60px;
    width: 200px;
    margin:2px;
    float:left;
}
```

为了解决上面的问题，需要在 float 之后的元素上面使用 clear，在此例中，在 div3 后面加入一个空段落，并设置其为 clear，代码如下。

```
    <div id="div1">div1
    <div id="div2">div2</div>
    <div id="div3">div3</div>
    <p class="clear"></p>
    </div>
```

clear 属性定义了元素的哪边上不允许出现浮动元素。如果声明为左边或右边清除，则会使元素的上外边框边界刚好在该边上浮动元素的下外边距边界之下。

下面是新增加的空段落的 CSS 代码。

```
.clear{
    clear:left;
}
```

此时 div1 有了 p 这块内容（尽管 p 中是空的），并且 clear 为 left，使得 p 的上外边框边界刚好在其上浮动元素的下外边距边界之下，如图 7-40 所示。

清理浮动有多种方式，如使用
标签自带的 clear 属性，使用

图 7-40　清理浮动效果

元素的 overflow，使用空标签来设置 clear:both 等。最简单的是在容器的末尾增加一个 "clear:both" 元素，强迫容器适应它的高度以便装下所有的 float，并未限制使用什么样的标签，有用<br style="clear:both"/>的，也有用空<Div style="clear:both"></Div>的。

7.4　使用 Dreamweaver CC 中的 CSS 布局工具

7.4.1　使用可视化助理

CSS 布局块在"设计"视图中工作时，可以使 CSS 布局块可视化。Dreamweaver 提供了多个可

视化助理，可查看 CSS 布局块。选择"查看"|"可视化助理"选项，在其子菜单中可选择 CSS 布局背景、CSS 布局外框或 CSS 布局框模型，如图 7-41 所示。

在设计时可以为 CSS 布局块启用外框、背景和框模型，使制作更加清晰明了。

（1）CSS 布局外框：显示页面上所有 CSS 布局块的外框。

（2）CSS 布局背景：显示各个 CSS 布局块的临时指定背景颜色，并隐藏通常出现在页面上的其他所有背景颜色或图像，如图 7-42 所示。

图 7-41　"可视化助理"菜单　　　　图 7-42　可视化 CSS 布局块

（3）CSS 布局框模型：显示所选 CSS 布局块的框模型（填充和边距）。

7.4.2　使用系统提供的 CSS 布局创建页面

在使用 Dreamweaver 创建新页面时，可以创建一个已包含 CSS 布局的页面。Dreamweaver 附带两个常用的 CSS 布局，其步骤如下。

（1）选择"文件"|"新建"选项，弹出"新建文档"对话框，如图 7-43 所示。

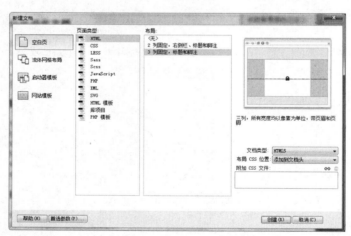

图 7-43　"新建文档"对话框

（2）在"新建文档"对话框中，选择"空白页"选项卡（它是默认选择的）。

（3）在"页面类型"列表，可选择要创建的页面类型，必须为布局选择 HTML 页面类型。例如，可以选择 HTML、PHP 等。

（4）对于"布局"列表，可选择要使用的 CSS 布局。可以从两个不同的布局中进行选择，"预览"窗口中将显示该布局，并给出所选布局的简短说明。

（5）从"布局 CSS 位置"下拉列表中选择布局 CSS 的位置。

① 添加到文档头：将布局的 CSS 添加到要创建的页面头中。

② 新建文件：将布局的 CSS 添加到新的外部 CSS 样式表中，并将这一新样式表添加到要创建的

页面中。

③ **链接到现有文件**：可以通过此选项指定已包含布局所需的 CSS 规则的现有 CSS 文件。

（6）（可选）创建页面时，还可以将 CSS 样式表附加到新页面中（与 CSS 布局无关）。为此，可单击"附加 CSS 文件"窗格上方的"附加样式表"图标并选择一个 CSS 样式表。

（7）选择完毕后单击"创建"按钮，新建 CSS 布局页面，如图 7-44 所示。

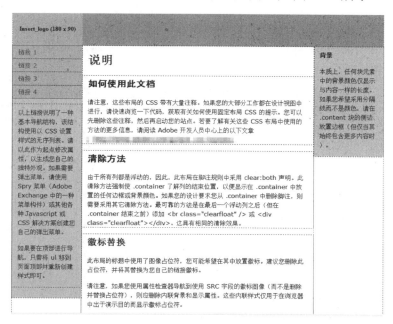

图 7-44　系统提供的 CSS 布局页面

7.5　使用流体网格布局

网站的布局必须对显示该网站的设备尺寸做出响应与调整（响应性设计）。流体网格布局为对应显示该网站的设备而创建不同布局提供了可视化方式。例如，在桌面计算机、平板电脑和移动电话上查看企业的网站，可使用流体网格布局为其中每种设备指定布局，根据是在桌面计算机、平板电脑还是移动电话上显示网站，将使用相应的布局显示网站。

Dreamweaver 流体网格布局是用于设计自适应网站的系统。它包括三种布局和排版规则预设，全都基于单体的流体网格。

7.5.1　创建流体网格布局

创建流体网格布局的步骤如下。

步骤

（1）选择"文件" | "新建"选项。

（2）弹出"新建文档"对话框，如图 7-45 所示，选择"流体网格布局"选项卡。

① 在媒体类型的中央将显示网格中列数的默认值。按需编辑该值，自定义设备的列数。

② 要相对于屏幕大小设置页面宽度，以百分比形式设置该值。

③ 可更改栏间距宽度，栏间距指两列之间的空间。

④ 指定页面的 CSS 选项。

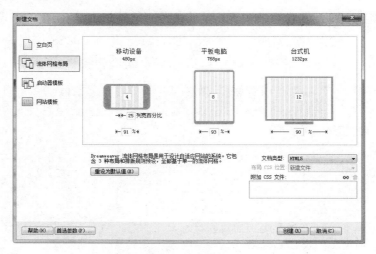

图 7-45　流体网格布局

（3）单击"创建"按钮后，系统会要求指定一个 CSS 文件。可以执行以下操作之一：

① 创建新 CSS 文件。

② 打开现有 CSS 文件。

③ 指定作为流体网格 CSS 文件打开的 CSS 文件。

默认情况下显示适用于移动设备的"流体网格"。此外，"插入"面板也切换到"结构"类型面板，便于进行"流体网格"的布局。要改为设计用于其他设备的布局，则应单击设计视图下方选项中的相应图标，如图 7-46 所示。

（4）保存此文件。保存 HTML 文件时，提示流体网格设计需要相关文件（如 boilerplate.css 和 respond.min.js）保存到计算机的某个位置，指定一个位置并单击"确定"按钮，如图 7-47 所示。

图 7-46　切换不同设备的"流体网格"　　　图 7-47　系统提示保存相关文件

boilerplate.css 基于 HTML 5 样板文件。该文件是一组 CSS 样式，可确保在多个设备上渲染网页的方式一致。respond.min.js 是一个 JavaScript 库，可帮助用户在旧版本的浏览器中向媒体查询提供支持。

7.5.2　编辑流体网格文档

可以在实时视图中直接编辑流体网格文档。实时视图可以在 Dreamweaver 中实时地看到与 Web 浏览器中相同的页面内容。在开发过程中，可以切换到实时视图以快速预览页面。若要节省在不同视图（"代码"和"设计"视图）之间切换的时间，可以直接在实时视图中编辑 HTML 元素。实时视图会立即刷新，以显示页面的变化。

可以使用以下组件在实时视图中编辑页面。

（1）**元素快速视图**：（选择"视图"｜"元素快速视图"选项）显示文档的 HTML 结构，并允许在视图中复制、粘贴、重复、删除和重新排列元素。

（2）**元素显示**：显示在实时视图中所选的 HTML 元素的上方。元素显示用于将 HTML 元素与类和 ID 关联在一起。

（3）**快速属性检查器**：当单击元素显示中的 sandwich 或选择文本时打开。用户可以通过快速属性检查器在实时视图中编辑属性和设置文本格式。

（4）**实时视图属性检查器**：显示在"文档"窗口下方，用于编辑实时视图中的各种 HTML 和 CSS 属性。

（5）**"插入"面板**：（选择"窗口"｜"插入"选项）可直接从面板中拖动元素到实时视图中。

7.5.3　插入流体网格元素

"插入"面板中的"结构"类别中列出了可在流体网格布局中使用的元素。在插入元素时，可选择作为流体元素插入。

（1）在"插入"面板中单击要插入的元素。

（2）在弹出的对话框中，指定选择类或输入 ID 值。"类"用于显示在创建页面时指定的 CSS 文件中的类。选中"作为流体元素插入"复选框，如图 7-48 所示。

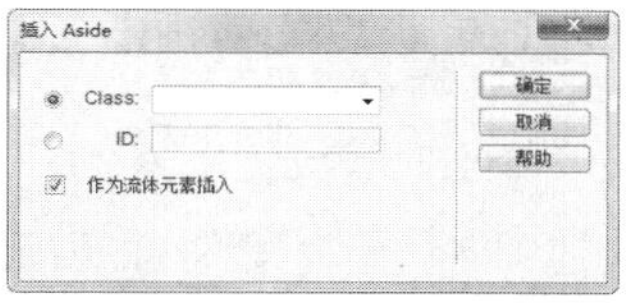

图 7-48　"作为流体元素插入"复选框

7.6　实战演练

1. 实战效果

模仿制作网页"绿城房产"首页，其效果如图 7-49 所示。

图 7-49　实战演练的效果图

2．制作要求

（1）整个页面采用 CSS 布局（在提供的素材库中已完成，读者可直接采用）。

（2）主要内容有头部区 Header、Banner、内容区 Content、页脚区 footer。

页面结构关系如下。

```
|- Header
|       |-logo
|       |-link
|- Banner
|- Content
|       |-flash_map
|       |-news
|       |-paper_cont
|- footer
        |-link
        |-copyright
```

（3）使用 CSS 样式进行布局。

3．制作提示

1）基础样式设定

创建站点，新建页面 index.html，双击并打开该页面。创建样式表文件 base.css，创建 body、div 样式。

```css
body {
  background-color: #EDEEE0;
  margin: 0;
  font-family: Arial;
  font-size: 12px;
  color: #666666;
  min-width: 1003px;
}
div {
  padding: 0;
  margin: 0;
}
```

2）按四大区块布局搭建页面框架

（1）头部区 Header 如图 7-50 所示。

（2）Banner 区如图 7-51 所示。

```
<div class="header clearfix">
    <div class="area">
        <div cl...
        <div cl...
    </div>
</div>
```

图 7-50　头部区 Div 结构

```
<div class="banner clearfix">
    <div class="area">
        <div id...
    </div>
</div>
```

图 7-51　Banner 区 Div 结构

（3）内容区 Content 如图 7-52 所示。

（4）页脚区 footer 如图 7-53 所示。

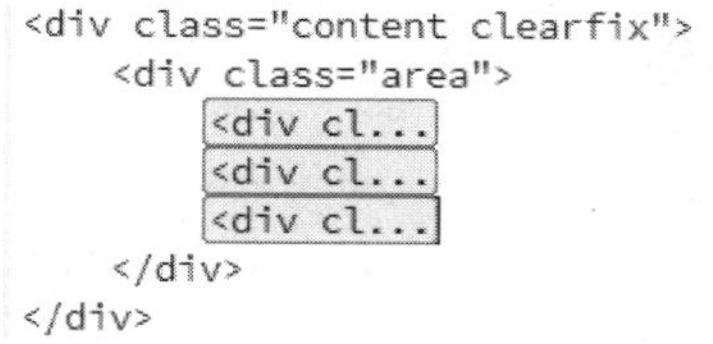

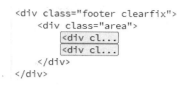

```
<div class="content clearfix">
    <div class="area">
        <div cl...
        <div cl...
        <div cl...
    </div>
</div>
```

图 7-52　内容区 Div 结构

```
<div class="footer clearfix">
    <div class="area">
        <div cl...
        <div cl...
    </div>
</div>
```

图 7-53　页脚区 Div 结构

在每个区块开始都加了*** clearfix 的外层 Div，是因为在一个有 float 属性元素的外层增加了一个拥有 clearfix 属性的 Div 包裹，可以保证外部 div 的 height，即清除"浮动元素脱离了文档流，包围图片和文本的 Div 不占据空间"的问题。

3）细化头部区内容

步骤

（1）logo 区域内插入图像 Logo.gif，设置空链接，替代文本为"绿城房产"。

（2）link 区域内再嵌套两个区块 other 和 menu，在 other 中输入"绿城建设""绿城招聘""联系我们""投资者关系""English"，并对文字创建空链接；在 menu 中，使用项目符号列表创建导航栏，包含"走进绿城""新闻中心""绿城作品""园区服务""企业公民""绿城文化""绿城会"，头部区域结构设计如图 7-54 所示。

图 7-54　头部区域结构设计

（3）头部区域样式设计，创建样式表文件 home.css，用于存放头部样式，创建各部分的 CSS 样式，区块布局如图 7-55 所示。

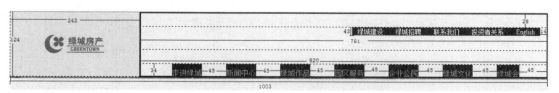

图 7-55　头部区域样式设计

定义头部 CSS 样式的代码如下。

```
.header{width:1003px;margin:auto; height:124px;
background:url(../img/Home/header_bg.gif) no-repeat center top; overflow:hidden;}
.header .logo{width:242px; height:124px; float:left; overflow:hidden;}
.header .link{width:761px; height:124px; float:left; overflow:hidden;}
.header .link .other{height:43px; text-align:right; margin-top:28px;
overflow:hidden;padding-right:14px;}
```

```
    .header .link .other a{display:inline-block; color:#000; font-family:Microsoft YaHei;
padding-left:10px; background:url(../img/Public/icon_01.gif) no-repeat left 6px;
margin-right:10px;}
    .header .link .other a:hover{color:#00732E;}
    .header .link .menu{height:34px; overflow:hidden;}
    .header .link .menu ul{width:820px; padding-left:60px; overflow:hidden;}
    .header .link .menu li{height:34px; line-height:33px; font-size:14px;
margin-right:45px; float:left; overflow:hidden;}
    .header .link .menu li a{font-family:Microsoft YaHei;}
```

4）Banner 区域制作

步骤

（1）在区域内插入图像 1.jpg，设置空链接，替代文本为"绿城房产"。

（2）CSS 样式定义代码如下。

```
    .banner{width:1003px;margin:auto; height:369px; font-family:Microsoft YaHei;
    background:url(../img/Home/banner_bg.gif) no-repeat center top; overflow:hidden;}
```

5）Content 区域制作

Content 区域由左 flash_map、中 news、右 paper_cont 三个区域构成，布局如图 7-56 所示。

图 7-56　Content 区域布局

（1）flash_map 区域的制作。

步骤

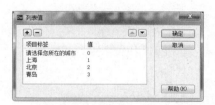

图 7-57　添加列表值

① 在#flash_map 中嵌入#login，再在该 Div 中插入表单，ID 为 form1，在红色表单区域中插入表单元素 select、select2、select3（在"插入"面板中选择"表单"类别，单击"选择"按钮）。

② 选中插入的列表，在"属性"面板中单击列表值，在弹出的"列表值"对话框中添加列表项，如图 7-57 所示。

③ 在 select3 后面再插入表单元素"按钮"，其 ID 为 button。

④ #flash_map 区域样式定义如下。

```
#flash_map {
    width: 241px;
    height: 225px;
    margin-right: 15px;
float: left;
}
```

```
#login {
    width: 200px;
    height: 180px;
    margin-top: 20px;
    margin-left: 18px;
    margin-right: 12px;
}
```

```
#left #login #form1 {
    padding-top: 20px;
    padding-left: 10px;
}
#login #form1 #select,
#select2 ,#select3,#button{
    margin-bottom: 20px;
    float: none;
}
```

完成后的 flash_map 区域如图 7-58 所示。

（2）news 区域的制作。

🐬　**步骤**

① 在#news 中嵌入#title 和#list，分别输入标题文字和新闻条目。

② 在"CSS 选择器"面板中创建以上两个 Div"#title"和"#list"的 CSS 样式。

图 7-58　flash_map 区域完成效果

③ 在#title 中输入标题文字，在#list 中插入项目列表，每项列表内容输入后都按【Enter】键。

切换到"代码"视图，在每个列表项的开始处添加行内元素<span>，用来放置发布时间。插入后的代码如下。

```
<div id="list">
  <ul>
  <li><span>2014年9月14日</span><a href="#">列表的内容列表的内容列表的内容…</a></li>
  <li><span>2014年9月14日</span><a href="#">列表的内容列表的内容…</a></li>
  <li><span>2014年9月14日</span><a href="#">列表的内容列表的内容…</a></li>
  <li><span>2014年9月14日</span><a href="#">列表的内容…</a></li>
  <li><span>2014年9月14日</span><a href="#">列表的内容列表的内容…</a></li>
  <li><span>2014年9月14日</span><a href="#">列表的内容列表的内容…</a></li>
  </ul>
</div>
```

④ #news 区域样式定义如下。

```
.content #area #news {
    width: 374px;
    margin-right: 30px;
    margin-top: 28px;
    line-height: 20px;
}
#area #news #title {
    height: 29px;
    width: 374px;
    font-family: "微软雅黑";
    color: #1C491A;
    font-weight: bold;
}
```

```
#area #news #list {
    line-height: 20px;
    text-indent: 15px;
    width: 374px;
    margin-top: 8px;
    overflow-y: hidden;
    overflow-x: hidden;

}
ul li a {
    color: #000000;
    text-decoration: none;

}
```

```
ul li a:visited {
    color: #000000;
    text-decoration: none;
}
ul li a:hover {
    color: #00732e;
}
ul li span {
    float: right;
}
```

完成后的 news 区域如图 7-59 所示。

图 7-59　news 区域完成效果

（3）paper 区域的制作。

🐬　**步骤**

① 在#paper_cont 中嵌入#paper 和#slide，再在这两个 Div 中分别插入图像。

② #paper_cont 区域样式定义如下。

```
.content #area #paper_cont {
    width: 326px;
    overflow-x: hidden;
    overflow-y: hidden;
    height: 171px;
    float: left;
    margin-top: 28px;
    margin-right: 17px;
}
```

```
#area #paper_cont .paper {
    width: 164px;
    height: 171px;
    float: left;
}
#area #paper_cont #slide {
    float: left;
    width: 144px;
    height: 171px;
}
```

```
.paper p img {
    margin-left: 24px;
    margin-right: 12px;
    margin-bottom: 11px;
    margin-top: -2px;
}
#paper_cont #slide img {
    margin-top: 13px;
    margin-left: 20px;
}
```

③ 完成后的 paper_cont 区域如图 7-60 所示。

图 7-60　paper_cont 区域完成效果

6）footer 区域的制作

此部分可参照 Header 区域制作。

本章小结与重点回顾

本章介绍了 CSS 页面布局的方法，对 CSS 各属性的含义做了较为详细的说明，使读者对当前流行布局方法有所认识，掌握 Div 的插入方法，理解 CSS 样式表在布局中的作用，学会如何使用 CSS 样式来布局页面。

本章重点：

● HTML 结构搭建。

● CSS 布局相关属性含义。

● CSS 布局的设计原理。

● Div+CSS 的布局方法。

● 使用流体网格布局的方法。

第8章

模板和库

通常在一个网站中会有几十甚至几百个风格基本相似的页面，对于这种类型的网页，如果逐个制作每个网页不但效率低而且十分乏味。应用 Dreamweaver CC 的模板和库，可以很好地解决这一问题。模板是一种预先设计好的网页样式，在制作风格相似的页面时，只要套用这种模板便可以设计出风格一致的网页。而库则是将具有相同内容的部分存为库元素，在需要用到这些部分时，将它们作为一个整体进行调用即可，这也避免了大量的重复劳动，提高了效率。

8.1 应用模板制作相似网页——美文随笔

8.1.1 案例综述

本案例通过模板设计出网页的整体风格、布局，当制作各个分页时，通过模板来创建，而当修改模板时，应用该模板的网页都将随之改变，这使网页的制作形成了一种批量生产的形式，大大提高了工作效率。案例的效果如图 8-1 所示。

图 8-1 案例的效果

通过案例的学习将使读者掌握创建模板的方法，学会创建基于模板的网页文档、修改模板并更新网页。

8.1.2 案例分析

在网站中，常常有很多布局风格相似的 Web 页面。在制作中，可利用模板来设计其相同部分，不同之处为可编辑区域，在制作具体网页时，再将具体内容填入可编辑区域即可。

观察如图 8-2 所示的页面，上半部分有不同的三部分内容在不同页面中，分别是标题、作者名和文章内容，将它们定义为可编辑区域。下半部分三行的图片处理方式相同，可使用模板的重复区域进行设计；而左侧的新闻列表也可以使用重复区域来制作。

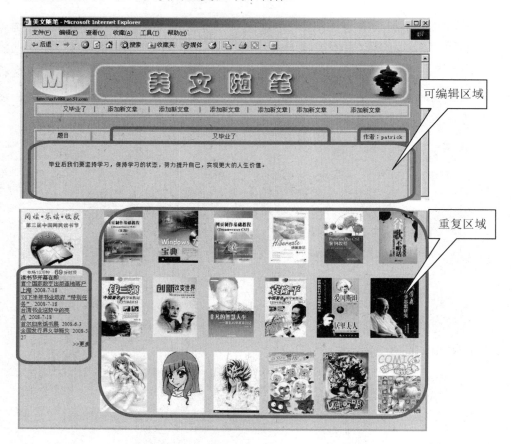

图 8-2　模板中的可编辑区域及重复区域

8.1.3 实现步骤

1．制作模板

制作模板和制作一个普通的页面完全相同，只是不需要把页面的所有部分都制作完成，仅需要制作出导航栏、标题栏等各个页面的共有部分，而把中间可变化的区域作为可编辑区域留下来，在具体制作各个网页时再来制作。为了避免编辑时误操作而导致模板中的元素发生变化，模板中的内容默认为不可编辑，只有把某个区域或某段文本设置为可编辑状态之后，在由该模板创建的文档中才可以改变这个区域。

模板的制作过程可分为基本页面的制作和插入模板区域两个步骤。

1）基本页面的制作

🐬　**步骤**

（1）创建站点 mb，站点根目录为 D:\mb，站点默认图像文件夹为 D:\mb\images。在站点中新建页面，选择"修改"|"页面属性"选项，弹出"页面属性设置"对话框，设置页面标题为"美文随笔"，背景色为#AF99F2（淡紫色），文本色为#000080（深紫色）。

（2）选择"文件"|"另存为模板"选项，弹出"另存模板"对话框，如图 8-3 所示，将模板保存到站点根目录下的 Templates 文件夹中，文件名为 page.dwt，文件的扩展名由系统自动加上。单击"保存"按钮，则当前页面已经是模板编辑窗口了，如图 8-4 所示。

图 8-3　"另存模板"对话框

图 8-4　已保存的模板编辑窗口

（3）打开"插入"面板，单击"常用"类别中的"插入表格"按钮，弹出表格参数设置对话框，插入 1×3 的表格 T1，宽为 902，单元格间距为 4，填充为 0，边框为 0。将表格属性中的对齐方式设置为"居中对齐"。

（4）将光标定位在表的单元格中，设置高为 84，第 1 个单元格的宽为 115，在单元格中插入图片 ch8\img\logo.png；第 2 个单元格的宽为 639，在此单元格中插入图片 ch8\img\banner.png；在第 3 个单元格中插入图片 ch8\img_11240K28.jpg，如图 8-5 所示。

图 8-5　设置顶部表格

（5）另起一行，制作导航栏。插入 1×1 的表格 T2，设置宽为 902，边框为 1，间距为 4。

（6）将光标定位在表格 T2 的单元格中，设置高为 18，边框色、背景色为#DECEFF（淡粉紫），设置"水平"对齐方式为居中对齐。输入文章标题，中间用竖线间隔。因为模板中的文章内容尚未确定，所以暂用"添加新文章"代替，以后再做修改，如图 8-6 所示。

图 8-6　添加文章标题

（7）另起一行，插入 1×1 的表格 T3，设置宽为 902，设置单元格高为 23，用于扩大标题与正文的间隔。

（8）另起一行，制作正文部分。插入 3×1 的表格 T4，设置宽为 902，单元格间距为 4，填充为 0，边框为 1。设置单元格背景色为#DECEFF（淡粉紫），单元格边框色为#DECEFF（淡粉紫）。

（9）设置表格 T4 第一行单元格高为 11，拆分第一行为 3 列，从左到右宽度分别为 153、597、128，选中各单元格，设置"水平"对齐方式为居中对齐。在第一个单元格中输入"标题："，在第三个单元格中输入"作者："，将字体大小设置为 9pt，如图 8-7 所示。

图 8-7　制作主体内容的框架

（10）在表格 T4 下方插入 1×1 的表格 T5，设置宽为 902，单元格间距为 4，填充为 0，边框为 1。设置单元格高为 17，背景色为#DECEFF（淡粉紫），单元格边框色为#DECEFF（淡粉紫）。该单元格用于放置版权信息，因为其内容是固定不变的，因此可在制作模板时直接输入，将字体大小设置为 9pt，如图 8-8 所示。

图 8-8　设置版权信息

（11）打开"CSS"面板，新建.bk 类样式，存于样式表 style.css 中，在规则定义对话框中选择分类为边框，设置边框为 solid（实线），1 像素，白色。

（12）分别选中表格 T2、T3、T4，应用类样式.bk，为表格设置外边框。

2）插入模板区域

在本案例中，T4 表格的第一、二行中的标题、作者及文章内容部分可通过插入可编辑区域来在单元格中插入内容；而第三行中先只制作一行的表格，后面的内容通过创建重复区域来实现。

（1）创建可编辑区域。

图 8-9　"新建可编辑区域"对话框

🐬 **步骤**

① 将光标定位在表格 T4 正文表格的第一行第二个单元格中并右击，在弹出的快捷菜单中选择"模板"｜"新建可编辑区域"选项，此时会弹出"新建可编辑区域"对话框，如图 8-9 所示，将可编辑区域命名为"title"。

② 将光标定位在第三个单元格中的"作者："后面，用同样的方法定义一个可编辑区域，命名为"author"；再将光标定位在第二行的单元格中，定义一个名为"content"的可编辑区域。定义完成后，

效果如图 8-10 所示。

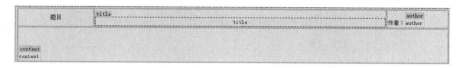

图 8-10　制作好的可编辑区域

（2）创建重复区域。

🐬　**步骤**

① 将光标定位在表格 T4 的正文表格的第三行中，插入 1×3 的表格 T6，宽为 100%，第 1 列宽为 154，第 2 列宽为 13（用于间隔），第 3 列宽为 732，如图 8-11 所示。

图 8-11　插入表格 T6

② 在表格 T6 的第一个单元格中插入 4×1 的表格 T7，在第一个单元格内插入图片占位符，大小为 135×90；选中图片并右击，在弹出的快捷菜单中选择"模板"|"新建可编辑区域"选项，命名为 tupian，将其设为可编辑；在第二个单元格中输入图片注释文字，选中该文字并将其设为可编辑区域，命名为 rem；在第四个单元格中输入"》》更多"，将字体大小设置为 9pt。制作如图 8-12 所示的页面内容。

③ 将光标定位在表格 T7 的第三个单元格中，选择"插入"|"模板对象"|"重复表格"选项，此时会弹出"插入重复表格"对话框，设置重复区域名为"wen"，其他设置如图 8-13 所示。

图 8-12　制作表格 T7 中的页面内容　　　图 8-13　创建重复表格和可编辑区域

④ 单击"确定"按钮后，在第三个单元格中嵌入 1×1 的表格，并将该表格创建为重复区域，同时在此区域中创建了可编辑区域。

⑤ 在 T6 表格的第 3 列中插入 1×6 的表格 T8，宽为 723，如图 8-14 所示。

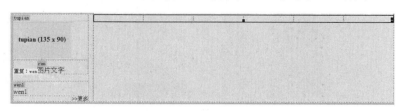

图 8-14　插入表格 T8

⑥ 在各单元格中分别插入 1×1 的表格，宽为 98%，将其对齐方式设置为"水平居中"，插入图片和文字，如图 8-15 所示。

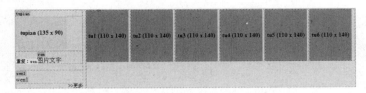

图 8-15　插入到表格 T8 中的内容

⑦ 选中表格 T8，选择"插入"|"模板对象"|"重复区域"选项，将该表格创建成可重复区域，命名为"tu"；再分别选中各单元格中的表格，将它们设置为可编辑区域，命名为"tu1""tu2""tu3""tu4""tu5""tu6"，如图 8-16 所示。

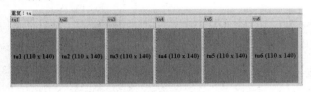

图 8-16　创建重复区域和可编辑区域

（3）创建可选区域。

🐬 **步骤**

① 重新审视已制作完成的页面，上半部是文章内容；而下半部则用于显示图片信息，这些图片网站中的页面或有或无，为可选区域，如图 8-17 所示。

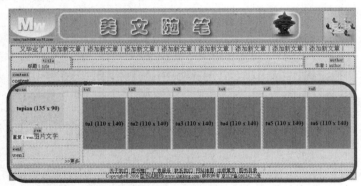

图 8-17　图片信息区域——可选区域

② 选中包含此部分的表格 T6，在标签选择器上单击表格 T6<table>，选择"插入"|"模板对象"|"可选区域"选项，弹出"新建可选区域"对话框，在"名称"文本框中输入可选区域的名称 tpxx，如图 8-18 所示，单击"确定"按钮。

图 8-18　"新建可选区域"对话框

③ 设置完成后，在表格 T6 上可看到以 "If tpxx" 为标签的淡蓝色可选区域，如图 8-19 所示。

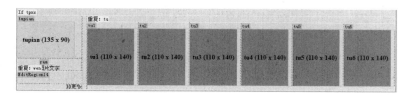

图 8-19　设置可选区域

至此，模板文件制作完成，选择 "文件" | "保存" 选项，保存模板文件，如图 8-20 所示为制作好的模板页面。

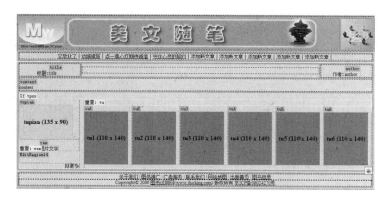

图 8-20　制作好的模板页面

2．创建基于模板的网页文档

1）制作有图片信息区域的页面 page1

🐬　**步骤**

（1）新建页面。在 "文件" 面板中选择 "资源" 类别，打开 "资源" 面板，单击面板左侧的 "模板" 按钮，选中前面完成的 page.dwt 模板，将其拖入页面编辑窗口，此时页面的周围围绕着黄色的边框。此时，光标为不可单击状，这是因为在页面中引用模板时，模板的非可编辑部分是不能进行任何编辑的。

（2）在可编辑区域中，可以添加制作任何元素。将光标定位在名为 title 的可编辑区域中，输入 "《边城》续写"；将光标定位在名为 author 的可编辑区域中，输入 "荆棘鸟"；将光标定位在名为 content 的可编辑区域中，输入 "《边城》续写" 的全文。将网页保存为 page1.html，如图 8-21 所示。

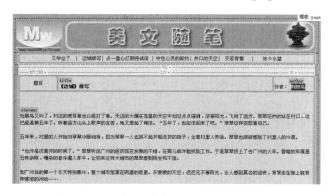

图 8-21　在可编辑区域中添加内容

（3）双击左侧可编辑区域 tupian 中的图片占位符，在选择图片对话框中选择图片 img\pc1.jpg；在可编辑区域 rem 中输入图片的注释文字；在重复区域中，单击"重复：wen"处的⊞按钮，增加一个表格，由于该表格同时定义了可编辑性，因此可以修改其中的内容。

（4）用同样的方法可制作"重复区域：tu"部分，增加表格并更换其中的图片和文字，完成后的效果如图 8-22 所示。

图 8-22　重复区域内容的制作

2）制作不含图片信息区域的页面

🐋 **步骤**

（1）新建页面。在"资源"面板的"模板"类别中，选中前面完成的 page.dwt 模板，将其拖入页面编辑窗口，应用此模板。

（2）选择"修改"|"模板"|"模板属性"选项，在弹出的"模板属性"对话框中，选中"tpxx"可选区域，取消选中"显示 tpxx"复选框，单击"确定"按钮，如图 8-23 所示。

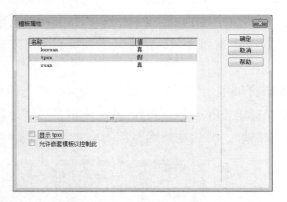

图 8-23　修改模板属性中可选区域的显示与否

（3）此时可以看到页面中的图片信息区域不再显示，在文章内容区复制素材中的 2.txt 中的内容及标题，标题为"点一盏心灯期待诚信"，作者为"刘舸"，如图 8-24 所示。

（4）用同样的方法制作 page3，在文章内容区复制素材中的 1.txt 中的内容及标题，标题为"又毕业了"，作者为"孙悦刚"。

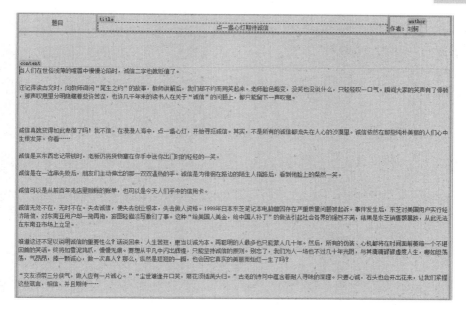

图 8-24　文章内容区域制作

3. 修改模板并更新

在模板中导航栏并没有起作用，下面进行修改，使其链接到相应的页面。

步骤

（1）在"资源"面板中选中 page.dwt 模板，双击进入模板编辑状态。

（2）将导航栏中的"添加新文章"替换为各文章名称"边城续写""点一盏心灯期待诚信"和"守住心灵的契约"，并分别创建超链接到 page1.html、page2.html 和 page3.html，如图 8-25 所示。

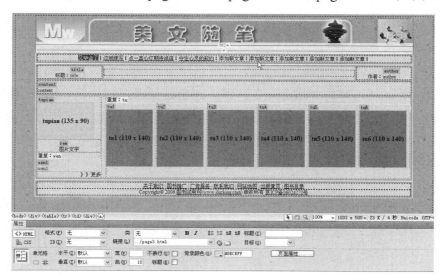

图 8-25　修改模板中的链接

（3）保存所修改的模板文件，保存完成后会弹出"更新模板文件"对话框，询问是否要将改变应用到所有引用这个模板的页面中，如图 8-26 所示，单击"更新"按钮，则 Dreamweaver 会自动更新所有使用这个模板的文件。

（4）更新完成后，弹出"更新页面"对话框，显示这个模板有三个页面引用，报告页面更新情况，如图 8-27 所示。

图 8-26　"更新模板文件"对话框　　　图 8-27　"更新页面"对话框

（5）为了验证文件是否被改变了，可重新打开 page1.html、page2.html 或 page3.html，按【F12】键预览并验证其超链接。

 提示

在模板中，可用 CSS 样式来设置格式，如超链接等，从而使基于该模板的所有网页都具有此特性。

8.2　使用模板

8.2.1　模板的基本特点

1．可以生成大批风格相近的网页

模板可以帮助设计者将网页的布局和内容分离，快速制作大量风格布局相似的 Web 页面，使网页设计更规范、制作效率更高。

2．一旦模板修改将自动更新使用该模板的一批网页

从模板创建的文档与该模板保持链接状态（除非以后分离该文档），当模板改变时，所有使用这种模板的网页都将随之改变。

在创建一个模板时，必须设置模板的可编辑区域和锁定区域，这个模板才有意义。在编辑模板时，设计者可以修改模板的任何可编辑区域和锁定区域。而当设计者在制作基于模板的网页时，只能修改那些标记为可编辑的区域，此时网页上的锁定区域是不可改变的。

8.2.2　模板的创建与保存

可以从新建空白模板中创建模板，也可以利用现成的网页来创建模板。

1．通过菜单创建模板

步骤

（1）在"文件"面板中选择要创建模板的站点。

（2）选择"文件"|"新建"选项，弹出"新建文档"对话框，在"空白页"或"网站模板"中选择需要创建的模板类型，如图 8-28 所示。

（3）单击"创建"按钮后，即可创建一个空白模板。此时，在标题栏中标明当前页是一个模板。

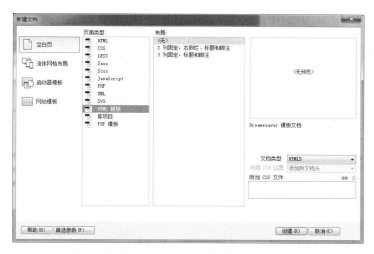

图 8-28 通过菜单创建模板

2．通过"资源"面板创建模板

步骤

（1）在"文件"面板中选择要创建模板的站点。

（2）选择"窗口"|"资源"选项，打开"资源"面板，单击面板左侧的"模板"按钮，单击"添加"按钮，如图 8-29 所示，创建模板。

3．利用现成网页创建模板

步骤

（1）选择"文件"|"打开"选项，打开要作为模板的网页。

（2）选择"文件"|"另存模板"选项，系统弹出"另存模板"对话框，如图 8-30 所示。

（3）在"站点"下拉列表中选定该模板所在站点，在"现存的模板"列表框中显示的是当前网站中已经存在的模板，在"另存为"文本框中输入新建模板的名称，单击"保存"按钮。此时新建的模板文件会保存在本地站点的 Templates 文件夹中。

图 8-29 通过"资源"面板创建模板

图 8-30 "另存模板"对话框

新建模板时，必须明确模板建在哪个站点中，模板文件都保存在本地站点的 Templates 文件夹中，如果 Templates 文件夹在站点中尚不存在，则 Dreamweaver CC 将在保存新建模板时自动创建该文件夹。模板文件的扩展名为.dwt。

8.2.3 模板区域

创建模板时可指定基于模板的文档中的哪些区域可编辑（或可重复等），方法是在模板中插入模板区域。创建模板时，可编辑区域和锁定区域都可以更改。但是，在基于模板的文档中，模板用户只能在可编辑区域中进行更改，而无法修改锁定区域。

模板区域有以下三种类型。

（1）可编辑区域：基于模板的文档中的未锁定区域，是模板用户可以编辑的部分。模板在制作时可将模板的任何区域指定为可编辑的。要让模板生效，它应该至少包含一个可编辑区域，否则将无法编辑基于该模板的页面。

（2）重复区域：文档中设置为重复的布局部分。例如，可以设置重复一个表格行。通常重复部分是可编辑的，这样模板用户可以编辑重复元素中的内容，同时使设计本身处于模板创作者的控制之下。在基于模板的文档中，模板用户可以根据需要使用重复区域控制选项添加或删除重复区域的副本。

（3）可选区域：在模板中指定为可选显示的部分，用于保存有可能在基于模板的文档中出现的内容（如可选文本或图像）。在基于模板的页面上，模板用户通常控制是否显示内容。

1．创建可编辑区域

可编辑区域控制在基于模板的页面中用户可以编辑哪些区域。

🐋 **步骤**

（1）在已创建的模板文件中编辑网页，其布局、制作方法与普通网页完全一致。

（2）将插入点定位在想要插入可编辑区域的地方。

（3）选择"插入"|"模板"|"可编辑区域"选项，如图 8-31 所示。或在"插入"面板中选择"模板"类别，然后选择"可编辑区域"选项，如图 8-32 所示。

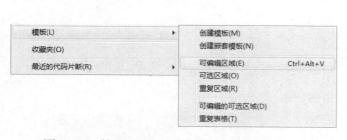

图 8-31　使用"插入"菜单创建可编辑区域　　图 8-32　使用"插入"面板创建可编辑区域

（4）在"新建可编辑区域"对话框中，输入该区域的名称，单击"确定"按钮。

可编辑区域在模板中由高亮显示的矩形边框围绕，该边框使用在参数选择中设置的高亮颜色，该区域左上角的选项卡显示该区域的名称。

🐦 **提示**

（1）采用表格布局的模板定义可编辑区域时，可将整个表格或表格的某个单元格定义为可编辑区域，但是不能同时将多个单元格定义为一个单独的可编辑区域。

（2）Div 元素和 Div 元素中的内容是不同的元素，当 Div 元素设为可编辑区域时，在应用该模板编辑文档时，可改变 Div 元素的位置和 Div 元素中的内容。而将 Div 元素的内容设为可编辑区域时，只能改变 Div 元素中的内容而不能改变 Div 元素的位置。

2．创建可重复区域

重复区域是可以根据需要在基于模板的页面中复制任意次数的模板部分。使用重复区域，可以通过重复特定项目来控制页面布局，如目录项、说明布局或重复数据行（如项目列表），如图 8-33 所示。

创建重复区域的操作一定要在可编辑区域内进行，否则将不能进行"重复区域"的定义。

创建重复区域的具体步骤如下。

图 8-33　创建重复区域

步骤

（1）在"文档"窗口中选择想要设置为重复区域的文本或内容。

（2）选择"插入"|"模板"|"重复区域"选项。

（3）在"属性"面板的"名称"文本框中为模板区域输入唯一的名称（不能对一个模板中的多个重复区域使用相同的名称）。

（4）单击"确定"按钮，重复区域被插入到模板中。

3．创建可选区域

可选区域是模板中的区域，用户可将其设置为在基于模板的文档中显示或隐藏。当想要为在文档中的显示内容设置条件时，可使用可选区域。

插入可选区域以后，既可以为模板参数设置特定的值，又可以为模板区域定义条件语句（If...else 语句）。可以使用简单的真/假操作，也可以定义比较复杂的条件语句和表达式。如有必要，以后可以对这个可选区域进行修改。模板用户可以根据用户定义的条件在其创建的基于模板的文档中编辑参数并控制是否显示可选区域。

步骤

（1）在"文档"窗口中，将插入点定位在要插入可选区域的位置。

（2）选择"插入"|"模板"|"可编辑的可选区域"选项；或在"插入"面板的"常用"类别中单击"模板"按钮，然后从弹出的菜单中选择"可编辑的可选区域"选项。

（3）输入可选区域的名称；如果要设置可选区域的值，可选择"高级"选项卡，再单击"确定"按钮。

4．修改模板区域

对于页面中已设置的模板区域，可进行修改或删除操作。

步骤

（1）在"文档"窗口中选择"区域"选项卡。

（2）选择"修改"|"模板"|"删除模板标记"选项。

（3）对于"可选区域"，选中其标识后，在"属性"面板中单击"编辑"按钮进行修改。

8.2.4 创建基于模板的网页

在完成模板设计后，即可让空文档或已包含内容的文档应用模板。

1. 使用菜单方式

步骤

（1）选择"文件"|"新建"选项，在弹出的"新建文档"对话框中选择"网站模板"选项卡，在左侧的"站点"列表框中选择新建的网页存放的站点，当选中某个站点后，在"站点×××的模板"列表框中将显示该站点中已存在的模板，此时在右边的预览窗口中会显示选中的模板，从中选择要采用的模板，如图 8-34 所示。

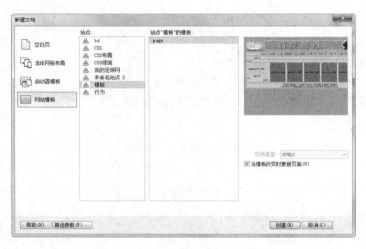

图 8-34 "新建文档"对话框

（2）选中"当模板改变时更新页面"复选框，当模板被修改后，用此模板创建的网页也会被修改。

（3）单击"创建"按钮，此时在网页编辑窗口中建立了一个由模板生成的网页，设计者可根据需要在可编辑区域输入相关内容。

2. 使用"资源"面板方式

步骤

（1）新建页面，通过"窗口"菜单打开"资源"面板。

（2）选择面板中的模板资源，如图 8-35 所示。

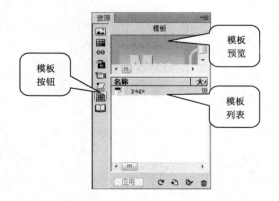

图 8-35 模板"资源"面板

（3）选中要采用的模板，单击"应用"按钮（或将选中的模板拖到编辑窗口中），如图 8-36 所示，应用了模板的文档在右上角会标明模板的名称。

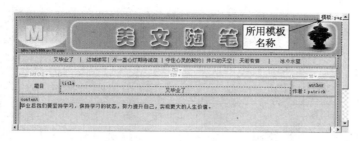

图 8-36　应用了模板的页面

（4）在应用了模板的文档的可编辑区域内编辑相关内容。

8.2.5　修改模板及更新页面

1．修改模板

步骤

（1）选择"窗口"｜"资源"选项，打开"资源"面板，单击模板按钮，显示"模板"资源。

（2）选中要修改的模板后右击，在弹出的快捷菜单中选择"编辑"选项（或双击该模板），便可打开要修改的模板。

（3）右击，在弹出的快捷菜单中选择"模板"｜"新建可编辑区域"（或"删除模板标记"）选项，以添加或删除可编辑区域。

（4）模板修改完成后，选择"文件"｜"保存"选项，保存模板。

2．更新页面

保存模板时，Dreamweaver CC 会询问是否更新所有基于此模板的网页，如图 8-37 所示。

单击"更新"按钮，弹出"更新页面"对话框，进行与模板相关联的页面的更新，如图 8-38 所示。

图 8-37　是否更新基于此模板的网页

图 8-38　"更新页面"对话框

提示

也可以选择"修改"｜"模板"｜"更新页面"选项（或单击"模板"资源窗口右上角的按钮，选择"更新站点"选项），Dreamweaver 会在该模板所在的站点中更新基于模板的所有网页文档。

经过更新过程后，整个网站中使用了该模板文件的页面都会自动更新，大大提高了网站批量创建页面和更新的效率。

8.3 使用库

库可以显示已创建的便于放在网页上的单独"资源"或"资源"副本的集合，这些资源又被称为库项目。在网页制作时可将库项目的一个副本直接插入网页，同时插入了对该库项目的引用，保证了对该库项目的修改后，引用该库项目的网页能自动更新，从而可以方便地实现整个网站各页面上与库项目相关内容的一次性更新。模板使用的是整个网页，而库文件只是网页上的局部内容。

8.3.1 创建库项目

库文件的作用是将网页中常常用到的对象转化为库文件，然后作为一个对象插入其他网页中，这样能够通过简单的插入操作创建页面内容。网页文档 body 部分中的文本、表格、表单、多媒体元素、导航栏和图像等元素都可添加为库项目。创建库项目的方式有以下两种。

1. 将选定内容创建为库项目

步骤

（1）选择"窗口"｜"资源"选项，打开"资源"面板，单击面板左侧的库按钮，打开"库"资源。

（2）在"文档"窗口中，选择文档要另存为库项目的内容。

（3）将选定内容拖到"资源"面板的"库"类别中（或单击"资源"面板的"库"类别底部的新建库项目按钮），一个库项目即可被创建，此时网页文档下方的"属性"面板也变为库项目"属性"面板，如图 8-39 所示。

图 8-39　选定内容后创建库项目

（4）为新的库项目输入一个名称。

2. 创建一个空白库项目

步骤

（1）选择"窗口"｜"资源"选项，打开"资源"面板，选择面板左侧的"库"类别。

（2）在"资源"面板中，单击"库"类别底部的新建库项目按钮。

（3）一个新的库项目被添加到面板的列表框中，如图 8-40 所示。

（4）为新的库项目输入一个名称。

（5）双击该库项目，在"文档"窗口中进行编辑。

8.3.2 插入库项目

当向页面中添加库项目时，将把实际内容以及对该库项目的引用
一起插入文档。

图 8-40　创建空白库项目

步骤

（1）将光标定位在"文档"窗口中。

（2）在"资源"面板中选择"库"类别。

（3）将一个库项目从"资源"面板拖到"文档"窗口中，或选择一个库项目，然后单击面板底部
的"插入"按钮。插入库项目后，会在"文档"窗口的下方打开库项目的"属性"面板，如图 8-41
所示。

图 8-41　插入"库项目"

使用"属性"面板可以断开文档中的项目与库之间的链接，从而使文档中的库项目可编辑。例如，
单击"从源文件中分离"按钮，可以断开文档中的项目和库之间的链接，从而使库项目可编辑。

8.3.3 修改库项目和更新站点

当修改库项目时，可以更新使用该项目的所有文档。

1．修改库项目

步骤

（1）选中页面中的库项目，如图 8-42 所示。

（2）在"属性"面板中单击"打开"按钮，如图 8-43 所示。

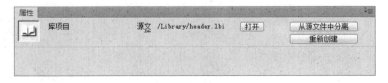

图 8-42　选中页面的库项目　　　　　　　图 8-43　库项目"属性"面板

（3）修改库项目，修改完成后保存。

（4）在随后弹出的"更新库项目"对话框中单击"更新"按钮，如图 8-44 所示。

（5）选择更新的范围，更新完成后关闭对话框，如图 8-45 所示。

图 8-44　是否更新使用该库项目的页面提示　　　　图 8-45　"更新页面"对话框

2．更新整个站点或所有使用特定库项目的文档

选择"修改"|"库"|"更新页面"选项，如图 8-46 所示。

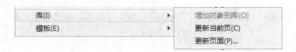

图 8-46　"更新页面"选项

3．更改当前文档以使用所有库项目的当前版本

选择"修改"|"库"|"更新当前页"选项，更新当前文档。

8.4　资源管理

在本章前面已经介绍了 Dreamweaver CC 的"资源"面板的一些用法，在网页设计中充分利用"资源"面板的功能可以统一管理整个站点的资源，避免反复查找某些网页元素，可大大提高网页设计的效率，获得事半功倍的效果。

图 8-47　"资源"面板

选择"窗口"|"资源"选项，可打开"资源"面板，如图 8-47 所示。

在该面板的左侧显示的一排按钮是"资源"面板所要管理的对象，在"资源"面板右侧窗口的具体列表中将显示选中的管理对象。设计者在对象列表框中每选取一种对象，"资源"面板预览窗口中就会自动显示该对象。

"资源"面板提供了以下两种查看资源的方式：

（1）站点列表——显示站点的所有资源，包括在该站点的所有文档中使用的颜色和 URL。

（2）收藏列表——仅显示明确选择的资源。

这两个视图不用于"模板"和"库"类别。大部分"资源"面板操作在这两个列表中的工作方式相同。但是，有几个任务只能在"收藏"列表框中执行。"资源"面板中有以下资源。

图像：GIF、JPEG 或 PNG 格式的图像文件。

颜色：文档和样式表中使用的颜色，包括文本颜色、背景颜色和链接颜色。

URL：当前站点文档中使用的外部链接，包括 FTP、gopher、HTTP、HTTPS、JavaScript、电子邮件（mailto）以及本地文件（file://）链接。

SWF：任何 Adobe Flash 版本的文件。"资源"面板中仅显示 SWF 文件（压缩的 Flash 文件），而不显示 FLA（Flash 源）文件。

影片：包括 Flash 视频和 HTML 视频等内容。

脚本：JavaScript 或 VBScript 文件。HTML 文件中的脚本（而不是独立的 JavaScript 或 VBScript 文件）不出现在"资源"面板中。

模板：多个页面上使用的主页布局。修改模板时会自动修改附加到该模板的所有页面中。

库：在多个页面中使用的设计元素。当修改一个库项目时，所有包含该项目的页面都将得到更新。

8.5 实战演练

1．实战效果

实战效果图如图 8-48 所示。

2．制作要求

（1）使用定义好的库项目来创建网页。

（2）修改库项目并更新网页。

3．操作提示

（1）新建站点"库"。将素材文件夹下 ch8 文件夹中所提供的库文件复制到 F:\中，将其设置为站点的根目录。

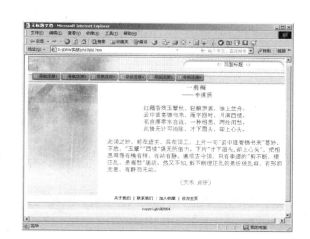

图 8-48　实战效果图

（2）新建一个页面，把该页面保存为 03.html。

（3）打开"资源"面板，单击库按钮，打开"库"面板。

（4）把库面板中的 top 库项目拖入页面，如图 8-49 所示。

（5）将光标定位在页面标题库项目的下面，插入一个 1 行 3 列的表格，在"属性"面板中把该表格的高度设置为 255，把 3 个单元格的宽度分别设置为（从左到右）145、25、570，如图 8-50 所示。

图 8-49　插入 top 库项目

图 8-50　插入表格并设置其属性

（6）从"库"面板中把 left 库项目插入最左边的单元格，并把它设为顶端对齐，如图 8-51 所示。

（7）可以在右边的单元格内输入文本，如图 8-52 所示。

（8）从"库"面板中把 bottom 库项目拖到表格的下面。

03.html*
代码
拆分
设计
实时代码
实时视图
检查
标题:
无标题文档
<> 页面标题 <>
导航连接1
导航连接2
导航连接3
导航连接4
导航连接5
导航连接6
740
145 (204)
570 (514)

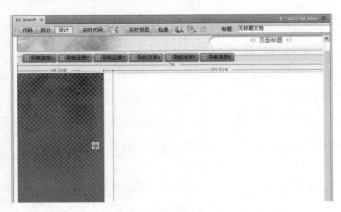

图 8-51　将 left 库项目拖入左边单元格

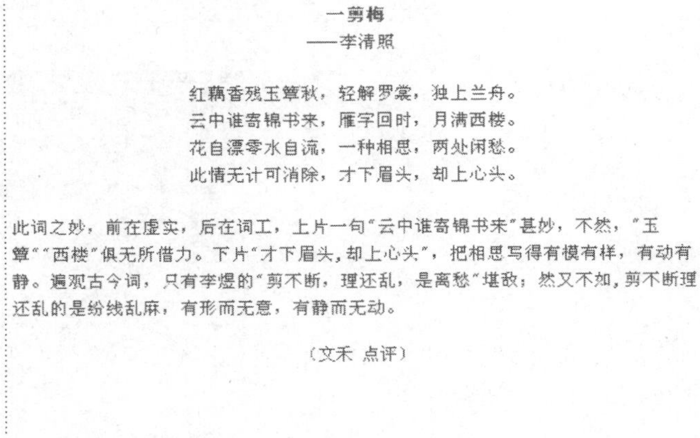

一剪梅
——李清照
红藕香残玉簟秋，轻解罗裳，独上兰舟。
云中谁寄锦书来，雁字回时，月满西楼。
花自漂零水自流，一种相思，两处闲愁。
此情无计可消除，才下眉头，却上心头。
此词之妙，前在虚实，后在词工，上片一句"云中谁寄锦书来"甚妙，不然，"玉簟""西楼"俱无所借力。下片"才下眉头，却上心头"，把相思写得有模有样，有动有静。遍观古今词，只有李煜的"剪不断，理还乱，是离愁"堪敌；然又不如，剪不断理还乱的是纷线乱麻，有形而无意，有静而无动。
（文禾 点评）

图 8-52　在右边的单元格中输入文本

（9）按【F12】键，预览页面效果。

本章小结与重点回顾

本章主要学习了模板和库项目的使用。在网页设计和制作过程中，模板和库项目是为设计出风格一致的网页而使用的一种辅助工具。其为网站的更新和维护提供了极大的便捷，仅修改网站的模板即可完成对整个网站中页面的统一修改。使用库项目可以完成对网站中多个相同模块的修改。

本章重点：

- 模板和库的创建、编辑、应用、修改。
- 站点的更新。
- 合理设置和定义模板的可编辑区域及重复区域。

第9章
插入多媒体元素

随着网络及多媒体技术的发展，当今的互联网已经是多媒体的天下，在网页中应用多媒体技术，如音频、视频、Flash 动画等，可以增强网页的表现力，使网页更加生动，激发浏览者的兴趣。

9.1 网页的动感效果设计——多媒体示例

9.1.1 案例综述

本案例主要通过在网页中插入 Flash 动画和 HTML 音视频等多媒体元素来装饰网页，使读者从中学会如何在网页中使用多媒体元素来提高网页设计的水准，使网页看上去更加生动。案例最终效果如图 9-1 所示。

图 9-1　案例最终效果

图 9-1 的显示效果是在悠扬的背景音乐声中，打开一个充满动感的页面，Banner 上有透明背景的 Flash SWF，在图片背景的映衬下显得格外炫目；页面中插入了 Flash Video，可转播网上视频，以及

通过弹出窗口播放视频广告，使整个站点充满动感，熠熠生辉。

9.1.2 案例分析

页面的制作过程如下：

（1）页面基本制作包括表格布局以及使用 CSS 格式化页面。

（2）Banner 的制作主要涉及 Flash 动画的插入以及设置其透明背景。

（3）正文区中包括插入 FLV 视频、HTML Video、HTML A 控件等多媒体元素。

9.1.3 实现步骤

1. 页面基本设置

图 9-2 "页面属性" 对话框

2. 制作 Banner

 步骤

步骤

（1）在 Dreamweaver 的 "文件" 面板中打开前面创建的 myfootball 站点，新建 dmt 文件夹，在此文件夹中新建文件 dmt.html，双击打开此页面。

（2）在编辑窗口上方的 "标题" 文本框中输入页面标题 "多媒体示例"，并在 "属性" 面板中单击 "页面属性" 按钮，弹出 "页面属性" 对话框，将左边距、上边距均设置为 0，如图 9-2 所示。

（1）插入 2×1 的表格 T1，在 "属性" 面板中设置表格的 "对齐" 方式为居中对齐，宽为 1003px，边框等项均为 0，如图 9-3 所示。

（2）将光标定位在表格第一个单元格中，插入 img\banner.jpg 图片，由于想制作在画面上有光线流动的效果，因此在此单元格中要使图片与动画叠放起来。为实现此目的，可将图片置底作为背景，在单元格中插入 Flash 动画。在 "属性" 面板中查看图片大小后，将此图片删除，将单元格高度设成与图片高度一致。在 "CSS 设计器" 面板中，为本文件新建.bj 规则。在 "属性" 面板中设置背景属性中的 background-image url: img\banner.jpg，如图 9-4 所示。

图 9-3 插入表格

图 9-4 定义单元格背景.bj 规则

（3）在单元格"属性"面板的"目标规则"下拉列表中选择.bj 样式，为第一个单元格设置背景，设置完成后的效果如图 9-5 所示。

图 9-5　单元格应用.bj 样式

（4）将光标定位在第一个单元格中，单击"插入"面板的"常用"类别中"媒体"右侧的下拉按钮 ，在弹出的下拉列表中选择"Flash SWF"选项，如图 9-6 所示。在弹出的"选择 SWF"对话框中选择素材文件夹下的 flash 文件夹中的 hengline1.swf，如图 9-7 所示。

图 9-6　插入媒体选项

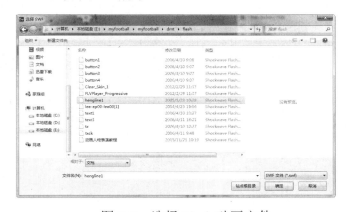

图 9-7　选择 Flash 动画文件

（5）单击"确定"按钮，选中新插入的 SWF 标记，在其"属性"面板中设置其宽为 1003px，高为 202px，Wmode 设置为"透明"，设为自动播放和循环，插入 Flash 动画后的效果如图 9-8 所示。

图 9-8　插入 Flash 动画后的效果

（6）将光标定位在第二个单元格中，设置水平对齐方式为右对齐，在"属性"面板的"目标规则"下拉列表中选择新建目标规则，在新内联规则下，将背景设置为绿色，插入导航文字"精彩回放""知识链接"，分别创建到 shipin.html 和 zslj.html 的超链接。

（7）在"CSS 设计器"面板的"源"窗格中新建 style.css 样式表文件，创建超链接文字样式如图 9-9 所示。

```
a:link { text-decoration: none ; color: yellow }         //正常链接文字显示黄色
a:active { text-decoration: none ; color: red }          //单击的瞬间链接显示红色
a:visited { text-decoration: none ; color: yellow }      //已经访问过的链接显示黄色
a:hover { text-decoration: none ; color: green}          //表示鼠标移动到链接文字上时，文
字修饰风格为"无"，同时链接文字显示绿色
```

图 9-9　设置链接样式

（8）设置完成后的导航栏效果如图 9-10 所示。

图 9-10　插入 Flash 导航后的效果

3．制作正文区

1）基本制作

步骤

（1）在表格 T1 下方单击，再插入 2×1 的表格 T2，宽为 1003px，边框等项均设置为 0，如图 9-11 所示。将表格"属性"面板的表格对齐方式设为居中对齐。

图 9-11　插入表格 T2

（2）打开素材文件夹 ch9 下的"正文文本.txt"文件，将标题文字粘贴到第一个单元格中，将正文文本粘贴到第二个单元格中，如图 9-12 所示。

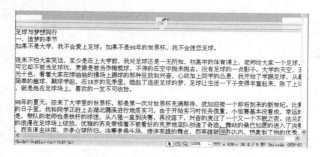

图 9-12　粘贴正文文本

（3）在单元格"属性"面板中，选择"目标规则"下拉列表中的 body td 样式，在"CSS 设计器"面板的"属性"窗格中设置 line-height 为 24px，如图 9-13 所示。选中文档标题文字，新建规则.bt，在"属性"窗格中设置文字大小 font-size 为 18px，设置字体粗细 font-weight 为 bold，颜色 color 为#CC33CC，如图 9-14 所示。

图 9-13　body td 的样式定义　　　　　　　　图 9-14　.bt 样式定义

（4）在标题单元格"属性"面板中设水平对齐方式为居中对齐。在"属性"面板的"目标规则"下拉列表中选择.bt，应用标题样式。设置完成后的效果如图 9-15 所示。

（5）在"CSS 设计器"面板中新建规则.line，在"属性"窗格中设置边框属性，边框颜色 border-color 为#CC00CC，边框粗细 border-width 为 1px，边框样式 border-style 为 solid（实线），如图 9-16 所示。

图 9-15　标题文字应用 CSS 样式的效果　　　　图 9-16　属性设置

（6）选中表格 T2，在其"属性"面板的"类"下拉列表中选择.line。应用.line 样式后的效果如图 9-17 所示。

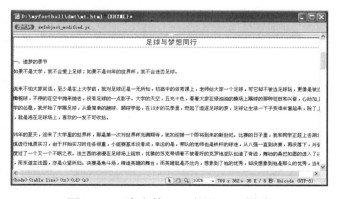

图 9-17　给表格 T2 应用.line 样式

165

2）插入视频

步骤

（1）选择"插入"|"媒体"|"Flash Video"选项，如图 9-18 所示。或在"插入"面板"常用"类别的"媒体"下拉列表中选择"Flash Video"选项。

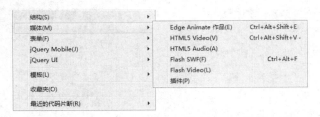

图 9-18　插入 Flash Video

（2）弹出"插入 FLV"对话框，在"视频类型"下拉列表中选择"累进式下载视频"选项，如图 9-19 所示。单击"URL"右侧的"浏览"按钮，在"选择文件"对话框中选择视频文件。

（3）单击"检测大小"按钮，系统将测得 FLV 文件的实际大小，自动填入宽度和高度。

（4）单击"确定"按钮后，在文档编辑窗口中出现 FLV 标记，如图 9-20 所示。在 FLV 标记上右击，在弹出的快捷菜单中选择"对齐"|"左对齐"选项，设置与文字间的环绕关系，按【F12】键预览网页时可看到视频效果。

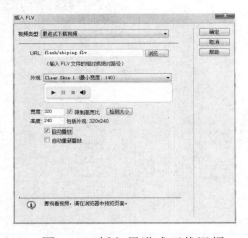

图 9-19　插入累进式下载视频

图 9-20　FLV 标记

3）制作广告页面

步骤

（1）新建网页文档 gg.html，设置页面属性左边距、上边距均为 0，设置标题为"潘婷——因你而精彩"。

（2）在"插入"面板中选择"媒体"类别，选择"HTML Video"选项，在页面中插入 HTML 视频。HTML 视频是 HTML 5 中的一种新的视频格式，它能在很多浏览器上播放，而不需要安装任何插件，已被越来越多的浏览器所支持。

（3）在其"属性"面板中设置源为 HTML 视频可用类型文件，如 Ogv、MP4、WebM 等，如图 9-21 所示。这里可将不同文件类型的视频文件设置为源、Alt 源 1、Alt 源 2，这样可以在用户浏览器不支持某种类型时转而播放其他类型文件。在"Flash 回退"文本框中选择相应的 Flash SWF，以保证在不支持 HTML5 的浏览器上播放 Flash 动画。

图 9-21　设置 HTML 视频的属性

 提示

在网上有很多转换格式的小软件，可将视频素材转换为所需格式。HTML Video 支持的视频格式有以下三种。

Ogv：带有 Theora 视频编码和 Vorbis 音频编码的 Ogg 文件。

MP4：带有 H.264 视频编码和 AAC 音频编码的 MPEG 4 文件。

WebM：带有 VP8 视频编码和 Vorbis 音频编码的 WebM 文件。

（4）保存该文件。回到 dmt.html 页面，切换到"代码"视图，在<head></head>之间插入弹出窗口的代码，代码如下。

```
<script language="javascript">
<!--
window.open("gg.html",'newwindow','height=240,width=320,top=0,
left=0,toolbar=no,scrollbars=no,resizable=no,location=no,status=no')
//写在一行
-->
</script>
```

4）插入背景音乐

在网页中插入音频时，可使用插件和 HTML 音频方式，若作为背景音乐则需将这些组件放在 Div 容器中，并将该 Div 设置为隐藏即可。

步骤

（1）将光标定位在文档中的任何位置，单击"插入"面板"常用"类别中的 Div 图标，在页面中插入 Div，删除其中的提示文字，将插入点定位在其中要插入音频的位置。

（2）选择"插入"｜"媒体"｜"插件"（或 HTML Audio）选项，或在"插入"面板的"媒体"类别中选择"插件"（或 HTML Audio）选项。

（3）插入插件时需先选择音频文件，然后单击"确定"按钮；而 HTML Audio 则是插入后再在"属性"面板中设置源文件，由于在支持 HTML 5 的所有浏览器中仅存在几种支持的格式，因此要赢得最大范围的受众，可以使用"源""Alt 源 1""Alt 源 2"指定要尝试的多种文件格式。它支持 Ogg、MPG、MP3 等格式，如图 9-22 所示。

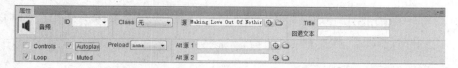

图 9-22　设置 HTML 音频属性

 提示

插入插件可将声音直接集成到页面中，但只有访问者浏览器具有所选声音文件的适当插件后，声音才可以被播放。通过在"属性"面板的宽度和高度中输入数值，或者在"文档"窗口中调整插件占位符的大小，可确定音频控件在浏览器中以多大的尺寸显示。如图 9-23 所示为播放器预览效果。而若插入的是 HTML 音频，则可以直接播放，如图 9-24 所示。

图 9-23　在浏览器中预览音频插件

图 9-24　在浏览器中预览 HTML 音频

图 9-25　设置#yy 样式

（4）选中作为音频容器的 Div，在"CSS 设计器"面板中创建#yy 样式，在"属性"窗格中设置 visibility 为 hidden，如图 9-25 所示。

 提示

添加背景音乐的方法有多种，还可以代码方式添加：进入"代码"视图，在 <body></body> 之间，输入代码 <bgsound src="音频文件的路径" loop="-1">，loop 的值为-1 时，背景音乐可自动播放，如<bgsound src="sjb.mp3" loop="-1">。

4．制作页脚部分

在表格 T2 的后面再插入 1 行 1 列的表格 T3，宽度同前，设置表格对齐方式为居中对齐，设置背景色为绿色，在单元格中输入版权信息等内容，将文字设置为黄色。选中网址文字，设置超链接，如图 9-26 所示。

图 9-26　版权信息内容

9.2　应用多媒体元素

在网页中适当地添加一些多媒体元素，可以给浏览者的听觉或视觉带来强烈的震撼，从而能够给浏览者留下深刻的印象。在网页中可以插入的多媒体元素有很多种，如网页中的视频、音频等。Dreamweaver CC 支持 HTML 5，加入了 HTML 音视频元素，使网页的音视频播放更加流畅，也适用于不同的浏览器和媒体。

在 Dreamweaver CC 中，选择"插入"｜"媒体"选项，或在"插入"面板的"媒体"类型中看到能使用的六个多媒体组件，如图 9-27 所示，利用它们便可在网页中方便地插入音视频文件。

图 9-27　"媒体"菜单及"媒体"面板

9.2.1　插入 Edge Animate 作品

在苹果的 iOS 平台取消 Flash 功能之后，HTML 5 的标准化和优异特性自然而然地成为众多 UI 爱好者的选择。于是，Adobe 公司开发了 HTML 5 可视化开发动画编辑软件——Adobe Edge Animate，允许设计师通过 HTML 5、CSS 和 JavaScript 制作网页动画。其生成的基于 HTML 5 的互动媒体能更方便地通过互联网传输，特别是兼容移动互联网。

（1）发布 Edge 作品为 OAM 格式发布包的方法如下：

① 在 Edge Animate CC 界面中选择"File-Publish Setting"选项。

② 在 Publish Settings 界面中选中"Animate Deployment Package"复选框，单击"Publish"按钮，如图 9-28 所示。

发布的 OAM 格式文件在当前目录的 publishanimate_package 中。

（2）在 Dreamweaver 中插入 Adobe Edge Animate 排版（OAM 文件）。

Dreamweaver CC 支持使用 Edge Animate 作品，可选择"插入"｜"媒体"｜"Edge Animate 作品"选项，在弹出的对话框中指定要插入的 Edge Animate 作品的名称，单击"确定"按钮，可以将 Adobe Edge Animate 排版（OAM 文件）导入 Dreamweaver，如图 9-29 所示。

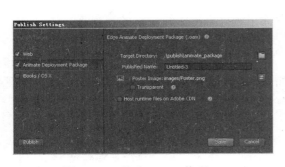 

图 9-28　发布 Edge 作品　　　　　　　　图 9-29　插入 Edge 作品

Dreamweaver 将导入的 OAM 文件的内容提取到名为"assets"的文件夹中。可以在"站点设置对象"对话框中更改默认位置。作品文件会自动生成到 HTML 文件的同级目录中。

9.2.2 插入 HTML 5 视频

很多平时喜欢上网、看视频、玩游戏的朋友经常反映网上好多视频和游戏需要安装 Flash 插件，并且速度也跟不上！HTML 5 的出现解决了这一难题。HTML 5 提供了音视频的标准接口，它无须任何插件支持，只需浏览器支持相应的 HTML 5 标签即可。

Dreamweaver CC 可以在网页中插入 HTML 5 视频。HTML 5 视频元素提供了一种将电影或视频嵌入网页的标准方式。

插入 HTML 5 Video 的方法如下：

（1）确保光标位于要插入视频的位置。

（2）在"插入"面板的"媒体"类别中选择"HTML 5 Video"选项，即可在页面中插入 HTML 5 Video 占位符。

（3）选中其占位符，在下面的"属性"面板中设置其相关属性，如图 9-30 所示。

图 9-30　HTML 5 Video 属性的设置

其代码如下。

```
<video src="movie.ogg" width="320" height="240" controls="controls">
您的浏览器不支持video标签
</video>
```

- 标题（Title）：为视频指定标题。
- 宽度（W）：输入视频的宽度（像素）。
- 高度（H）：输入视频的高度（像素）。
- 控件（Controls）：选择是否要在 HTML 页面中显示视频控件，如播放、暂停和静音。
- 自动播放（AutoPlay）：选择是否希望视频一旦在网页上加载就开始播放。
- 海报（Poster）：输入要在视频完成下载后或用户单击"播放"按钮后显示的图像的位置。当插入图像时，宽度和高度值是自动填充的。
- 循环（Loop）：如果希望视频连续播放，直到用户停止播放影片，则应选择此选项。
- 静音（Muted）：设置视频的音频部分静音。
- "源"/"Alt 源 1"/"Alt 源 2"：在"源"中，输入视频文件的位置，或者单击文件夹图标以从本地文件系统中选择视频文件。对视频格式的支持在不同浏览器中有所不同。如果源中的视频格式在浏览器中不被支持，则会使用"Alt 源 1"或"Alt 源 2"中指定的视频格式。浏览器选择第一个可识别格式来显示视频。
- Flash 回退：对于不支持 HTML 5 视频的浏览器应选择 SWF 文件。
- 回退文本：提供浏览器不支持 HTML 5 时显示的文本。
- 预加载（Preload）：指定关于在页面加载时视频应当如何加载的作者首选。选择"自动"会在页面加载时加载整个视频，选择"元数据"会在页面加载完成之后仅加载元数据。

浏览器对视频格式的支持情况如表 9-1 所示。

表 9-1　浏览器支持的视频格式

浏览器	版本	支持格式
Internet Explorer	9.0+	MP4
Firefox	3.6+	WebM、Ogg
Chrome	6.0+	MP4、 WebM、Ogg
Safari	3.0+	MP4

9.2.3　插入 HTML 5 音频

HTML 5 音频元素提供了一种将音频内容嵌入网页的标准方式。插入 HTML 5 Audio 的方法如下。

（1）确保光标位于要插入音频的位置。

（2）选择"插入"｜"媒体"｜"HTML Audio"选项，音频文件将会插入指定位置。

（3）音频"属性"面板如图 9-31 所示，可以输入以下信息。

图 9-31　HTML 5 音频属性设置

- "源"/"Alt 源 1"/"Alt 源 2"：在"源"中，输入音频文件的位置，或者单击文件夹图标以从本地文件系统中选择音频文件。对音频格式的支持在不同浏览器上有所不同。如果源中的音频格式不被支持，则会使用"Alt 源 1"或"Alt 源 2"中指定的格式。浏览器可选择第一个可识别格式来显示音频。
- 标题：为音频文件输入标题。
- 回退文本：输入要在不支持 HTML 5 的浏览器中显示的文本。
- 控件：选择是否要在 HTML 页面中显示音频控件，如播放、暂停和静音。
- 自动播放：如果希望音频一旦在网页上加载就开始播放，则选择该选项。
- 循环音频：如果希望音频连续播放，直到用户停止播放它，则选择此选项。
- 静音：如果希望在加载之后将音频静音，则选择此选项。
- 预加载：选择"自动"会在页面加载时加载整个音频文件，选择"元数据"会在页面加载完成之后仅加载元数据。

9.2.4　插入 Flash 动画

Flash 是网上流行的矢量动画技术，很多站点采用了 Flash 技术，使网页更加吸引人，如使用 Flash 制作的导航栏、按钮。Flash 动画中的元素都是矢量的，可以随意放大而不降低画面质量。此外，Flash 动画文件较小，适合在网络上使用。Flash 动画的扩展名为.swf。

1．插入 Flash 动画

（1）将光标定位在要插入 Flash 动画的位置。

（2）选择 Dreamweaver 主菜单中的"插入"｜"媒体"｜"Flash SWF"选项，如图 9-32 所示。或在"插入"面板"常规"类别的"媒体"下拉列表中选择"Flash SWF"选项，如图 9-33 所示。

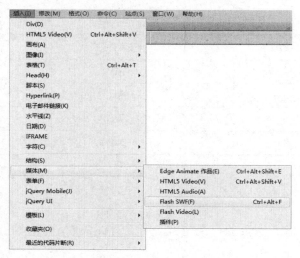

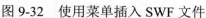
图 9-32　使用菜单插入 SWF 文件　　　　　图 9-33　使用插入栏插入 SWF 文件

（3）如此时网页未保存，则提示"在插入 SWF 之前，需要先保存该文件，是否要立即保存"，单击"确定"按钮后，弹出"选择文件"对话框，选择要插入的 Flash 动画文件，单击"确定"按钮。

（4）为了确保插入的 Flash 动画文件能够顺利播放，Dreamweaver CC 会提示将文件存入站点的根目录，如图 9-34 所示。单击"是"按钮后，Flash 动画占位符将显示在"文档"窗口中，如图 9-35 所示。

图 9-34　保存 SWF 文件到站点根目录中　　　　图 9-35　Flash 动画占位符

 提示

SWF 文件占位符有一个选项卡式蓝色外框，此选项卡指示资源的类型（SWF 文件）和 SWF 文件的 ID。此选项卡还显示一个眼睛图标，此图标可用于在 SWF 文件和用户没有使用正确的 Flash Player 版本时看到的下载信息之间进行切换。

2. 编辑 Flash Player 下载信息

在页面中插入 SWF 文件时，Dreamweaver 会插入检测用户是否拥有正确的 Flash Player 版本的代码。如果没有，则页面会显示默认的替代内容，提示用户下载最新版本。在制作网页时应编辑好相应的替代内容（此过程也适用于 FLV 文件）。

 提示

如果用户没有所需版本，但拥有 Flash Player 6.0 r65 或更高版本，则浏览器会显示 Flash Player 快速安装程序。如果用户拒绝快速安装，则页面会显示替代内容。

编辑 Flash Player 下载信息的操作步骤如下。

步骤

（1）在"文档"窗口的"设计"视图中选择 SWF 文件或 FLV 文件。

（2）单击 SWF 文件或 FLV 文件的选项卡中的眼睛图标，切换到替代内容编辑视图；也可按【Ctrl+】组合键或【Ctrl+[】组合键来切换几个内容视图，如图 9-36 所示。

图 9-36　编辑 Flash Player 下载信息

（3）使用和在 Dreamweaver 中编辑其他内容一样的方式编辑内容，但不能将 SWF 文件或 FLV 文件添加为替代内容。

（4）再次单击眼睛图标以返回 SWF（或 FLV）文件视图。

3．设置 SWF 文件属性

单击 SWF 文件占位符将其选中，在"属性"面板中将显示该 SWF 的相关属性，如图 9-37 所示。

图 9-37　SWF 的"属性"面板

在设置 SWF 文件的属性时可进行如下设置：

（1）"SWF"——指定 Flash 动画的名称。

（2）"宽""高"——指定 Flash 动画被装入浏览器时的宽度或高度。

（3）"文件"——指定 Flash 动画文件的路径。

（4）"循环"——选中此复选框，将自动循环播放 Flash 动画。

（5）"自动播放"——选中此复选框，将自动播放 Flash 动画。

（6）"垂直边距""水平边距"——设置 Flash 动画的垂直边距、水平边距。

（7）"品质"——设置 Flash 动画播放的效果。

（8）"比例"——设置 Flash 动画文件的比例。

（9）"背景颜色"——指定影片区域的背景颜色。在不播放影片时（在加载时和在播放后）也显示此颜色。

（10）"对齐"——确定 Flash 动画与页面的对齐方式。

（11）"Wmode"——为 SWF 文件设置 Wmode 参数。

● 默认值是不透明的，这样，在浏览器中 DHTML 元素就可以显示在 SWF 文件的上面。

● 如果 SWF 文件包括透明度，并且希望 DHTML 元素显示在它们的后面，则可选择"透明"选项。

● 选择"窗口"选项可从代码中删除 Wmode 参数并允许 SWF 文件显示在其他 DHTML 元素的上面。

（12）"类"—— 可用于对影片应用 CSS 类。

（13）"播放"按钮——在"文档"窗口中查看 Flash 动画播放时的效果。

（14）"参数"按钮——单击此按钮可弹出"参数"对话框，在其中输入传递给影片的附加参数。影片必须已设计好，可以接收这些附加参数。

9.2.5 插入 Flash 视频

Flash 视频是一种新的流媒体视频格式，其文件扩展名为.flv。Flash 视频文件极小，加载速度极快，它的出现有效地解决了视频文件导入 Flash 后，导出的 SWF 文件体积过大，不能在网络上很好地使用等问题。网站浏览者只要能观看 Flash 动画，就能观看 FLV 格式视频，而无须额外安装其他视频插件，使得网络观看视频文件更加方便易行。

可以使用 Dreamweaver 在页面中插入 Flash 视频内容。在开始之前，必须有一个经过编码的 Flash 视频（FLV）文件，才能在 Dreamweaver 中使用它，可以插入使用两种编解码器（压缩/解压缩技术）创建的视频文件 Sorenson Squeeze 和 On2。

步骤

（1）选择"插入"|"媒体"|"Flash Video"选项，如图 9-38 所示。或在"插入"面板的"常用"类别的"媒体"下拉列表中选择"Flash Video"选项，如图 9-39 所示。

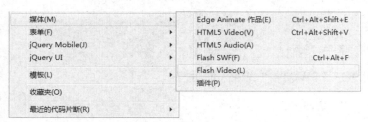
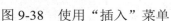

图 9-38　使用"插入"菜单　　　　　　　　图 9-39　使用"插入"面板

（2）弹出"插入 FLV"对话框，在"视频类型"下拉列表中选择"累进式下载视频"或"流视频"选项，如图 9-40 所示。

图 9-40　"插入 FLV"对话框

● "累进式下载视频"——将 FLV 文件下载到站点访问者的硬盘上并播放。但是，与传统的"下载并播放"视频传送方法不同，累进式下载允许在下载完成之前就开始播放视频文件。在此可完成以下设置。

"URL" ——指定 FLV 文件的相对路径或绝对路径。

"外观" ——指定视频组件的外观。所选外观的预览会显示在"外观"下拉列表的下方。

"宽度""高度" ——以像素为单位指定 FLV 文件的宽度或高度。若要让 Dreamweaver 确定 FLV 文件的准确宽度或高度，则可单击"检测大小"按钮。如果 Dreamweaver 无法确定宽度，则必须输入宽度或高度值。

"包括外观" ——FLV 文件的宽度、高度与所选外观的宽度、高度的和。

"限制高宽比" ——保持视频组件的宽度和高度之间的比例不变。默认情况下会选中此复选框。

"自动播放" ——指定在 Web 页面打开时是否播放视频。

"自动重新播放" ——指定播放控件在视频播放完之后是否返回起始位置。

● **"流视频"** ——对视频内容进行流式处理，并在一段可确保流畅播放的很短的缓冲时间后在网页上播放该内容。

"服务器 URL" ——指定服务器名称、应用程序名称和实例名称。

"流名称" ——指定想要播放的 FLV 文件的名称（如 myviedo.flv）。扩展名.flv 是可选的。

"外观" ——指定视频组件的外观。所选外观的预览会显示在"外观"下拉列表的下方。

"宽度""高度" ——以像素为单位指定 FLV 文件的宽度或高度。若要让 Dreamweaver 确定 FLV 文件的准确宽度或高度，则可单击"检测大小"按钮。如果 Dreamweaver 无法确定宽度或高度，则必须输入宽度或高度值。

"包括外观" ——FLV 文件的宽度、高度与所选外观的宽度、高度的和。

"限制高宽比" ——保持视频组件的宽度和高度之间的比例不变。默认情况下会选中此复选框。

"实时视频输入" ——指定视频内容是否是实时的。如果选中了"实时视频输入"复选框，则 Flash Player 将播放从 Flash Media Server 流入的实时视频流。实时视频输入的名称是在"流名称"文本框中指定的名称。

注意： 如果选中了"实时视频输入"复选框，则组件的外观上只会显示音量控件，因为无法操纵实时视频。此外，"自动播放"和"自动重新播放"复选框也不起作用。

"自动播放" ——指定在 Web 页面打开时是否播放视频。

"自动重新播放" ——指定播放控件在视频播放完之后是否返回起始位置。

"缓冲时间" ——指定在视频开始播放之前进行缓冲处理所需的时间（以秒为单位）。默认的缓冲时间设置为 0，这样在单击"播放"按钮后视频会立即开始播放。

（3）单击"确定"按钮，关闭对话框，并将 FLV 文件添加到网页上，可在页面上看到插入的 Flash 视频，如图 9-41 所示。预览时的效果如图 9-42 所示。

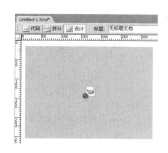 

图 9-41　在页面中插入 FLV 文件　　　图 9-42　在浏览器中预览 FLV 文件

在页面中插入 FLV 文件时，Dreamweaver 会插入检测用户浏览器是否拥有正确的 Flash Player 版本的代码。如果没有，则页面会显示默认的替代内容，提示用户下载最新版本。可以随时更改此替代内容，方法同 SWF。

9.2.6 插入插件

插件是一种计算机程序，通过和应用程序（如网页浏览器、电子邮件服务器）的互动，用来为应用程序增加一些所需要的特定功能。最常见的有游戏、网页浏览器的插件和媒体播放器的插件。可以创建用于浏览器插件的 QuickTime 影片等内容，然后使用 Dreamweaver 将该内容插入 HTML 文档中，典型的插件包括 RealPlayer 和 QuickTime。此外，一些内容文件也包括 MP3 和 QuickTime 影片。

插入插件的具体操作步骤如下。

步骤

（1）在"文档"窗口中，将插入点定位在要插入媒体对象的位置。

（2）选择"插入"｜"媒体"｜"插件"选项，或在"插入"面板的"常用"类别中单击"插件"按钮 ✚ 插件。

（3）弹出"选择文件"对话框，选择文件后单击"确定"按钮，可在页面中看到插入的插件，如图 9-43 所示。

（4）选中此插件，在其"属性"面板中设置其相关属性，如图 9-44 所示。

图 9-43　插入插件

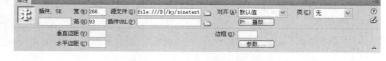

图 9-44　插件"属性"面板

- "插件"——指定媒体对象的名称，以便在脚本中可以识别。
- "宽""高"——在文本框中分别设置媒体对象的宽度和高度。
- "源文件"——指定媒体对象文件的路径。
- "插件 URL"——指定 pluginspace 属性的 URL。输入站点的完整 URL，用户可通过此 URL 下载插件。如果浏览页面的用户没有插件，则浏览器将尝试从此 URL 下载插件。
- "对齐"——确定媒体对象与页面的对齐方式。
- "垂直边距""水平边距"——在媒体对象的四周添加以像素为单位的空间。
- "边框"——指定环绕插件四周的边框的宽度。
- "播放"——单击该按钮，可以观察到 Shockwave 电影的播放效果。
- "参数"——单击该按钮，在弹出的对话框中可输入其他参数以传递给电影。

9.3　实战演练

1. 实战效果

通过在网页中插入 Flash 文件和 HTML 音视频来完善网页，使网页具有动感效果。实战效果如图 9-45 所示。

图 9-45　实战效果

2．实战要求

（1）添加 Flash 动画。

（2）添加 HTML 视频。

（3）添加背景音乐。

3．操作提示

1）准备页面

步骤

（1）从素材中的 ch9 文件夹下复制全部内容到本地计算机的 dmt 文件夹中。

（2）启动 Dreamweaver CC，打开 dmt 文件夹中的网页文件 index1.html。

2）插入 Flash

步骤

（1）将光标定位在表格第 2 行的左侧单元格内，在"插入"面板的"媒体"类别中选择"Flash SWF"选项。

（2）在弹出的对话框中选择 images 文件夹中的文件 leftmenu.swf，单击"确定"按钮，效果如图 9-46 所示。

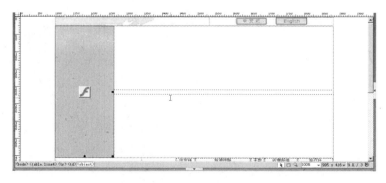

图 9-46　插入 leftmenu.swf 后的效果

（3）用同样的方法，在右侧单元格中插入 Flash 文件 photo.swf，效果如图 9-47 所示。

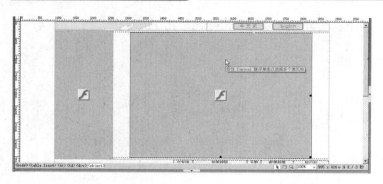

图 9-47　插入 photo.swf 后的效果

3）插入 HTML 视频

步骤

（1）将光标定位在左侧单元格中，插入 HTML Video，如图 9-48 所示。

（2）在"属性"面板中设置"源"为 images/fg.mp4。设置宽为 398，高为 290，在"源"、"Alt 源 1"、"Alt 源 2"以及"Flash 回退"文本框中设置视频的不同格式，如图 9-49 所示。

图 9-48　将光标定位在单元格内

图 9-49　设置多个源文件

（3）保存该页面，在不同的浏览器中查看效果。

本章小结与重点回顾

本章详细介绍了如何使用音频、视频、插件等多媒体元素来美化网页，又介绍了各多媒体元素的插入及设置方法，还介绍了第三方插件的安装和使用，帮助读者了解如何扩展 Dreamweaver CC 的功能。

本章重点：

如何在网页中插入音频、视频（SWF、FLV）、HTML 音频、HTML 视频及插件，并进行相关选项的设置。

第10章

行　为

如果想使网页更"聪明"，就要使用行为来感知外界的信息并做出相应的响应。这些外界信息包括鼠标的活动，如页面的调用与关闭、鼠标移动到页面元素上选中元素或移开元素，以及焦点的改变和键盘的情况等各种变化，对不同的页面内容有不同的事件。

10.1　使用"行为"为网站增加交互

10.1.1　案例综述

本案例将在原有页面的基础上，添加 Dreamweaver CC 所提供的行为，当访问者浏览网页时，会同时弹出"欢迎"对话框和另一个通知窗口，并在状态栏中显示文字"欢迎进入本站！"。另外，还可以利用行为使页面中的图片被拖动，单击则转换图片，使原本较为呆板的页面更加生动、丰富。通过案例的讲解，主要使读者了解并掌握行为的使用方法。本案例最终效果如图 10-1 所示。

图 10-1　案例最终效果

10.1.2 案例分析

行为的关键在于 Dreamweaver CC 中提供了很多动作，其实就是标准的 JavaScript 程序，每个动作都可以完成特定的任务。如果用户所需要的功能在这些动作中，就不需要自己编写 JavaScript 程序了。

添加行为时要分以下三个步骤进行：

（1）选择对象。

（2）添加动作。

（3）调整事件。

10.1.3 实现步骤

1．准备页面

步骤

（1）从素材文件夹中复制全部内容到本地计算机的 xw 文件夹中。

（2）启动 Dreamweaver CC，并将 xw 文件夹设置为站点根文件夹。打开 xw 文件夹中的网页文件 index.html。

图 10-2　选中<body>标签

2．设置"弹出信息"

步骤

（1）在标签栏中选中<body>标签，如图 10-2 所示。

（2）选择"窗口"｜"行为"选项，打开"行为"面板。

（3）单击"行为"面板中的"添加行为"按钮，选择"弹出信息"选项，如图 10-3 所示。

（4）弹出"弹出信息"对话框，在"消息"文本框中输入文本"欢迎光临本站！！希望您一直关注我们，谢谢！"，如图 10-4 所示。

图 10-3　选择"弹出信息"选项

图 10-4　输入"弹出信息"文本

（5）单击"确定"按钮，在"行为"面板中显示了"弹出信息"项。单击左侧的下拉列表按钮，弹出选项下拉列表，在其中选择"onLoad"选项，表示载入当前网页时弹出信息框，完成后"行为"面板如图 10-5 所示。

3．打开浏览器窗口

在打开网站首页的同时，会打开一个小型的浏览器窗口，在窗口中显示另外一个页面的内容，如通知或广告，这种效果常用于各大门户网站。

步骤

（1）新建一个 HTML 网页，在 HTML 文档左上角插入一个 1×1 的表格，宽为 200，高为 300，并输入通知文字，将文件保存为 tz.html，如图 10-6 所示。

图 10-5　"行为"面板

（2）打开主窗口页面 index.html 的编辑窗口。

（3）在标签栏选中<body>标签，作为对象。

（4）单击"行为"面板中的"添加行为"按钮 ±|，弹出"行为"菜单，选择"打开浏览器窗口"选项，在弹出的如图 10-7 所示的"打开浏览器窗口"对话框中进行设置。

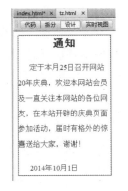

图 10-6　新建弹出页面　　　　　图 10-7　"打开浏览器窗口"对话框

（5）单击"浏览"按钮，选择前面制作好的弹出窗口的页面 tz.html，设置窗口宽度、窗口高度，选择是否在弹出窗口中显示导航工具栏、地址工具栏、状态栏、菜单条。另外，需要时可显示滚动条，指定如果内容超出可视区域应该显示滚动条。调整大小手柄使用户能够调整窗口的大小。窗口名称是新窗口的名称。

（6）在"行为"面板中调整事件为 onLoad。

4．设置状态栏文本

步骤

（1）在"行为"面板中单击"添加行为"按钮 ±|，弹出"行为"菜单，选择"设置文本"|"设置状态栏文本"选项，如图 10-8 所示。

（2）单击"确定"按钮，弹出"设置状态栏文本"对话框，在对话框的"消息"文本框中写入"欢迎光临本站!!"，如图 10-9 所示。在"行为"面板中设置事件为 onLoad。

5．设置文本域文本

步骤

（1）选中网页的表单中"用户名"后面所对应的"文本域"，在"行为"面板中单击"添加行为"

按钮 ⬆，在弹出的"行为"菜单中选择"设置文本"|"设置文本域文字"选项。

图 10-8　"设置状态栏文本"选项

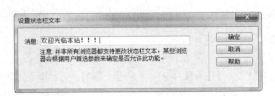

图 10-9　"设置状态栏文本"对话框

图 10-10　"设置文本域文字"对话框

（2）弹出"设置文本域文字"对话框，在"文本域"下拉列表中选择"input 'textfield'"（用户名后面所对应的"文本域"名称），在"新建文本"文本框中输入文本"请输入用户名"，如图 10-10 所示。

（3）单击"确定"按钮，在"行为"面板中设置事件为 onMouseOver，即当光标移到该文本域上时，显示提示文字"请输入用户名"。按【F12】键预览其效果。

6．创建图像交换功能

交换图像行为的功能是将一幅图像和另一幅图像进行交换，当用户将光标定位在页面图像上方的时候，该图像会换成另一幅图像。

🐬　**步骤**

（1）选择广告空间中的图像，在"属性"面板最左侧的文本框中为该图像输入一个名称 img1，单击"行为"面板中的"添加行为"按钮 ⬆，在弹出的"行为"菜单中选择"交换图像"选项。

（2）弹出"交换图像"对话框，在"图像"列表框中选择当前图像，单击"设定原始档为"右侧的"浏览"按钮，找到 images 文件夹中的图像，如图 10-11 所示，单击"确定"按钮。

（3）单击"确定"按钮，此时回到"行为"面板，将会看到添加了一个"恢复交换图像"动作项，可以看出，两者是成对出现的。

（4）设置相应的事件，这里设置"交换图像"的事件为 onMouseOver，"恢复交换图像"的事件为 onMouseOut，如图 10-12 所示。

图 10-11　"交换图像"对话框

图 10-12　添加交换图像的"行为"面板

7. 显示或隐藏元素

制作当用户将鼠标指针移到 Flash 动画上时，可以显示一个 Div 元素，在此元素中给出公司简介等详细信息；当鼠标指针移出动画时，Div 内容隐藏。此效果通过设置元素的"显示-隐藏元素"行为来实现。

🐬 步骤

（1）将光标定位到 Flash 动画的单元格中，单击"插入"面板"常用"类别中的"Div"按钮，在页面中插入 Div 元素，ID 为 add，在其中输入公司简介相关内容。

（2）在"CSS 选择器"面板的"源"窗格中选择"在页面中定义"选项，在"选择器"窗格中单击"+"按钮，定义#add 的样式。

（3）设置 Div 的宽为 120，高为 100，边框为 1px，绝对定位。

（4）拖动 Div 到合适位置，在其"属性"面板中设置可见性为隐藏。

（5）选择 Flash 动画，然后从"行为"面板的"行为"菜单中选择"显示-隐藏元素"选项。

（6）弹出"显示-隐藏元素"对话框，如图 10-13 所示。从"元素"列表框中选择要显示或隐藏的元素，然后单击"显示""隐藏""默认"（恢复默认可见性）等按钮即可。

（7）单击"确定"按钮后，可看到"行为"面板中新添加的"显示-隐藏元素"行为，在"事件"中选择"onMouseOver"，设置当光标移入动画时显示 Div 元素#add。

图 10-13　设置当光标指向动画时 Div 的显示情况

（8）再次为动画添加"显示-隐藏元素"行为，设置当光标移出动画时隐藏 Div 元素#add。

10.2　行为概述

1. 认识行为

行为是指在网页中进行一系列的动作，通过这些动作，可以实现用户同网页的交互，也可以通过动作使某个任务被执行。行为是由对象、事件和动作构成的。

1）对象

对象是产生行为的主体。网页中的很多元素都可以成为对象，如网页中的一张图片、一段文字等，也可以是整个网页文档。

2）事件

事件是由用户或浏览器触发的。事件经常是针对页面元素的，如鼠标经过、鼠标单击、键盘某个键按下等。

3）动作

动作通常是一段 JavaScript 代码，用于完成某些特殊的任务。例如，打开一个窗口时自动播放声音，打开信息窗口等。

4）行为

事件和动作组合起来就构成了行为。事件是产生行为的条件，动作是行为的具体结果。

在将行为附加到某个页面元素之后，每当该元素的某个事件发生时，行为即会调用与这一事件关联的动作（JavaScript 代码）。例如，如果将"弹出消息"动作附加到一个链接上，并指定它将由onMouseOver 事件触发，则只要将鼠标指针放在该链接上，就会弹出消息。

2."行为"面板

在 Dreamweaver CC 中，对行为的添加和控制主要通过"行为"面板来实现。选择"窗口"|"行为"选项，打开"行为"面板，如图 10-14 所示。

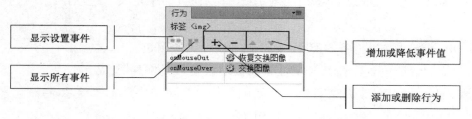

图 10-14 　"行为"面板

面板上分别有六个按钮，它们是"显示设置事件"按钮、"显示所有事件"按钮、"添加行为"按钮、"删除行为"按钮、"增加事件值"按钮和"降低事件值"按钮，其主要作用介绍如下。

"显示设置事件"按钮 ——仅显示附加到当前文档的那些事件。"显示设置事件"是默认的视图，如图 10-15 所示，它是一个网页已添加行为时"行为"面板的显示效果。

"显示所有事件"按钮 ——按字母升序显示所有事件，也包括网页中已设置的事件，如图 10-16 所示。

图 10-15 　显示设置事件

图 10-16 　显示所有事件

"添加行为"按钮 ——单击"添加行为"按钮，会弹出一个菜单，如图 10-17 所示，其中包含可以附加到当前所选元素的所有行为。当从该菜单中选择一个动作时，将弹出一个对话框，在该对话框中可以指定附加动作的相关参数。如果动作显示灰色，则说明该动作不能附加在所选页面元素上。

页面添加的行为会显示在"行为"列表框中，当单击其中所选事件名称旁边的下拉按钮时，会弹出一个下拉菜单，其中包含可以触发该动作的所有事件，如图 10-18 所示。根据所选对象的不同，显示的事件也有所不同。

"删除行为"按钮 ——删除所选的事件和动作。

"增加事件值"按钮 和"降低事件值"按钮 ——将特定事件的所选动作在行为列表框中向上

或向下移动。给定事件的动作是以选定的顺序执行的，可以为选定的事件更改动作的顺序，如更改onLoad 事件的多个动作的发生顺序，但是所有 onLoad 动作在行为列表框中都排在一起。对于不能在列表框中上下移动的动作，下拉按钮将被禁用。

图 10-17　"行为"菜单

图 10-18　更改事件

3．常用事件

每个浏览器都提供一组事件，这些事件可以与"行为"面板的"行为"菜单中列出的动作相关联。当网页的访问者与页面进行交互时（例如，单击某个图像），浏览器会生成事件；这些事件可用于调用执行动作的 JavaScript 函数。Dreamweaver 提供的常用事件如下。

1）浏览器事件

onLoad：在浏览器中完成对象的装载后立即触发。

onUnload：在对象卸载前立即触发。

onError：当对象装载过程中发生错误时触发。

onMove：当对象移动时触发。

onScroll：当用户滚动对象的滚动条时触发。

2）鼠标事件

onMouseDown（按下鼠标）：当按下鼠标上的一个键时，发生该事件。

onMouseMove（鼠标移动）：鼠标移动的时候发生该事件。

onMouseOver（鼠标悬停）：鼠标悬停在一个界面对象上时发生该事件。

onMouseOut（鼠标滑出界面对象）：当鼠标滑出一个界面对象时发生该事件。

onMouseUp（释放鼠标上一个键）：释放鼠标上的一个键时发生该事件。

onClick（单击一个对象）：当用户单击时发生该事件。

onFocus（获得焦点）：当表单对象中的文本输入框对象、文本输入区对象或者选择框对象获得焦点时引发该事件。可通过单击或用【Tab】键使一个对象得到焦点。

onBlur（失去焦点）：当表单对象中的文本输入框对象、文本输入区对象或者选择框对象不再拥有焦点时引发该事件。

3）键盘事件

onKeyDown：当用户按下键盘按键时触发。

onKeyPress：当用户按下并释放任何字母数字键时发生。系统按钮（例如，箭头键和功能键）无法得到识别。

onKeyUp：当用户释放键盘上的按键时触发。

4）表单事件

onChange（改变事件）：当利用文本框或多行文本框输入字符值改变时发生该事件，列表项中一个选项状态改变后也会发生该事件。

onFocus：当对象获得焦点时触发。

onBlur：在对象失去输入焦点时触发。

onSelect（选中事件）：当文本框或多行文本框对象中的文字被加亮后，触发该事件。

onSubmit：当表单将要被提交时触发。

onReset：当用户重置表单时触发。

根据所选对象的不同，"事件"菜单中显示的事件也有所不同。在文档中插入某页面元素并向其附加一个行为后，可在"行为"面板的"事件"菜单中查看其可用事件。如果页面中尚不存在相关的对象或所选的对象不能接收事件，则菜单中的事件将处于禁用状态（灰显）。如果未显示预期的事件，则说明选择的对象不正确。

4．添加行为

通过"行为"面板上的"添加行为"按钮 ，可以将行为附加到整个文档中，也可以附加到链接、图像、表单元素或多种其他 HTML 元素中。

步骤

（1）在"文档"窗口中选择要增加行为的对象，如一幅图像或一个链接或一段文字。要将行为附加到整个网页中，应在"文档"窗口底部右侧的标签选择器中单击<body>标签。

（2）在"行为"面板中单击"+"按钮，选择一种行为。

（3）弹出某种行为的设置对话框，根据需要进行设置，完成对话框。

（4）在"行为"面板中选择行为，添加触发事件。

5．修改行为

要修改和编辑已设置的行为，可执行以下操作之一。

（1）在"行为"面板中双击要修改的行为。

（2）选择要修改的行，单击"行为"面板中的"选项"按钮，选择"编辑行为"选项。

如果要编辑动作的参数，则应选中行为事件，双击行为名称或者先选中行为再按【Enter】键，弹出行为参数对话框，修改好对话框中的参数，单击"确定"按钮即可。

如果要改变事件的动作顺序，则选取一个动作并单击上箭头或下箭头按钮即可。

如果要删除行为，则选取它并单击"删除行为"按钮，或者按【Delete】键即可。

6．下载和安装第三方 JavaScript 行为

当 Dreamweaver 中内嵌的行为不能满足制作的需要时，可以通过扩展行为的方法下载和安装由第三方开发的 JavaScript 行为，这样的行为在互联网上有很多，方法如下。

（1）打开"行为"面板，单击"添加行为"按钮。

（2）选择"获取更多行为"选项，打开 Exchange（扩展）站点。

（3）浏览或搜索扩展包。

（4）下载并安装需要的扩展包。

10.3　使用 Dreamweaver CC 内置的行为

通过 Dreamweaver 的行为事件使用户不用学习复杂的 JavaScript 程序也能方便迅速地实现一些网页的特殊效果。

1."弹出信息"行为

使用"弹出信息"动作将打开一个带有指定消息的警告窗口，该警告窗口包含 JavaScript 警告和一个"确定"按钮。使用此动作只能提供信息，而不能为用户提供选择。

（1）选择对象并打开"行为"面板，单击"添加行为"按钮 ，弹出下拉菜单，如图 10-19 所示，在其中可以根据需要选择行为。

（2）选择"弹出信息"选项，弹出"弹出信息"对话框，如图 10-20 所示。

图 10-19　在"行为"面板中添加行为　　　　图 10-20　"弹出信息"对话框

（3）在"消息"文本框中输入在"信息"文本框中将要显示的信息文字。

（4）设置完成后单击"确定"按钮。

（5）检查"行为"面板中默认事件是否为所需的事件。如果不是，则可在弹出的菜单中选择另一个事件。

2."打开浏览器窗口"行为

使用"打开浏览器窗口"行为可在一个新的窗口中打开 URL，可以指定新窗口的属性（包括其大小）、特性（它是否可以调整大小、是否具有菜单条等）和名称。

（1）将光标定位到页面中，打开"行为"面板。

（2）单击 按钮，选择"打开浏览器窗口"选项，弹出"打开浏览器窗口"对话框，如图 10-21 所示。

（3）在如图 10-21 所示对话框中可以进行如下设置。

- "要显示的 URL"——单击"浏览"按钮，选择一个新窗口中出现的网页文件，或直接输入一个要在新窗口中打开的网址。
- "窗口宽度"和"窗口高度"——指定窗口的宽度和

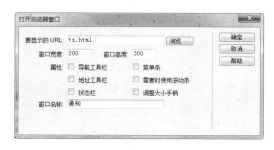

图 10-21　"打开浏览器窗口"对话框

高度（以像素为单位）。

- 属性：
    - "导航工具栏"——浏览器导航按钮（包括"后退"、"前进"、"主页"和"重新载入"）。
    - "地址工具栏"——包括地址文本框的浏览器选项。
    - "状态栏"——位于浏览器窗口底部，在该区域中显示消息。
    - "菜单条"——浏览器窗口中显示菜单的区域。如果要让访问者能够从新窗口导航，则应该选中此复选框。
    - "需要时使用滚动条"——如果内容超出可视区域，则应该显示滚动条。如果不选中此复选框，则不显示滚动条。如果同时取消选中"调整大小手柄"复选框，则访问者将不能看到超出窗口原始大小以外的内容。
    - "调整大小手柄"——指定用户可以调整窗口的大小，方法是手动调整窗口的右下角的滑块或单击右上角的最大化按钮。
- "窗口名称"——指定新窗口的名称。

（4）设置完成后单击"确定"按钮。

（5）检查"行为"面板中默认事件是否为所需的事件。如果不是，则可在弹出的下拉菜单中选择另一个事件。

3．"设置文本"行为

使用 Dreamweaver 内置的"设置文本"行为可以动态地设置容器、文本域、框架以及状态栏中的文本。由于"设置容器的文本""设置框架文本""设置文本域文字""设置状态栏文本"四个行为的添加方法相似，这里以"设置状态栏文本"为例，介绍如下。

（1）选择一个对象并打开"行为"面板。

（2）单击 + 按钮，选择"设置文本" | "设置状态栏文本"（或"设置容器的文本""设置框架文本""设置文本域文字"）选项，弹出"设置状态栏文本"对话框，如图 10-22 所示。

（3）在"消息"文本框中输入相应的信息。

4．"交换图像"行为

"交换图像"行为通过更改 img 标签的 src 属性将一幅图像和另一幅图像进行交换。使用此行为可创建"鼠标经过图像"和其他图像效果（包括一次交换多个图像）。插入"鼠标经过图像"会自动将一个"交换图像"行为添加到页面中。

使用该行为必须用一幅与原始图像一样大的图像来交换原来的图像，否则交换的图像将被压缩或扩展以适应原始图像的尺寸，这样会影响图像的显示效果。

（1）在文档中插入图像。

（2）在图像"属性"面板中为图像指定名称（在以后指定图像时易于辨认）。

（3）选取并打开"行为"面板，单击 + 按钮，选择"交换图像"选项，弹出如图 10-23 所示的"交换图像"对话框。

（4）在如图 10-23 所示对话框中可以进行如下设置。

- "图像"——选取需要改变其源文件的图像。
- "设定原始档为"——选取新的图像文件，或在"设定原始档为"文本框中输入新图像的文件路径和名称。
- "预先载入图像"——提高图像显示效果。

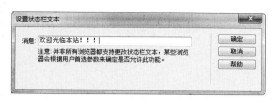

图 10-22　"设置状态栏文本"对话框　　　图 10-23　"交换图像"对话框

（5）设置完成后单击"确定"按钮，在"行为"面板中选择适当的事件。

在添加了"交换图像"行为后，可以看到同时显示了"恢复交换图像"行为，"交换图像"和"恢复交换图像"经常是成对出现的。

5．"转到 URL"行为

使用"转到 URL"行为可以在当前窗口或指定窗口中打开一个新页面，此操作尤其适用于一次单击更改两个或多个框架的内容。例如，可以为按钮添加链接，或当光标放到图像上时跳转到新的页面等。

（1）选择要添加该行为的对象。

（2）选取并打开"行为"面板，单击 按钮，选择"转到 URL"选项，弹出如图 10-24 所示的"转到 URL"对话框。

（3）在"转到 URL"对话框中可以进行如下设置。

● "浏览"按钮——选择要打开的文档，或在"URL"文本框中输入要打开文档的路径和名称。

● "打开在"——显示新的 URL 的窗口，默认是"主窗口"。

（4）设置完成后单击"确定"按钮，在"行为"面板中选择适当的事件触发该动作。

6．"显示-隐藏元素"行为

"显示-隐藏元素"行为可显示、隐藏或恢复一个或多个页面元素的默认可见性，此行为用于在用户与页面进行交互时显示信息。例如，当用户将鼠标指针移到某图像上时，可以显示一个页面元素，此元素给出了有关该图像的详细信息。

添加"显示-隐藏元素"行为的具体操作步骤如下。

（1）在"文档"窗口中创建要附加该行为的元素，然后在元素中放置要隐藏/显示的图像或文字。

（2）打开"行为"面板，单击 按钮，选择"显示-隐藏元素"选项，弹出如图 10-25 所示的"显示-隐藏元素"对话框。

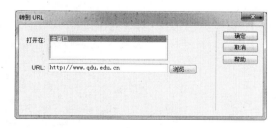

图 10-24　"转到 URL"对话框　　　图 10-25　"显示-隐藏元素"对话框

 提示

如果"显示-隐藏元素"选项不可用，则可能已选择了一个 Div 元素。因为 Div 元素不接收 4.0 版浏览器中的事件，所以必须选择另一个对象，如<body>标签或某个链接（<a>）标签。

（3）在"显示-隐藏元素"对话框中可以进行如下设置。

● "元素"——在列表框中选择要更改其可见性的元素。

● "显示"——单击"显示"按钮可以显示该元素。

● "隐藏"——单击"隐藏"按钮可以隐藏该元素。

● "默认"——单击"默认"按钮可以恢复元素的默认可见性。

（4）单击"确定"按钮，检查默认事件是否为所需的事件。如果不是，则可以在弹出的下拉菜单中选择适合的事件。

7. "调用 JavaScript" 行为

"调用 JavaScript" 行为在事件发生时执行自定义的函数或 JavaScript 代码行（可以自己编写 JavaScript，也可以使用 Web 上各种免费的 JavaScript 库中提供的代码）。

（1）选择一个对象，然后在"行为"面板中选择"调用 JavaScript"选项。

（2）在弹出的"调用 JavaScript"对话框（如图 10-26 所示）准确输入要执行的 JavaScript，或输入函数的名称。

例如，若要创建一个"后退"按钮，则可以输入"if (history.length > 0){history.back()}"。如果已将代码封装在一个函数中，则只需输入该函数的名称（如 hGoBack()）。

（3）单击"确定"按钮，验证默认事件是否正确。

8. "改变属性" 行为

使用"改变属性"行为可更改对象的某个属性（如 Div 的背景颜色或表单的动作）的值。

（1）选择一个对象，然后在"行为"面板中选择"改变属性"选项。

（2）弹出"改变属性"对话框，如图 10-27 所示，在"元素类型"下拉列表中选择某个元素类型，以显示该类型的所有标识的元素。

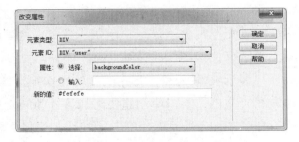

图 10-26　"调用 JavaScript" 对话框　　　　图 10-27　"改变属性" 对话框

（3）在"元素 ID"下拉列表中选择一个元素。

（4）在"属性"下拉列表中选择一个属性，或在其"输入"文本框中输入该属性的名称。

（5）在"新的值"文本框中为新属性输入一个新值。

（6）单击"确定"按钮，验证默认事件是否正确。

9. "检查表单" 行为

"检查表单"行为可检查指定文本域的内容，以确保用户输入的数据类型正确。通过 onBlur 事件将此行为附加到单独的文本字段，以便在用户填写表单时验证这些字段；或通过 onSubmit 事件将此行为附加到表单，以便在用户单击"提交"按钮时同时计算多个文本字段。将此行为附加到表单，可以防止在提交表单时出现无效数据。

（1）若要在用户提交表单时检查多个域，则可在"文档"窗口左下角的标签选择器中单击 <form> 标签，并选择"窗口"|"行为"|"检查表单"选项。

（2）弹出"检查表单"对话框，如图 10-28 所示。执行下列操作之一。

● 如果要验证单个域，则可从"域"列表框中选择已在"文档"窗口中选择的相同域。

● 如果要验证多个域，则可从"域"列表框中选择某个文本域。

（3）如果该域必须包含某种数据，则选中"必需的"复选框。

（4）选择下列"可接受"选项之一。

● **任何东西**：检查必需域中包含的数据；数据类型不限。

● **电子邮件地址**：检查域中包含一个 @符号。

● **数字**：检查域中只包含数字。

● **数字从…到…**：检查域中包含特定范围的数字。

（5）如果选择验证多个域，则可对要验证的任何其他域重复步骤③和步骤④。

（6）单击"确定"按钮。

如果在用户提交表单时检查多个域，则 onSubmit 事件自动出现在"事件"菜单中。

如果要分别验证各个域，则检查默认事件是否为 onBlur 或 onChange。如果不是，则应选择其中一个事件。

当用户从该域移开焦点时，这两个事件都会触发"检查表单"行为。不同之处在于：无论用户是否在字段中输入内容，onBlur 事件都会发生，而 onChange 事件仅在用户更改了字段的内容时才发生。如果需要该域，则最好使用 onBlur 事件。

10．"预先载入图像"行为

"预先载入图像"行为可以缩短显示时间，其方法是对在页面打开之初不会立即显示的图像（例如，那些将通过行为或 JavaScript 换入的图像）进行缓存。

注意："交换图像"行为会自动预先加载在"交换图像"对话框中选中"预先载入图像"复选框时所有高亮显示的图像，因此当使用"交换图像"时不需要手动添加"预先载入图像"。

（1）选择一个对象，然后从"行为"面板中选择"预先载入图像"选项。

（2）弹出"预先载入图像"对话框，如图 10-29 所示，单击"浏览"按钮，选择一个图像文件，或在"图像源文件"文本框中输入图像的路径和文件名。

图 10-28　"检查表单"对话框

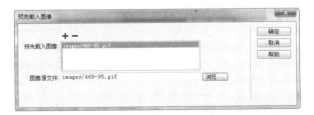

图 10-29　"预先载入图像"对话框

（3）单击对话框顶部的"+"按钮，将图像添加到"预先载入图像"列表框中。

（4）对其余所有要在当前页面预先加载的图像，重复步骤②和步骤③。

（5）若要从"预先载入图像"列表框中删除某个图像，则应在列表框中选择该图像，然后单击"−"按钮。

（6）单击"确定"按钮，验证默认事件是否正确。

11. "效果"行为

"效果"是视觉增强功能，可应用于使用 JavaScript 的 HTML 页面上的几乎所有的元素。效果通常用于在一段时间内高亮显示信息，创建动画过渡，或者以可视方式修改页面元素。可以方便地将效果直接应用于 HTML 元素，而无须其他自定义标签。

"效果"可以创建隐藏、显示、切换、滑动以及自定义动画等效果。

添加 jQuery 效果的方法如下。

（1）在 Dreamweaver 文档的"设计"或"代码"视图中，选择要对其应用效果的元素。

（2）选择"窗口"｜"行为"选项以打开"行为"面板。单击  按钮，选择"效果"菜单中的效果即可，如图 10-30 所示。此时将显示包含所选效果的自定义面板。

图 10-30 在"行为"面板中添加效果

（3）指定设置，如设置应用该效果的目标元素和效果的持续时间等。

jQuery UI 效果包括以下几种。

Blind：从下至上收起来，直到隐藏。

Bounce：上下晃动元素。

Clip：上下同时收起来，直到隐藏。

Drop：向左边移动并升高透明度，直到隐藏。

Fold：向上收起，再向左收起，直到隐藏。

Highlight：高亮显示某个元素。

Puff：扩大元素宽度及高度并升高透明度，直到隐藏。

Pulsate：闪烁元素。

Scale：从右下向左上收起，直到隐藏。

Shake：左右晃动元素。

Slide：从左向右滑动元素，直到全部显示。

（4）目标元素可以与最初选择的元素相同，也可以是页面上的不同元素。例如，如果希望用户单击元素 A 以隐藏或显示元素 B，则目标元素是 B。

（5）若要添加多个 jQuery 效果，则应重复以上步骤。在选择多重效果时，Dreamweaver 按这些效果在"行为"面板中的显示顺序应用效果。若要更改效果的顺序，则可使用面板顶部的箭头键。

（6）Dreamweaver 会自动将相关代码插入文档。

10.4 行为的修改与更新

1. 更改或删除行为

在附加了行为之后，可以更改触发动作的事件，添加或删除动作，以及更改动作的参数。

（1）选择一个附加行为的对象。

（2）选择"窗口"｜"行为"选项，打开"行为"面板，如图 10-31 所示。

（3）在其中可进行以下更改。

● 若要编辑动作的参数，则可双击动作的名称或将其选中并按【Enter】键，然后更改对话框中的参数并单击"确定"按钮。

● 若要更改给定事件的多个动作的顺序，则可选择某个动作并单击上下箭头。或者选择该动作，将其剪切并粘贴到其他动作之间的合适位置。

● 若要删除某个行为，则可选中此行为后单击"－"按钮或按【Delete】键。

2．更新行为

（1）选择一个附加有该行为的元素。

（2）选择"窗口"｜"行为"选项，双击该行为。

（3）进行所需的更改，然后在该行为的对话框中单击"确定"按钮。

该行为在此页面中出现的每一处都进行更新。如果站点中的其他页面上也包含该行为，则必须逐页更新这些行为。

3．下载和安装第三方提供的行为

Exchange for Dreamweaver Web 站点上提供了许多扩展功能。

（1）选择"窗口"｜"行为"｜"获取更多行为"选项，如图 10-32 所示。

图 10-31　"行为"面板　　　　　　　　　图 10-32　添加行为菜单

（2）打开浏览器窗口，出现 Exchange 站点，如图 10-33 所示，在其中浏览或搜索扩展包。

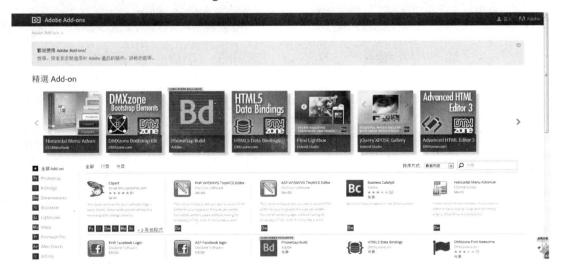

图 10-33　Exchange 站点

（3）下载并安装所需的扩展包。

10.5 实战演练

1．实战效果

本章介绍了 Dreamweaver CC 提供的几种常用行为，为使读者能够充分理解各种行为的作用并掌握行为的添加方法，在此利用几个现成的页面，为其添加适当的行为，从而使页面产生交互的效果。

2．实战要求

在本章实战演练中，利用行为为网页添加"弹出信息"和"打开浏览器窗口"功能。

3．制作提示

（1）打开文件 behaviors1.htm。

（2）选中第一行中的第一幅图像，在代码窗口将光标定位在 img 代码段，在"行为"面板中添加"弹出信息"行为，事件为 onClick，如图 10-34 所示。

（3）选中第一行中的第二幅图像，在代码窗口将光标定位在 img 代码段，在"行为"面板中添加"打开浏览器窗口"行为，调整事件为 OnDlick，如图 10-35 所示。

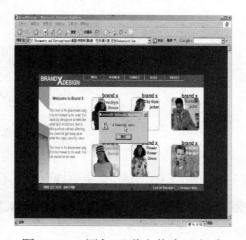
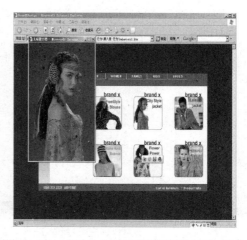

图 10-34　添加"弹出信息"行为　　　　图 10-35　添加"打开浏览器窗口"行为

本章小结与重点回顾

本章详细介绍了行为的常用功能，例如，在新的浏览器窗口中显示并放大图像、检查浏览器和表单、设置文本和显示弹出式菜单等。

本章重点：

● 行为的组成。

● 如何在网页中添加行为。

● 如何为事件选择合适的动作。

● 如何修改与更新行为。

第 11 章

表　单

表单的作用是获取 Web 站点访问者的信息。访问者可以使用诸如文本域、列表框、复选框以及单选按钮之类的表单对象输入信息，然后单击某个按钮提交这些信息，这些信息会被特定程序及时处理。

11.1　表单页面制作——注册

表单是一个专业网站必不可少的内容，也是一个网站是否具有交互功能的重要体现。通过表单可以得到访问者的反馈信息，例如，进行各种网上调查、注册登记、收发订单等。

11.1.1　案例综述

本案例介绍的是一个注册页面的制作过程。如图 11-1 所示为一个表单综合应用的典型案例，通过客户端的信息输入并单击"注册"按钮，可以把用户输入的信息发送到服务器端或网页设计者指定的邮箱中。

图 11-1　注册新用户表单网页

通过本案例的制作，将使读者学会创建一个表单网页的方法，理解表单和表单域的概念，掌握插入并设置各种表单对象的方法。

11.1.2 案例分析

表单从用户处收集信息，并将这些信息提交给服务器进行处理。例如，在网上登录邮箱时需填写用户名和密码，然后进行提交，并由服务器反馈信息，这个过程就是一个表单提交和反馈的过程。当访问者将信息输入 Web 站点表单并单击"提交"按钮时，这些信息将被发送到服务器，服务器端脚本或应用程序在该处对这些信息进行处理，回复用户，或基于该表单内容执行一些操作来进行响应。因此，表单的制作由两部分组成，即表单页面的制作及后台处理程序。这里只介绍前者，后者留待第 14 章中详细介绍。

通常在表单页面中有多个表单对象，在制作时先插入一个表单，作为这些对象的容器，再逐个创建这些表单对象，如文本域、密码域、单选按钮、复选框、下拉列表、按钮、图像域等，而这些对象在表单内的定位都采用表格工具进行布局。

11.1.3 实现步骤

图 11-2　插入表单

1．创建表单

 步骤

（1）新建 HTML 页面，将光标定位在需要创建表单的位置。

（2）选择"插入"|"表单"|"表单"选项，或在"插入"面板的"表单"类别中选择"表单"选项，如图 11-2 所示。也可以直接将"插入"面板上的"表单"选项拖到文档的相应位置上。页面中显示的红色虚线框就是插入的表单。

2．利用表格进行布局

步骤

（1）根据页面布局的需要，在表单中插入一个 15 行 2 列、宽度为 700 的表格，其他均为 0。将表格属性中的对齐方式设为居中对齐。

（2）合并表格的第一行，并设置单元格高度为 30，输入文字"请输入注册用户信息"，文字设置为标题 2，并水平居中。

（3）第一行以下各行高度设置为 20，第一列宽度设置为 104，如图 11-3 所示，分别在表格中输入相应的提示文字。

（4）设置提示文字水平对齐为右对齐，设置其背景色为蓝（#D3DFFE）白相间的形式，把各行区分开。

设置完成后页面内容如图 11-3 所示。

3．插入表单对象

1）插入文本域

在前面的注册页面中，很多交互可用文本域来实现，如用户名、姓名等；还有一些是附加某种条件的文本域，如密码、E-mail、身份证号码、电话等。

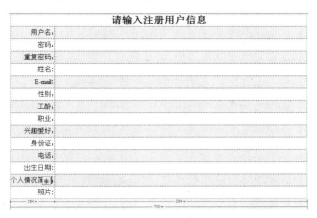

图 11-3   在表单中用表格进行布局

步骤

（1）插入文本域：将光标定位在表格的"用户名："右侧的单元内，选择"插入"｜"表单"｜"文本"选项，或在"插入"面板的"表单"类别中选择"文本"选项，插入文本域，设置"Size"为16，"Max Length"为16。以同样的方法，为"姓名："插入文本域并设置"Size"为16，"Max Length"为16；为"身份证："插入文本域并设置"Size"为18，"Max Length"为18，如图11-4所示。

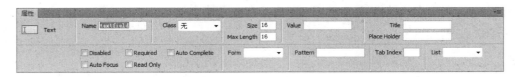

图 11-4   设置文本域属性

（2）插入文本区域：将光标定位在文本"个人情况简介："右侧的单元格内，选择"插入"｜"表单"｜"文本区域"选项，插入文本区域，在其"属性"面板中设置行数为10，列为50，如图11-5所示。

图 11-5   设置文本区域属性

（3）插入密码域：将光标定位在文本"密码："右侧的单元格内，选择"插入"｜"表单"｜"密码"选项，或在"插入"面板的"表单"类别中选择"密码"选项，插入密码域，设置"Size"为16，"Max Length"为8，"预览状态"必填，如图11-6所示。

图 11-6   设置密码域属性

（4）插入 E-mail 文本域：将光标定位在文本"E-mail："右侧的单元格内，选择"插入"｜"表单"｜"E-mail"选项，或在"插入"面板的"表单"类别中选择"E-mail"选项，插入 E-mail 格式的文本域，在其"属性"面板（如图 11-7 所示）中设置"Size"为 16，"Max Length"为 8。

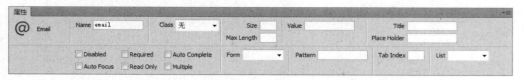

图 11-7　设置 E-mail 文本域属性

（5）插入电话文本域：将光标定位在文本"电话："右侧的单元格内，选择"插入"｜"表单"｜"Tel"选项，插入电话文本域，如图 11-8 所示。

图 11-8　设置电话文本域属性

（6）添加"检查表单"行为：将光标定位在表单框内，在"行为"面板中添加"检查表单"行为，弹出"检查表单"对话框，如图 11-9 所示，设置"用户名""密码""重复密码""身份证"文本域的"值"为必需的，将"Tel"域的"可接受"属性设置为"数字"。

2）插入单选按钮（组）

步骤

（1）将光标定位在文本"性别："右侧的单元格内，选择"插入"｜"表单"｜"单选按钮组"选项，在弹出的"单选按钮组"对话框中，输入标签文字"男""女"和相应的值"0""1"，单击"+"按钮可添加选项，选择布局使用换行符，如图 11-10 所示。单击"确定"按钮，插入一个单选按钮组。

图 11-9　添加检查表单行为　　　　图 11-10　插入单选按钮组

（2）单击新插入的单选按钮的第一项，在其"属性"面板中选中"Checked"复选框，如图 11-11 所示。

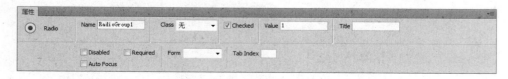

图 11-11　单选按钮属性

3）插入复选框（组）

步骤

（1）将光标定位在文本"兴趣爱好："右侧的单元格中，选择"插入"｜"表单"｜"复选框组"选项，或在"插入"面板的"表单"类别中选择"复选框组"选项，在弹出的"复选框组"对话框中输入标签文字"摄影""美术""音乐""游泳"和相应的值"1""2""3""4"，单击"+"按钮可添加选项，选择布局使用换行符，如图 11-12 所示。单击"确定"按钮，插入复选框组，调整其位置。

图 11-12　插入复选框组

（2）单击新插入的复选框的第一项，在复选框"属性"面板中选中"Checked"复选框，如图 11-13 所示。

图 11-13　复选框属性

4）插入选择

步骤

（1）在文本"职业："右侧的单元格中插入表单元素"选择"。

（2）在其"属性"面板中设置"列表值"，具体设置如图 11-14 所示。在"初始化时选定"列表框中选择"教师"作为表单下载时的初始选项，以起到提示的作用。

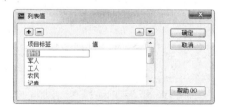

图 11-14　设置列表值

（3）选中新插入的选择域，在其"属性"面板中设置其"Selected"为"教师"，如图 11-15 所示。

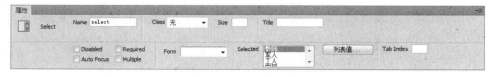

图 11-15　选择域的属性

5）插入日期

🐬 **步骤**

（1）将光标定位在文本"出生日期："右侧的单元格内，选择"插入"｜"表单"｜"日期"选项，或在"插入"面板的"表单"类别中选择"日期"选项，在页面中插入可选择年月日的控件。

（2）在其"属性"面板中设置 Min 为 1900 年 01 月 01 日，Max 为 2900 年 01 月 01 日，Value 为 2014 年 09 月 01，如图 11-16 所示。

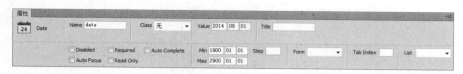

图 11-16　插入日期域

6）插入文件域

文件域可使用户浏览到其计算机上的某个文件并将该文件作为表单数据上传。

🐬 **步骤**

（1）将光标定位在文本"照片："右侧的单元格内，选择"插入"｜"表单"｜"文件"选项，或在"插入"面板的"表单"类别中选择"文件"选项，插入带有"浏览"按钮的文件域。

（2）在其"属性"面板中选中"Multiple"复选框，表示可选择多项，如图 11-17 所示。

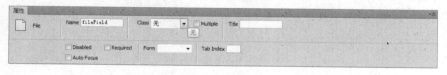

图 11-17　设置文件域属性

7）插入图像按钮

🐬 **步骤**

（1）创建"下一步"和"重置"两个图像域按钮。在以上各表单对象所在表格的下方，换行并插入一个 1 行 2 列的表格，将光标定位在第一个单元格中，选择"插入"｜"表单"｜"图像按钮"选项，或在"插入"面板的"表单"类别中选择"图像按钮"选项，在"选择图像源文件"对话框中选择按钮图像（next.gif）。

图 11-18　插入图像按钮

（2）用同样的方法，在第二个单元格中添加"重置"按钮，如图 11-18 所示。如果使用图像来执行任务而不是提交数据，则需要将某种行为附加到表单对象中。

（3）将光标定位在文本"用户名："右侧的单元格中，选择"插入"｜"表单"｜"按钮"选项，插入按钮，在其"属性"面板的"Value"文本框中输入"检测域名"作为按钮的标签文字，如图 11-19 所示。

图 11-19　设置按钮属性

8）设置表单域属性

选定表单，在其"属性"面板的"Action"文本框中指定后台处理程序"form.asp"（假设该文件已创建），在"Method"中选择"POST"方式，如图 11-20 所示。

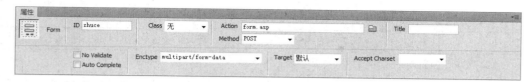

图 11-20　设置表单域属性

保存文档，按【F12】键预览页面。

11.2　表单概述

1．表单

在生活中表单无处不在，如银行里的存款单、商店里的购物单等。Internet 上也同样存在大量的表单，其主要用途是实现浏览网页的用户与 Internet 服务器之间的交互。表单可以提供空白区域或选项，可以输入文字或进行选择。

一般来说，表单中包含多种对象。例如，文本框用于输入文字，按钮用于在留言簿上发表意见或用于提交信息到服务器处理程序，复选框用于在多个选项中选择多项，单选按钮用于在多个选项中选择其一，列表框用于显示选项列表等，这些都与常见的 Windows 应用程序非常相似。

2．创建表单

在 Dreamweaver 中可以使用相关面板和选项插入表单及各种表单对象。选择"插入"|"表单"选项，如图 11-21 所示。或在"插入"面板中选择"表单"类别，如图 11-22 所示。可以看到，各种表单对象都罗列在这个面板中，只需选择对应的图标或将其拖到编辑窗口内的相应位置，就可以在页面中插入表单对象。

图 11-21　"表单"菜单

图 11-22　"表单"类别

3. 表单对象

在 Dreamweaver CC 中可以添加的表单对象有 30 种之多，其中，主要的种类及作用如表 11-1 所示。

表 11-1 表单对象列表

表 单 对 象	作　用
文本域	接收任何类型的字母、数字、文本输入内容
密码域	接收任何类型的字母、数字、文本输入内容。输入文本将被替换为星号或项目符号，以避免旁观者看到这些文本
文本区域	接收任何类型的字母、数字、文本输入内容。可以设置行数以显示更多的内容
隐藏域	存储用户输入的信息，如姓名、电子邮件地址或偏爱的查看方式，并在该用户下次访问此站点时使用这些数据
按钮	在单击按钮时执行操作。可以为按钮添加自定义名称或标签，或者使用预定义的"提交"或"重置"标签。使用按钮可将表单数据提交到服务器，或者重置表单。还可以指定其他已在脚本中定义的处理任务
复选框	允许在一组选项中选择多个选项。用户可以选择任意多个适用的选项
单选按钮	代表互相排斥的选择。在某单选按钮组（由两个或多个共享同一名称的按钮组成）中选择一个按钮，就会取消选择该组中的其他按钮
选择域	在一个滚动列表中显示选项值，用户可以从该滚动列表中选择多个选项。"列表"选项在一个菜单中显示选项值，用户只能从中选择单个选项。可在下列情况下使用菜单：只有有限的空间但必须显示多个内容项，或者要控制返回给服务器的值
文件域	使用户可以浏览其计算机上的某个文件并将该文件作为表单数据上传
图像按钮	可以在表单中插入一个图像。使用图像域可生成图形化按钮，如"提交"或"重置"按钮。如果使用图像来执行任务而不是提交数据，则需要将某种行为附加到表单对象上
颜色	适用于应包含颜色的输入字段
日期	帮助用户选择日期的控件
日期时间	使用户可选择日期和时间（带时区）
当地日期时间	使用户可选择日期和时间（无时区）
月	使用户可选择月和年
数字	适用于应仅包含数字的字段
范围	用于应该包含一定范围内数字值的输入域，显示为滑动条
时间	使用户可选择时间
周	使用户可选择周和年
电子邮件	一个控件，用于编辑在元素值中给出的电子邮件地址的列表
搜索	一个单行纯文本编辑控件，用于输入一个或多个搜索词
Tel	一个单行纯文本编辑控件，用于输入电话号码
URL	一个控件，用于编辑在元素值中给出的绝对 URL

随着 HTML 5 的应用，越来越多的浏览器开始支持新的表单对象，目前，主流浏览器对表单对象的支持情况如表 11-2 所示。

表 11-2　对 HTML 5 新增加表单对象的支持情况

输入类型	IE	Firefox	Opera	Chrome	Safari
E-mail	否	4.0	9.0	10.0	否
URL	否	4.0	9.0	10.0	否
数字	否	否	9.0	7.0	否
范围	否	否	9.0	4.0	4.0
日期选择器	否	否	9.0	10.0	否
搜索	否	4.0	11.0	10.0	否
颜色	否	否	11.0	否	否

注：Opera 对新的输入类型的支持最好。但已经可以在所有主流的浏览器中使用各表单对象了。即使表单对象不被支持，仍然可以显示为常规的文本域。

11.3　创建 HTML 表单

1．插入表单

表单是表单对象的容器，可将其他表单对象添加到表单中，便于正确处理数据。

选择"插入"|"表单"|"表单"选项，或在"插入"面板的"表单"类别中单击表单按钮▣，即可在页面中插入表单。插入表单后，将在"文档"窗口中出现红色虚框线，如图 11-23 所示。

图 11-23　插入一个空白表单

插入表单后，Dreamweaver 会自动生成<form></form>标签。

2．设置表单属性

在设置表单属性之前应先选择表单。单击表单轮廓或"文档"窗口下方标签栏中的<form>标签以选定表单，在"文档"窗口下方会打开其"属性"面板，如图 11-24 所示。

图 11-24　表单"属性"面板

在其"属性"面板中可以设置表单的下列属性。

"ID"——在该域中输入表单的名称。

"Action"——在该域中指定处理表单信息的脚本或应用程序。单击浏览按钮▢，查找并选择脚本或应用程序，或直接输入脚本或应用程序的 URL。

"Method"——在该下拉列表中选择处理表单数据的方式。

● POST：此方式将表单值封装在消息主体中发送。

● GET：此方式将提交的表单值追加在 URL 后面发送给服务器。

● "默认"：选择浏览器的默认方式，通常是 GET 方式。

提示

虽然使用 GET 方式传送数据效率高，但是传送的信息大小限制在 8192 个字符，所以，大块数据不宜采用 GET 方式传送。而且，使用此方式传送信息是不安全的。当处理一些秘密信息时不能使用 GET 方式。

"Enctype" ——指定对提交给服务器进行处理的数据使用 MIME 编码类型。默认设置 application/x-www-form-urlencode 通常与 POST 方法一起使用。如果要创建文件上传域，则应指定 multipart/form-data MIME 类型。

3．添加表单对象

插入表单后，即可添加表单对象。添加表单对象时首先要将光标定位在希望表单对象在表单中出现的位置，在"插入"面板的"表单"类别中选择对象，即可插入表单对象。

步骤

（1）将插入点定位在表单中显示该表单对象的位置。

（2）在"插入"｜"表单"菜单中或者在"插入"面板的"表单"类别中选择某对象。

（3）设置此对象的属性。

- 在"属性"面板中为该对象输入名称。
- 每个文本域、隐藏域、复选框和列表/菜单对象必须具有可在表单中标识其自身的唯一名称。表单对象名称不能包含空格或特殊字符。可以使用字母、数字、字符和下画线（＿）的任意组合。为文本域指定的标签是用于存储该域值（输入的数据）的变量名。这是发送给服务器进行处理的值。

注意：同一组中的所有单选按钮都必须具有相同的名称。

（4）调整表单的布局。在表单中根据需要将其他表单对象添加到表单中，可以使用换行符、段落标记、表格等设置表单的格式。不能在表单中插入另一个表单，但是可以在一个页面中包含多个表单。

4．设置表单对象属性

下列属性为所有表单元素共有。

- Disabled：如果想要浏览器禁用元素，则应选择此选项。
- Required：如果想要浏览器检查是否已指定值，则应选择此选项。
- Auto complete：选择此选项后，用户在浏览器中输入信息时将自动填充值。
- Auto focus：如果想要此元素在浏览器加载页面的时候获得焦点，则应选择此选项。
- Read only：选择此选项以将元素的值设置为只读。
- Form：指定 <input> 元素所属的一个或多个表单。
- Name：用来引用代码中的元素的唯一名称。
- Place Holder：描述输入字段的预期值的提示。
- Pattern：与之比对以验证元素值的正则表达式。
- Title：有关元素的额外信息，显示为工具提示。
- Tab Index：指定当前元素在当前文档的【Tab】键顺序中的位置。

1）设置文本域属性

文本域接收任何类型的字母、数字、文本输入内容。在文本域"属性"面板（如图 11-25 所示）中可以进行如下设置。

图 11-25　文本域"属性"面板

"**Size**"——指定域中最多可显示的字符数。此数字可以小于"最多字符数","最多字符数"指定在域中最多可输入的字符数。例如，如果"字符宽度"设置为 20（默认值），而用户输入了 100 个字符，则在该文本域中只能看到其中的 20 个字符。虽然在该域中无法看到这些字符，但域对象可以识别它们，而且它们会被发送到服务器中进行处理。

"**Max Length**"——设置单行文本域中最多可输入的字符数。例如，将邮政编码限制为 6 位，将密码限制为 8 位等。如果输入超过最大字符数，则表单产生警告声。

"**Value**"——指定在首次载入表单时域中显示的值。

"**Class**"——主要作用是将 CSS 规则应用于对象。

"**List**"——引用 datalist 元素。如果定义，则一个下拉列表可用于向输入字段插入值。

2）设置文本区域属性

在文本区域"属性"面板（如图 11-26 所示）中可以进行如下设置。

图 11-26　文本区域"属性"面板

"**Rows**"——指定文本区域的可见高度（行数）。

"**Cols**"——指定文本区域的宽度（平均字符宽度）。

"**Max Length**"——指定用户在文本区域中最多可输入的字符数。如果将"最多字符数"保留为空白，则用户可以输入任意数量的文本。如果文本超过域的字符宽度，则文本将滚动显示。如果用户的输入超过了最多字符数，则表单会发出警告声。

3）设置隐藏域属性

在隐藏域"属性"面板（如图 11-27 所示）中可以进行如下设置。

图 11-27　隐藏域"属性"面板

"**Value**"——在该文本框中输入为该域指定的值。

4）设置复选框属性

复选框可以使用户在多个选项中进行多重选择。选择已插入的复选框，在"属性"面板中，可以设置该复选框的属性，如图 11-28 所示。

图 11-28　复选框"属性"面板

"Name"——在该域中为该对象指定一个名称。复选框组将共同使用一个名称，此名称不能包含空格或特殊字符。

"Value"——在该域中输入当选择该复选框时要传送给服务器的值。

"Checked"——在该域中确定当浏览器中载入表单时，该复选框是否被选中。

5）设置单选按钮的属性

当单选按钮被插入后，在"属性"面板中，可以设置该单选按钮的属性，如图 11-29 所示。

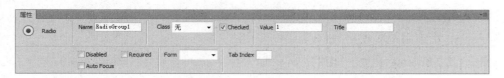

图 11-29　单选按钮"属性"面板

"Name"——在该域中为该对象指定一个名称。对于单选按钮组，如果希望这些选项为互斥选项，则必须共用同一个名称。此名称不能包含空格或特殊字符。

"Value"——在该域中输入当选中该单选按钮时要传送给服务器的值。

"Checked"——在该域中指定当浏览器中载入表单时，该单选按钮是否被选中。

6）设置选择的属性

当选择被插入后，默认为菜单类型插入到页面中，选中该对象，在"文档"窗口的"属性"面板中，可以设置该选择的属性，如图 11-30 所示。

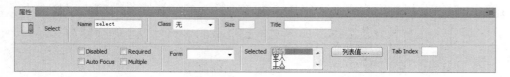

图 11-30　列表/菜单"属性"面板

"Name"——在该域中为该对象指定一个名称，该名称必须是唯一的。

"Size"——用于设置选择中可显示的选项数，该项被设置后表单在浏览器中显示时列出部分或全部选项，或允许选择多个选项。当"列表"框中的选项超过其高度时，会显示一个列有项目的可滚动列表，如图 11-31 所示。

"Selected"——确定在浏览器中载入表单时，该选项是否出现在列表框中的行首。例如，当选取"教师"为初始化时的选定值后，"教师"就出现在列表框的行首。

"列表值"——单击"列表值"按钮，弹出"列表值"对话框，如图 11-32 所示。

在"列表值"对话框中可以设置列表选项。

"项目标签"——输入在列表框中显示的文本。

"值"——输入当用户选取该项目时要发送给服务器的文本或数据。

"+""–"按钮——在列表框中增加或删除项目。

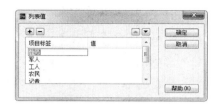

图 11-31　可滚动列表　　　　　　图 11-32　"列表值"对话框

7）设置按钮的属性

当选择插入按钮时，"插入"面板中提供了三种不同类型的按钮，即"提交"按钮、"重置"按钮和"按钮"按钮，如图 11-33 所示。

图 11-33　三种按钮的状态

（1）"提交"：按钮的标签文本变为"提交"，当单击该按钮时将提交表单数据进行处理，该数据将被提交到表单的"操作"属性中指定的页面或脚本中。

（2）"重置"：按钮的标签文本变为"重置"，重置表单的作用是当单击该按钮时将清除该表单的内容。

（3）"按钮"：该按钮的标签文本变为"按钮"，这种普通按钮的作用在于可以自己指定单击该按钮时要执行的操作，这些操作可以通过添加行为等方式进行设置。

当按钮被插入后，通过其"属性"面板可以方便地对按钮属性进行设置，如图 11-34 所示。

图 11-34　按钮对象的"属性"面板

"Value"——在该域中输入在按钮上显示的标签文本，其值默认为"提交"，此时即为插入"提交"按钮。

8）设置图像按钮的属性

可以使用图像作为按钮图标。如果使用图像来执行任务而不是提交数据，则需要将某种行为附加到表单对象上。

当图像按钮被插入后，会打开图像域的"属性"面板，可以通过该"属性"面板方便地对图像域属性进行修改，在图像域"属性"面板中，可以根据需要设置其属性，如图 11-35 所示。

图 11-35　图像域"属性"面板

"ID"——在该域中指定图像域名称。

"Src"——在该域中指定该按钮使用的图像。

"替换"——用于输入描述性文本，一旦图像在浏览器中载入失败，就显示这些文本。

"编辑"——单击其中的按钮可以启动外部编辑器编辑图像。

9）设置文件域的属性

当文件域被插入或选中后，文件域的"属性"面板即会打开，如图 11-36 所示。可以通过该"属性"面板方便地对文件域属性进行设置。

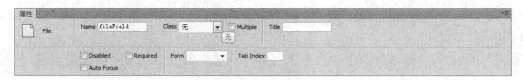

图 11-36　文件域"属性"面板

在文件域"属性"面板中，可以根据需要设置其属性。

"Multiple"——规定输入域中可选择多个值。

 提示

如果要使用文件域，则表单的"Method"必须设置为 POST，访问者可以将文件上传到在表单"Action"域中设置的地址。如果要创建文件上传域，则"Enctype"指定 multipart/form-data MIME 类型。

10）设置 E-mail 域、数值域、URL 域、Tel 域、搜索域的属性

E-mail 类型用于应该包含 E-mail 地址的输入域，在提交表单时，会自动验证 E-mail 域的值。

数值域用于应该包含数值的输入域，还能够设定对所接收的数字的限定。

URL 类型用于应该包含 URL 地址的输入域。在提交表单时，会自动验证 URL 域的值。

搜索域用于搜索，如站点搜索或 Google 搜索，其显示为常规的文本域。

当 E-mail 域、数值域、URL 域、搜索域被插入或选中后，其"属性"面板即会打开，如图 11-37 所示。可以看出，E-mail 域、数值域、URL 域、搜索域的属性内容与文本域相同，应按需要设置其属性。

图 11-37　E-mail 域"属性"面板

有些浏览器不支持该对象，此时该域同文本域。

11）设置范围域的属性

范围域用于应该包含一定范围内数字值的输入域，显示为滑动条，能够设定对所接收的数字的限定。

当范围域被插入或选中后，可在其"属性"面板中对范围域属性进行设置，如图 11-38 所示。

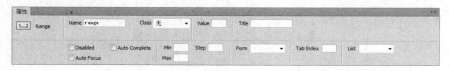

图 11-38　范围域"属性"面板

"Max"——规定允许的最大值。

"Min"——规定允许的最小值。

"Step"——规定合法的数字间隔（如果 step="3"，则合法的数字是-3、0、3、6 等）。

"Value"——规定默认值。

12）设置颜色域的属性

颜色域用于指定颜色值。

当颜色域被插入或选中后，在其"属性"面板中可对颜色域属性进行设置，如图 11-39 所示。

图 11-39　颜色域"属性"面板

"Value"——设定颜色值，可通过单击文本框后面的调色器来指定颜色。

13）设置日期选择器的属性

Dreamweaver CC 中拥有多个可供选取日期和时间的新输入类型。

● 日期——选取日、月、年。

● 月——选取月、年。

● 周——选取周和年。

● 时间——选取时间（小时和分钟）。

● 日期时间——选取时间、日、月、年（UTC 时间）。

● 日期时间（当地）——选取时间、日、月、年（本地时间）。

当日期选择器被插入或选中后，在页面上可通过单击文本框右侧的下拉按钮在日历中选择日期，如图 11-40 所示。

在其"属性"面板中可对日期时间属性进行设置，如图 11-41 所示。

图 11-40　日期选择器页面效果　　　　图 11-41　日期选择器"属性"面板

"Value"——设置日期（或时间）的值。

"Max"——规定允许的日期（或时间）的最大值。

"Min"——规定允许的日期（或时间）的最小值。

11.4 实战演练

1．实战效果

实战效果如图 11-42 所示。

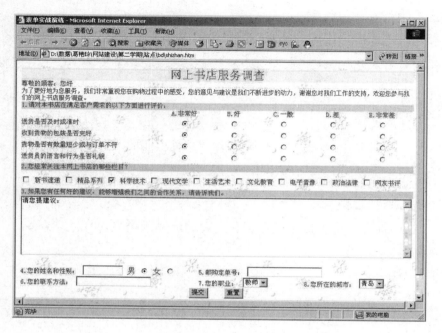

图 11-42　实战效果

2．制作要求

（1）在网页上创建一个网上书店服务问卷调查的表单，表单包含单选按钮、复选框、单行文本框、多行文本框、下拉列表等普通表单及 Spry 表单对象，可根据需求确定采用的表单对象。

（2）表单中的表单元素用表格定位。

（3）对表单中的标题及标识文字进行格式设置。

（4）对表单及表单对象的属性进行设置。

3．操作提示

（1）新建 HTML 网页，设置页面背景，插入表单。

（2）在表单中插入 12 行 1 列的表格，宽为 770，高为 460，表格边框色为#993300。

（3）在各行中输入标识文字，并设置单元格及文字的相关属性。

（4）在表单最后一行插入两个按钮，即"提交"和"重置"按钮。

（5）在各单元格中插入合适的表单对象。

（6）设置表单属性：设置"name"为"logo"；"方法"为POST；在"动作"文本框中输入"mailto：+ 收件人的电子邮件地址"，表示浏览网页时填写的表单内容将以电子邮件的方式发送给服务器。

（7）以 szbd.htm 为文件名保存文件，按【F12】键预览网页。

本章小结与重点回顾

　　本章主要介绍了网络信息交互工具——表单。表单技术是建立动态网站的重要工具之一，利用表单技术能充分发挥网络的有利条件，使信息能够及时交互。

　　本章重点：

● 创建表单、文本域、文本区域、密码域、单选按钮、复选框、按钮、选择、搜索、日期选择器等多种表单元素的方法。

● 各种表单对象属性的设置。

● 表单的提交方法。

第12章

使用 "jQuery UI" 小部件

jQuery UI 是以 jQuery 为基础的开源 JavaScript 网页用户界面代码库，包含底层用户交互、动画、特效和可更换主题的可视控件。设计者可以直接用它来构建具有良好交互性的 Web 应用程序。

jQuery UI 小部件主要是一些界面的扩展，包括 Accordion（可折叠的面板）、Tabs（选项卡）、DatePicker（日期选择控件）、ProgressBar（进度条）、Dialog（对话框）、Autocomplete（自动填充）、Slider（滑动条）等，而 jQuery UI 效果则用于提供丰富的动画效果。

12.1 使用 "jQuery UI" 小部件布局页面

12.1.1 案例综述

"jQuery UI" 小部件增加了页面的布局形式，简化并增强了表单的表现形式，使用户体验到桌面系统的交互感受。本案例就将这些新功能集合到一个网页中，使读者从中体会 "jQuery UI" 小部件的无穷魅力。本案例最终效果如图 12-1 所示。

图 12-1 案例最终效果

12.1.2 案例分析

该案例主要用于展示 "jQuery UI" 小部件的各种功能，其页面布局由四部分组成，它们分别是：①页面头部——由页面 Banner、导航栏、画廊组成；②主信息区——插入多种 "jQuery UI" 小部件；③右侧栏——插入日期选择器等微件；④页尾部分——版权信息。

12.1.3 实现步骤

1．制作前的准备

步骤

（1）在互联网上下载 HTML 个人博客模板，解压到 chahua2071 文件夹中。

（2）将该文件夹设置为站点根文件夹，将其中的 images 设为默认的图像文件夹，站点设置完成后在"文件"面板中双击 index.htm。

（3）该页面是由 Div+CSS 布局设计的，页面头部为网站 Logo、导航栏、Banner，而信息区则分为主信息区和右侧栏，最后是版权信息，如图 12-2 所示。

2．页面头部信息的修改

步骤

（1）将页面头部 Logo 文字改为"好好学习"及相应网址，并修改其网址超链接，如图 12-3 所示。

图 12-2　下载的模板页　　　　　图 12-3　修改页面头部内容

（2）修改导航栏文字为"首页""博客""影集""关于""联系"，如图 12-4 所示。

3．页面信息区制作

切换到"代码"视图可以清楚地看到页面的结构布局，信息区由主要信息区和右侧栏构成，而主要信息区又用了两个 Div 来放置内容，如图 12-5 所示。

1）主要信息区的制作

步骤

（1）主要信息区用来制作教程，以展示选项卡和折叠式面板的功能，所以在此将 content 区块中的两个 Div 都删除，选择"插入"面板的"jQuery UI"类别中的 Tabs，插入选项卡面板，如图 12-6 所示。

图 12-4　修改导航栏内容

图 12-5　页面信息区结构布局

图 12-6　插入选项卡面板

（2）将光标定位在选项卡标题处，选项卡标题分别修改为"Dreamweaver""jQuery UI""Div+CSS"。单击该构件的蓝色标签，在其"属性"面板中可单击"+"按钮或"-"按钮添加或删除面板的数目，并设置默认面板，以及调整折叠标签的顺序。将 Event 值改为 mouseover，使光标放到选项卡上时可切换选项卡。另外，还可以设置面板的 Hide（隐藏）、Show（显示动画效果）属性，这与在行为中所添加的效果是一样的，如图 12-7 所示。

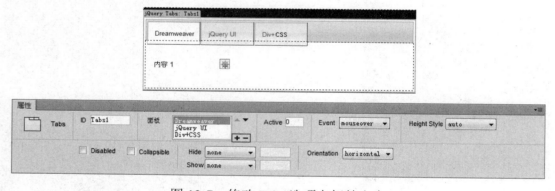

图 12-7　修改 Tabs 选项卡标签文字

（3）将光标定位在内容位置，删除"内容 1"文字。单击"插入"面板的"jQuery UI"类别中的 Accordion 按钮，插入折叠式面板，如图 12-8 所示。

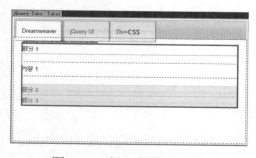

图 12-8　插入折叠式面板

（4）单击该构件的蓝色标签，在其"属性"面板中可添加或删除折叠面板的数目，并设置默认面板，以及调整折叠标签的顺序。另外，还可以设置面板的 Animate 动画效果，如图 12-9 所示。

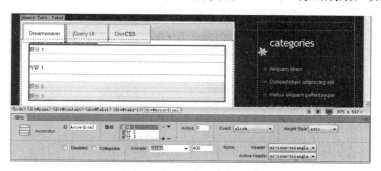

图 12-9　折叠式面板属性设置

（5）将光标定位在折叠式标签文字处，修改标签为"第 1 章　网页设计基础"，删除"内容 1"，从素材文件 dwtxt.doc 中复制第 1 章相关内容，如图 12-10 所示。

（6）将鼠标指针移到"部分 2"上，单击出现在该标签右侧的眼睛图标，打开该面板，分别进行标签及内容的编辑。以同样的方法完成 6 个章节的制作。完成后的面板如图 12-11 所示。

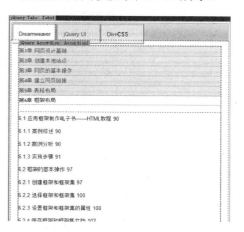

图 12-10　为折叠式面板添加内容　　　图 12-11　折叠式面板效果

（7）制作"jQuery UI"选项卡内容。将光标定位在该选项卡标签上，当出现眼睛图标时，单击眼睛图标，该选项卡即可被激活，此时可进行该选项卡内容的编辑，编辑方法同前。以同样的方法完成"Div+CSS"选项卡内容的编辑。"jQuery UI"选项卡和"Div+CSS"选项卡完成效果分别如图 12-12 和图 12-13 所示。

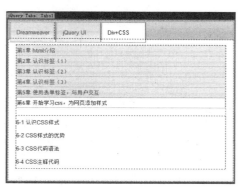

图 12-12　"jQuery UI"选项卡内容　　　图 12-13　"Div+CSS"选项卡内容

（8）制作选项卡及折叠式面板效果。

2）右侧栏制作

步骤

（1）制作日期显示。右侧栏中原以项目列表显示侧栏内容，此处想添加日期选择器构件和其他构件，应切换到"代码"视图，删除项目列表内容，如图 12-14 所示。

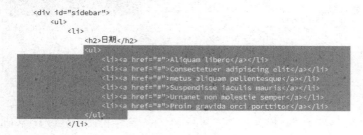

图 12-14　将蓝色项目列表代码段删除

（2）在"插入"面板的"jQuery UI"类别中单击 Datepicker 按钮，添加日期选择器，在其"属性"面板中选中"内联"复选框，表示将日期直接显示在页面上，如图 12-15 所示。

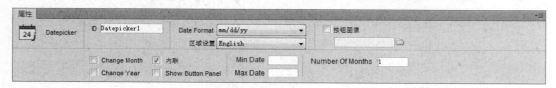

图 12-15　日期选择器"属性"面板

（3）制作搜索区块。切换到"代码"视图，复制"日期"列表项（这样可以准确选择），将标题文字改为"搜索"，删除日期选择器，在"插入"面板的"jQuery UI"类别中单击 Autocomplete 按钮，添加自动填充构件。

（4）在"属性"面板中设置 source 值为["java"，"javascript"，"css"，"jQuery"，"PHP"，"HTML"]。

（5）在 Autocomplete 构件后面继续插入 Button 构件，在其"属性"面板中设置 Label 为"搜索"，Icons Primary 为"ui-icon-search"，如图 12-16 所示。

（6）制作文章区块内容。再将光标定位在原"Archives"部分，修改其内容，如图 12-17 所示。

图 12-16　设置按钮属性　　　　　图 12-17　修改文章区块内容

（7）复制搜索区块，在文章区块下方制作调查区块。将标题文字改为"调查"，删除原内容后在其中插入 5 行 1 列的表格，宽度为 100%。

（8）在第一行中输入"1．您是专业 IT 设计人员？"；在第二行中插入单选按钮组，插入后默认有三个单选按钮，在页面中将标签 1 改为"是"，标签 2 改为"否"，单击蓝色 jQuery 标签，在"属性"面板中通过单击"–"按钮删除标签 3，如图 12-18 所示。选中"是"单选按钮，在其"属性"面板中选中"Checked"复选框，表示其为默认选中状态。

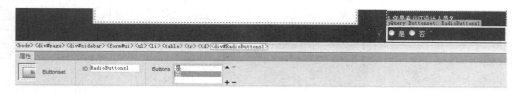

图 12-18　插入"jQuery UI"小部件验证单选框

（9）在第三行中输入"2．您浏览时感兴趣的内容是："；在第四行中插入复选按钮组，插入后默认有三个复选框，在页面中将标签 1、标签 2、标签 3 分别改为"平面设计""Flash 二维动画""JavaScript"，单击蓝色 jQuery 标签，在"属性"面板中通过单击"+"按钮添加标签 4、标签 5 为"jQuery""XML"，如图 12-19 所示。

图 12-19　插入"jQuery UI"小部件验证复选框

（10）在第五行中插入"表单"类别中的"提交"按钮和"重置"按钮。制作完成后效果如图 12-20 所示。

4．版权信息区制作

在页面版权信息处输入版权信息"地址：青岛市宁夏路 308 号　邮编：266071；© 青岛大学 ® COPYRIGHT QINGDAO UNIVERSITY"。

保存网页时会提示保存与页面相关的 CSS、JS 文件，如图 12-21 所示，单击"确定"按钮，将相关文件保存到站点的特定文件夹中。

图 12-20　调查区块制作效果

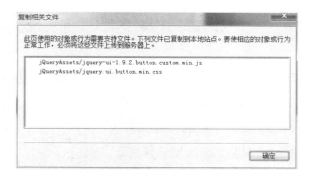

图 12-21　保存相关文件时的提示

至此，该页面的制作已全部完成了，按【F12】键在浏览器中预览，即可看到精彩的"jQuery UI"小部件效果。

12.2 "jQuery UI"小部件

"jQuery UI"小部件是以 DHTML 和 JavaScript 等语言编写的小型 Web 应用程序，可以在网页内插入和执行。"jQuery UI"小部件（如折叠式、选项卡、日期选择器、滑块以及自动完成功能）将桌面体验带到了 Web 之上。例如，选项卡可用于在桌面应用程序中复制对话框的选项卡功能。

利用 Dreamweaver 制作网页时，可以方便地插入这些控件，然后设置控件的样式。插入"jQuery UI"小部件的方法如下。

（1）确保将光标定位在页面中要插入"jQuery UI"小部件的位置。

（2）选择"插入"|"jQuery UI"选项，然后选择要插入的"jQuery UI"小部件。如果使用"插入"面板，则"jQuery UI"小部件存在于"插入"面板的"jQuery UI"部分中。

（3）在选择"jQuery UI"小部件时，其属性显示在"属性"面板中。

可以在实时视图中或在支持"jQuery UI"小部件的浏览器中预览"jQuery UI"小部件。

"jQuery UI"小部件由以下几部分组成。

（1）结构：用来定义"jQuery UI"小部件结构组成的 HTML 代码块。

（2）行为：用来控制"jQuery UI"小部件如何响应用户启动事件的 JavaScript。

（3）样式：用来指定"jQuery UI"小部件外观的 CSS。

jQuery UI 框架中的每个小部件都与唯一的 CSS 和 JavaScript 文件相关联。CSS 文件中包含设置小部件样式所需的全部信息，而 JavaScript 文件则赋予了小部件功能。当 Dreamweaver 界面中插入小部件时，Dreamweaver 会自动将这些文件链接到页面，以便微件中包含该页面的功能和样式。与给定小部件相关联的 CSS 和 JavaScript 文件根据该小部件命名，在已保存的页面中插入小部件时，Dreamweaver 会在站点中创建一个 jQueryAssets 目录，并将相应的 JavaScript 和 CSS 文件保存到其中。

12.2.1 折叠面板

折叠（Accordion）面板是一组面板，用来将内容存储到紧凑的空间中。单击面板上的标签来隐藏或显示存储在可折叠面板中的内容。当访问者选择不同的选项卡时，折叠微件的面板会相应地展开或收缩。在折叠微件中，每次只能有一个内容面板处于打开且可见的状态。如图 12-22 所示为一个折叠面板，其中的第一个面板处于展开状态。

1. 插入 Accordion 面板

🐬 **步骤**

（1）选择"插入"|"jQuery UI"|"Accordion"选项，或在"插入"面板的"jQuery UI 小部件"类别中单击"Accordion"按钮。

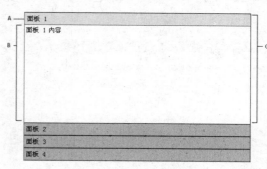

图 12-22　折叠面板效果示意图

（2）对于插入到网页中的 Accordion 面板，单击左上角的蓝色区域即表示选择了该 Accordion 面板，可进行编辑操作，如图 12-23 所示。

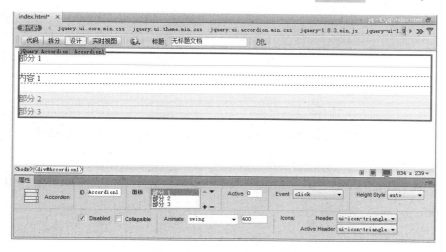

图 12-23　插入折叠面板

2. 设置 Accordion 面板属性

步骤

（1）在"文档"窗口中选择一个 Accordion 面板。

（2）在其"属性"面板中，可设置以下属性。

● 面板：单击"面板"旁边的"+"按钮或"-"按钮可添加或删除折叠面板；通过"在列表中向上移动面板"按钮▲和"在列表中向下移动面板"按钮▼对页面中的面板的顺序进行排列。

● Disabled：是否禁止折叠。

● Collapsible：是否允许折叠活动部分。

● Animate：设置缓动效果显示/隐藏面板。

● Active：默认显示的第一个面板。

● Event：触发事件。

● Height Style：折叠式及其面板的高度。

● Icons：指定要用于面板标题的图标及要用于活动面板标题的图标。

3. 编辑 Accordion 面板

步骤

（1）将鼠标指针移到要在"设计"视图中打开的面板的选项卡上，然后单击出现在该选项卡右侧的眼睛图标。

（2）在"文档"窗口中将光标定位在部件名称上可重命名选项卡标题，在内容部分编辑折叠面板要显示的内容。

12.2.2　选项卡

选项卡（Tabs）是一组面板，用来将内容存储到紧凑的空间中。选择面板上的标签可隐藏或显示存储在选项卡式面板中的内容，选择不同的选项卡面板会相应地打开。在给定时间内，选项卡式面板中只有一个内容面板处于打开状态。在如图 12-24 所示的选项卡面板中，选项卡"文旅·体育"处于打开状态，而其他的选项卡面板均处于关闭状态。

图 12-24　选项卡效果

1. 插入选项卡面板

🐬 **步骤**

（1）选择"插入"|"jQuery UI"|"Tabs"选项，或在"插入"面板的"jQuery UI"小部件类别中单击"Tabs"按钮。

（2）对于插入到网页中的选项卡面板，单击左上角的蓝色区域即表示选择了该"jQuery UI"小部件选项卡面板，可进行编辑操作，如图 12-25 所示。

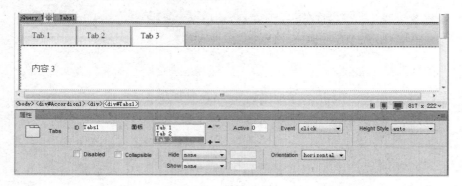

图 12-25　插入 jQuery UI 小部件选项卡面板

2. 设置选项卡面板属性

🐬 **步骤**

（1）在"文档"窗口中单击选项卡左上角的蓝色区域，选中该"jQuery UI"小部件选项卡面板。

（2）在其"属性"面板中，可设置以下属性。

- 面板：单击"添加面板"按钮➕或"删除面板"按钮➖。通过"在列表中向上移动面板"按钮🔼和"在列表中向下移动面板"按钮🔽，可对页面中的"jQuery UI"小部件选项卡进行左右排序。
- Active：默认情况下打开的面板。
- Hide：选项卡隐藏的动画效果。
- Show：选项卡显示的动画效果。
- Orientation：选项卡的方向。

3. 编辑选项卡面板

对于插入网页中的选项卡面板，单击左上角的蓝色区域即表示选择了该小部件，可以进行编辑操作。

🐬 **步骤**

（1）将鼠标定位在选项卡标题所在区域即可对该标题进行编辑操作。

（2）对于插入页面中选项卡面板所对应的内容，光标移动到相应的选项卡时，会出现眼睛图标，单击该图标即可将此面板激活显示，如图 12-26 所示。

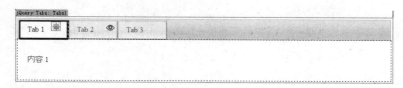

图 12-26　选择选项卡面板以编辑其内容

（3）面板内容中所插入的内容与普通网页内容操作无异，如插入文本、图像、表格等。

12.2.3　日期选择器

日期选择器（Datepicker）：在默认情况下，日期输入文本框获得页面焦点的时候，日期选择器组件会在一个覆盖层中打开日历选择面板，当日期输入文本框失去焦点或者选择一个日期的时候，将自动关闭该日历选择面板，如图 12-27 所示。

图 12-27　日期选择器效果

1．插入日期选择器

步骤

（1）在页面中需要输入日期的位置定位光标。

（2）选择"插入" | "jQuery UI"小部件| "Datepicker"选项，或在"插入"面板的"jQuery UI"类别中单击"Datepicker"按钮。

（3）在页面插入点位置插入日期选择器，如图 12-28 所示。

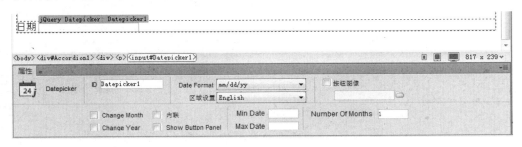

图 12-28　日期选择器"属性"面板

2．编辑日期选择器属性

步骤

（1）单击日期选择器左上方的蓝色标签或在标签选择器上单击<input#Datepicker*>即可选中该部件。

（2）在其"属性"面板中，可以进行以下属性设置。

● Date Format：设置日期字符串的显示格式，默认为 mm/dd/yy。
● 区域设置：用于显示日期的语言。
● 按钮图像：用于显示日历的按钮。
● Change Month：使月份可编辑。
● Change Year：使年份可编辑
● 内联：放置内联日期选择器替代打开窗口。
● Show Button Panel：打开按钮面板。
● Min Date：设置一个最小的可选日期。可以是 Date 对象，或者是数字（从当天算起，如+7），或者有效的字符串（'y'代表年，'m'代表月，'w'代表周，'d'代表日，如'+1m +7d'）。
● Max Date：设置一个最大的可选日期。可以是 Date 对象，或者是数字（从当天算起，如+7），或者有效的字符串（'y'代表年，'m'代表月，'w'代表周，'d'代表日，如'+1m +7d'）。
● Number Of Months：要显示的月数。

12.2.4 进度条

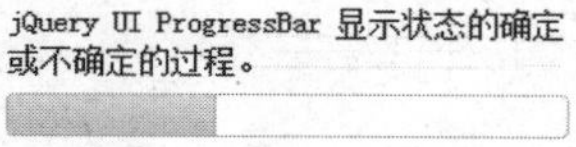

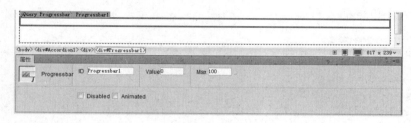

图 12-29　进度条效果图

进度条（ProgressBar）控件通过从左到右用一些方块填充矩形来表示一个较长操作的进度。在默认情况下，进度条一般是水平的，但是可以通过将 fillDirection 选项设置为向北或向南，来将它设置为垂直的，如图 12-29 所示。

1．插入进度条

🐬 **步骤**

（1）在页面需要显示进度条的位置定位光标。

（2）选择"插入"|"jQuery UI"|"ProgressBar"选项，或在"插入"面板的"jQuery UI"类别中单击"ProgressBar"按钮。

（3）在页面插入点处插入进度条，如图 12-30 所示。

图 12-30　进度条

2．编辑进度条属性

🐬 **步骤**

（1）单击进度条左上方的蓝色标签或在标签选择器上单击<input#Progressbar*>即可选中该部件。

（2）在其"属性"面板中，可以进行以下属性设置。

● Value：用数字表示当前位置，默认为 0。

● Max：进度条最大值。

● Disabled：禁用进度条。

● Animated：使用 GIF 文件来显示进度。

12.2.5 对话框

在页面开发时，经常需要在 Web 页面上弹出一些对话框（Dialog），如询问用户或者让用户选择。对话框效果如图 12-31 所示。

1．插入对话框

🐬 **步骤**

（1）在页面中定位光标。

（2）选择"插入"|"jQuery UI"|"Dialog"选项，或在"插入"面板的"jQuery UI"类别中单击

图 12-31　对话框效果

"Dialog"按钮 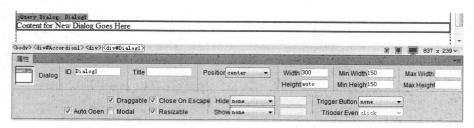 。

（3）在页面插入点位置插入 Dialog 对话框，如图 12-32 所示。

图 12-32　插入对话框

2．编辑对话框属性

🐬　**步骤**

（1）单击对话框左上方的蓝色标签或在标签选择器上单击<input#Dialog*>即可选中该部件。

（2）在其"属性"面板中，可以进行以下属性设置。

- Title：设置对话框的标题。
- Position：用来设置对话框的位置，一个字符串，允许的值为'center'、'left'、'right'、'top'、'bottom'。此属性的默认值即为 'center'，表示对话框居中。
- Width/Height：宽度，默认为 300；高度，默认为'auto'。
- Min Width/Min Height：最小宽度，默认为 150/最小高度，默认为 150。
- Max Width/Max Height：最大宽度/最大高度。
- Auto Open：以动画方式来显示打开的进度。
- Draggable：可以使用标题栏拖动对话框。
- Modal：显示对话框时禁用页面上的其他元素。
- Close On Escape：用【Esc】键关闭对话框。
- Resizable：用户可以调整对话框的大小。
- Hide：隐藏时的动画。
- Show：显示时的动画。
- Trigger Button：触发对话框显示的按钮。
- Trigger Event：触发对话框显示的事件。

3．编辑对话框内容

对话框可以设置标题和提示信息，也可在其中添加按钮以实现跳转和提交等功能，设置方法如下。

（1）在其"属性"面板的"Title"文本框中设置对话框的标题。

（2）将光标定位在对话框的内容区中，输入对话框提示文字。

（3）如有需要可插入表格、图片、按钮，如图 12-33 所示。

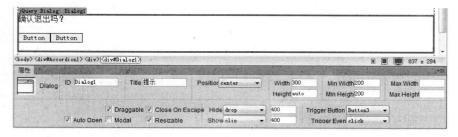

图 12-33　编辑对话框内容

12.2.6 自动填充

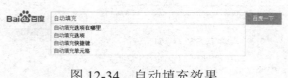

图 12-34 自动填充效果

自动填充（Autocomplete）通常指浏览器等软件自动跟踪用户最近输入的信息，如 Web 站点地址、表单中的信息以及搜索查询等并在输入新的信息时试图预测用户要输入的信息，提供可能的匹配内容的功能，如图 12-34 所示。

1．插入自动填充

步骤

（1）在页面需要用户输入文本的位置定位光标。

（2）选择"插入"|"jQuery UI"|"Autocomplete"选项，或在"插入"面板的"jQuery UI"类别中单击"Autocomplete"按钮。

（3）在页面插入点处插入自动填充控件，如图 12-35 所示。

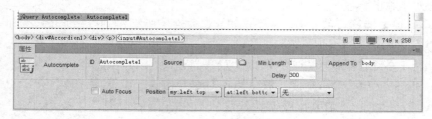

图 12-35 自动填充

2．编辑自动填充属性

步骤

（1）单击 Autocomplete 左上方的蓝色标签或在标签选择器上单击<input#Autocomplete*>即可选中该部件。

（2）在其"属性"面板中，可以进行以下属性设置。

● Source：为指定智能提示下拉列表中的数据来源。

● Min Length：在显示自动完成建议之前要输入的最少字符数。

● Delay：在显示自动完成建议之前击键后延迟时间（以毫秒为单位）。

● Append To：指定菜单必须追加到的元素（选择器/标签名称）。

● Auto Focus：焦点自动设置为第一个项目。

● Position：指定对齐方式。

12.2.7 滑块

滑块（Slider）控件由滑块与滑动条组成。使用 Slider 控件，可以计算出滑块在滑动工程中占整个滑动条的比例。如果滑动条的整体长度为 100，则滑动的范围就是 0～100。开发中常使用滑动条来调节声音或者颜色等，如图 12-36 所示。

图 12-36 滑块效果

1. 插入滑块

步骤

（1）在页面中需要显示滑块的位置定位光标。

（2）选择"插入"|"jQuery UI"|"Slider"选项，或在"插入"面板的"jQuery UI"类别中单击"Slider"按钮。

（3）在页面插入点处插入滑块，如图 12-37 所示。

图 12-37 插入滑块

2. 编辑滑块属性

步骤

（1）单击 Slider 左上方的蓝色标签或在标签选择器上单击<input#Slider*>即可选中该部件。

（2）在其"属性"面板中，可以进行以下属性设置。

- Min：滑块最小值。
- Max：滑块最大值。
- Step：最小值与最大值之间的步长值大小。
- Range：如果设置为 true，则滑动条会自动创建两个滑块，一个最大、一个最小，用于设置一个范围内值。
- Value(s)：设置初始时滑块的值，如果有多个滑块，则设置第一个滑块。
- Animate：单击滑动区域时，滑块是否使用动画效果平滑移动到单击位置。
- Orientation：通常不需要设置此选项，程序会自动识别，如果未正确识别，则可以设置为'horizontal'或'vertical'。

12.2.8 按钮及按钮组

jQuery Button 组件可以增强表单中的按钮、输入框和锚等元素，使其具有按钮显示风格，能够正确对鼠标滑动做出反应，如图 12-38 所示。

图 12-38 按钮及按钮组效果

1．插入按钮或按钮组

🐋 **步骤**

（1）在页面需要显示按钮/按钮组的位置定位光标。

（2）选择"插入"|"jQuery UI"|"Button/Buttonset"选项，或在"插入"面板的"jQuery UI"类别中单击"Button/Buttonset"按钮。

（3）在页面插入点处插入按钮或按钮组，如图12-39所示。

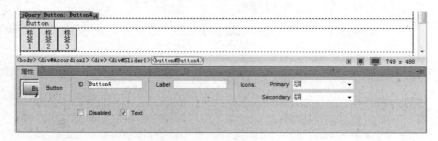

图 12-39　插入按钮或按钮组

2．编辑按钮或按钮组属性

🐋 **步骤**

（1）单击 Button/Buttonset 左上方的蓝色标签或在标签选择器上单击<input#Button*>即可选中该部件。

（2）在 Button"属性"面板中，可以进行以下属性设置。

● Label：按钮上的标签文字。

● Icons：Primary 表示在标签文本左侧的图标，Secondary 表示在标签文本右侧的图标。

● Disabled：禁用按钮。

● Text：显示或隐藏文本。

（3）Buttonset"属性"面板如图12-40所示，可以进行以下属性设置。

图 12-40　Buttonset"属性"面板

Buttons：设置按钮数量。

12.2.9　复选框组及单选按钮组

复选框和单选按钮是表单中使用非常频繁的组件，但在多数浏览器上显示比较呆板，使用 jQuery UI 的复选框组及单选按钮组可以美化这些组件，如图12-41所示。

图 12-41　复选框组及单选按钮组效果

1．插入复选框组或单选按钮组

🐬　**步骤**

（1）在页面需要显示按钮的位置定位光标。

（2）选择"插入"|"jQuery UI"|"Checkbox Buttons/Radio Buttons"选项，或在"插入"面板的"jQuery UI"类别中单击"Checkbox Buttons/Radio Buttons"按钮。

（3）在页面插入点处插入复选框组及单选按钮组，如图 12-42 所示。

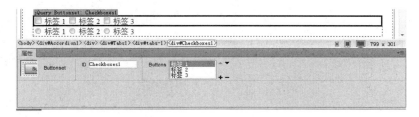

图 12-42　插入复选框组及单选按钮组

2．编辑复选框组及单选按钮组属性

🐬　**步骤**

（1）单击复选框组及单选按钮组左上方的蓝色标签或在标签选择器上单击相应标签选中该部件。

（2）在其"属性"面板中，可以进行以下属性设置。

Buttons：设置按钮的个数。

12.2.10　保存含有"jQuery UI"小部件的页面

在首次保存含有"jQuery UI"小部件的页面文件时，会弹出"复制相关文件"对话框，如图 12-43 所示。单击"确定"按钮进行复制，否则将不能保证"jQuery UI"小部件的正确运行。Dreamweaver 将自动复制"jQuery UI"小部件所需要的 CSS 文件、JavaScript 文件和相关图像文件到站点目录的 jQueryAssets 文件夹内，如图 12-44 所示。

图 12-43　复制相关的文件到站点的特定文件夹中

图 12-44　在站点中自动创建文件夹

该目录名称和位置可在站点定义时进行指定。

定义本地站点时，在"高级设置"选项卡的"jQuery"子选项卡中设置 jQuery UI 资源保存在网站中的位置，如图 12-45 所示。

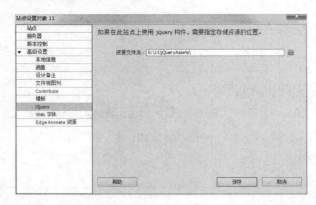

图 12-45　指定"jQuery UI"小部件资源的存放位置

12.3　实战演练

图 12-46　实战效果

1．实战效果

实战效果如图 12-46 所示。

2．制作要求

（1）页面采用选项卡进行菜单切换，使用折叠面板制作教程内容。

（2）用表格进行基本布局。

（3）用 CSS 进行格式化。

3．操作提示

该页面制作以选项卡面板及折叠面板制作为重点，在其他位置插入图片即可。

（1）创建本地站点，新建主页文档 index.html，设置页面属性，左边距、上边距均设置为 0，标题设为"教程"；页面背景色为#EEEFF1。

（2）插入 2×1 的表格 T1，宽度为 1200，设置对齐为"居中"。在第一行中输入教程名称"<jQuery 基础课程"，选中文字，在"属性"面板中设置格式为"标题 1"；在第二行中插入素材文件夹中的图片 banner.png，如图 12-47 所示。

图 12-47　制作页眉部分

（3）在表格 T1 后面插入 1×3 的表格 T2，宽度为 1200，设置第一个单元格宽度为 924，第三个单元格宽度为 259，如图 12-48 所示。

（4）在第一个单元格中插入选项卡面板，分别设置其标签文字，如图 12-49 所示。

图 12-48　插入表格 T2

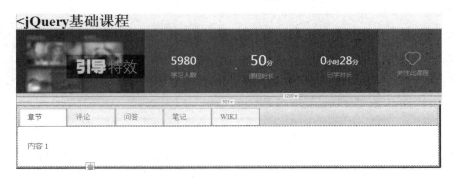

图 12-49　设置标签文字

（5）单击章节标签上的眼睛图标激活该标签，编辑内容 1 中的内容，将光标定位在其中，删除占位文字"内容 1"，插入折叠面板，编辑其标签文字及内容，如图 12-50 所示。

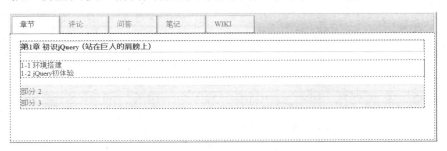

图 12-50　编辑折叠面板内容

（6）逐个编辑折叠面板的内容，完成章节的制作，完成后的效果如图 12-51 所示。

图 12-51　完成后的效果

229

（7）完成其他选项卡内容的设置，各选项卡完成后效果如图 12-52 至图 12-54 所示，WIKI 内容为无。

图 12-52　"评论"选项卡

图 12-53　"问答"选项卡

图 12-54　"笔记"选项卡

（8）制作第三个单元格的内容，在其中嵌入 3×1 的表格 T3，宽度为 100%。再在第一行单元格中嵌入 4×1 的表格 T4，宽度为 95%，对齐设置为"居中"，制作授课老师区块；在第三行单元格中嵌入 5×1 的表格 T5，宽度为 95%，对齐设置为"居中"，制作授课同学区块，效果如图 12-55 所示。

（9）保存并浏览该文件。

图 12-55　在页面中插入表

本章小结与重点回顾

　　本章主要介绍了 Dreamweaver "jQuery UI" 小部件的使用方法，其中包括 "jQuery UI" 折叠面板、选项卡面板、进度条、对话框、滑块、单选按钮组和复选框组等，只需简单地拖放或应用菜单选项就可以在网页中轻松地创建这些组件。

　　本章重点：

　　"jQuery UI" 小部件的插入方法及其作用。

第13章

站点整理维护与上传

网站制作完成后，需要对网站进行总体的测试，对测试过程中出现的问题进行修改更正后，即可将其上传到服务器中供访问者浏览。本章主要介绍网站的检查、维护，以及网站空间、域名的申请与上传等相关知识。

13.1 网站整理上传

利用 Dreamweaver CC，用户可以在本地计算机的磁盘上创建本地站点，由于此时没有与 Internet 连接，因此有充裕的时间完成站点的设计、测试。当站点设计、测试完毕，可以利用各种上传工具，如 FTP 程序，将本地站点上传到 Internet 服务器上，形成远程站点。

13.1.1 案例综述

本案例以一个网站的上传及相关操作为例，介绍网站管理的一些基本方法。通过这个案例，读者对网站管理全过程将有一个系统的认识，并能进一步掌握"文件"面板的使用，学会检查站点、设置/上传站点和存回/取出站点等网站管理方法。

13.1.2 案例分析

当网站中各网页制作完成后，要进行测试和检查，这样才能保证用户在 Internet 上浏览网站时尽可能少地出现错误，因此，要做好如下工作：

（1）申请网站空间。

（2）检查站点。

（3）上传网站。

13.1.3 实现步骤

1．申请空间

若要将设计好的站点发布到互联网，就必须有运行 Web 服务器的空间。一般而言，大型公司的站点从电信部门申请专线，购置网络软硬件，构建自己的 Web 服务系统，并且申请国际和国内域名，但其运行和维护的费用较高。也有一些网站提供免费的空间和域名服务，对于广大网络爱好者来说，利用免费空间和域名服务创建自己的网站是非常合适的方式，只要在线申请，就可以得到免费的服务。通常提供免费域名的网站也会提供免费空间，用户只需填写申请表单，就可以得到免费的主页空间。

步骤

（1）在百度搜索引擎中输入"免费空间申请"，在浏览器中可看到搜索结果，如图 13-1 所示。

（2）单击搜索结果中的"免费空间 free.3v.do 提供 100M 永久免费 ASP 空间申请"链接，可进入 free.3v.do 空间主页，如图 13-2 所示。

图 13-1　进入申请空间网站

图 13-2　进入申请空间页面

（3）单击"注册"按钮，进入注册页面。

（4）输入用户名，系统会检测用户名的可用性，如检测不成功则改换用户名，直至检测成功，依次填写相关注册信息，最后单击"递交"按钮，如图 13-3 所示。

（5）填写完成后，单击"递交"按钮，完成注册，弹出注册成功提示框，如图 13-4 所示。

图 13-3　填写注册信息

图 13-4　注册成功提示框

（6）单击"确定"按钮，进入新申请空间的管理中心页面，如图 13-5 所示。在页面最下方是所申请空间的网址，将其记下。

（7）在左侧的栏目中选择"激活 FTP"，在此页面中提示需"完善实名资料"和"在线支付 10 元"即可激活 FTP，如图 13-6 所示。

（8）单击"完善实名资料"，在其页面中填写身份证号码和电话号码，单击"确定"按钮，完成此步骤，如图 13-7 所示；单击"在线支付 10 元"可打开支付宝，在线支付 10 元开通费用。

⑨ 此两项完成后，回到激活 FTP 页面，输入密码后单击"下一步"按钮，可看到 FTP 激活信息，如图 13-8 所示。可查看所申请空间的 FTP 地址、FTP 账号和 FTP 密码，这些是在上传站点时要用到的信息，可以将它们记录下来备用，单击"点此查看 FTP 上传方法"链接，可看到上传说明。

图 13-5　管理中心页面

图 13-6　激活 FTP 页面

图 13-7　完善实名资料

图 13-8　激活 FTP 相关信息

2．检查站点

在网站上传之前，应先在"本地"检查网站是否有错误。应该确保页面在目标浏览器中如预期的那样显示和工作，而且没有断开的链接，页面下载也不会占用太长时间。还可以通过运行站点报告来测试整个站点并解决出现的问题。

步骤

（1）启动 Dreamweaver CC 程序，选择"窗口"|"文件"选项，打开"文件"面板。

（2）在"文件"面板中，单击标题栏中左边的下拉按钮，在弹出的下拉列表中选择已制作好的本地站点，Dreamweaver 将自动搜索必要的信息，并将其显示在"文件"面板中。

（3）在"文件"面板中，双击任意网页，打开页面。

（4）选择"窗口"|"结果"|"链接检查器"选项，在编辑窗口下方的"属性"面板下方会打开"结果"面板组，如图 13-9 所示。

（5）在"结果"面板组中包含"搜索"、"验证"、"链接检查器"、"站点报告"和"FTP 记录"五个面板，用于对所建站点进行检查。打开"搜索"面板，在其面板的"查找和替换"按钮 ▷ 上单击，在弹出的"查找和替换"对话框中输入要查找的文字及替换文字，便可在一个文档或一组文档中搜索文本、HTML 标签和属性。"结果"面板组的"搜索"面板中将显示"查找全部"搜索的结果，如图 13-10 所示。

图 13-9　"结果"面板组

图 13-10　"搜索"面板及结果

（6）打开"验证"面板，在其面板中单击 ▷ 按钮，可进行当前文档和实时文档的 W3C 验证，W3C 验证程序可验证 HTML 文档是否符合 HTML 或 XHTML 标准。使用验证后，生成的报告中会显示文件中的错误，如图 13-11 所示。

图 13-11　"验证"面板

（7）打开"链接检查器"面板，在其面板中单击 ▷ 按钮，可检查当前文档、整个站点及所选文档的链接情况，检查链接功能用于搜索断开的链接和孤立文件（文件仍然位于站点，但站点中没有任何其他文件链接到该文件），可以搜索打开的文件、本地站点的某一部分或者整个本地站点，如图 13-12 所示。

Dreamweaver 验证仅指向站点内文档的链接；Dreamweaver 将出现在选定文档中的外部链接编辑成一个列表，但并不验证它们。此外，可以标识和删除站点中其他文件不再使用的文件。

（8）打开"站点报告"面板，可以对工作流程或 HTML 属性运行站点报告。还可以使用"报告"

选项来检查站点中的链接。

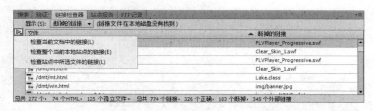

图13-12 "链接检查器"面板

工作流程报告可以改进 Web 小组中各成员之间的协作。必须定义远程站点连接才能运行工作流程报告。这些报告可以显示谁取出了某个文件、哪些文件具有与之关联的设计备注以及最近修改了哪些文件。可以通过指定名称/值参数来进一步完善设计备注报告。

HTML 报告可为多个 HTML 属性编辑和生成报告，可以检查可合并的嵌套字体标签、遗漏的替换文本、多余的嵌套标签、可删除的空标签和无标题文档。

运行报告后，可将它另存为 XML 文件，然后将它导入模板实例、数据库或电子表格中并打印或显示在网站上，如图13-13所示。

（9）打开"FTP记录"面板，Dreamweaver 会记录所有 FTP 文件传输活动。如果使用 FTP 传输文件时出错，则可以借助站点"FTP记录"来确定问题所在，如图13-14所示。

图13-13 生成站点报告

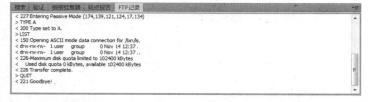

图13-14 "FTP记录"面板记录 FTP 信息

3．设置/上传站点

上传站点的方法有很多，可以利用 FTP 软件上传，也可以利用 Dreamweaver 自带的上传功能上传，这里使用 Dreamweaver CC 上传。

1）为欲上传站点设置远程信息

步骤

（1）选择"站点"|"管理站点"选项，弹出"管理站点"对话框，如图13-15所示。

（2）选择需要上传设置的网站，如"足球网"，单击"编辑"按钮，弹出"站点设置对象足球网"对话框。选择"服务器"选项卡，定义远程服务器信息，如图13-16所示。

（3）在"连接方法"下拉列表中选择"FTP"选项，在"FTP地址"文本框中输入前面申请时记录好的 FTP 地址，在"用户名"和"密码"文本框中输入申请空间时的 FTP 账号和密码，可单击"测试"按钮，看能否连接成功。

（4）单击"测试"按钮，弹出"状态"进度显示框，如图13-17所示。若输入的远程信息无误，则稍后会弹出如图13-18所示的提示框，提示"Dreamweaver 已成功连接到您的 Web 服务器"。

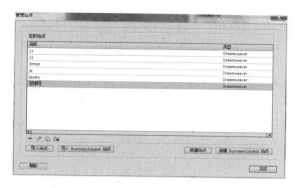

图 13-15　"管理站点"对话框

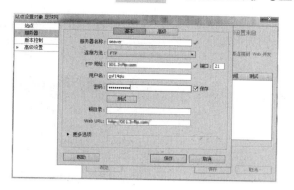

图 13-16　定义服务器信息

图 13-17　连接远端站点测试

图 13-18　提示成功连接到服务器

 提示

若没有弹出如图 13-18 所示的提示框，则应首先确认计算机与 Internet 连接是否正常，以及远程信息是否有误。

（5）确保其他本地设置均正确，即可为站点设置远程站点信息，如图 13-19 所示。

（6）单击"保存"按钮，返回"管理站点"对话框，单击"完成"按钮，此时会弹出提示对话框提示站点重建，如图 13-20 所示。单击"确定"按钮，完成站点设置。

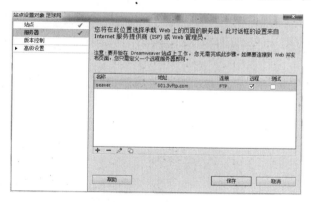

图 13-19　设置远程站点

图 13-20　提示对话框

2）连接上传

步骤

（1）单击"文件"面板中的"远程站点"按钮，单击连接到远端主机按钮，弹出"状态"进度显示框，稍后连接到远端主机的按钮变成，如图 13-21 所示。

（2）待此对话框消失后，可看到"文件"面板的"远程站点"视图中显示了远程站点的文件结构，由于是新申请的，此时站点内尚无任何文件，如图 13-22 所示。

（3）切换到本地视图，选中站点根目录，单击"文件"面板中的上传文件按钮，弹出"您确定要上传整个站点吗？"提示信息，如图 13-23 所示。

图 13-21　提示成功连接到服务器　　　　　图 13-22　远程站点视图

单击"确定"按钮，弹出"状态"进度显示框。在"状态"进度显示框中显示"已上传：×/×"时，表示开始上传文件了，如图 13-24 所示。

（4）上传完毕后，在"文件"面板的"远程站点"视图中，可查看远程站点的文件结构，如图 13-25 所示。在浏览器地址栏中输入网址后即可浏览网页。

图 13-23　上传提示　　　　图 13-24　正在上传文件　　　　图 13-25　站点上传后的远程站点视图

13.2　网站上传前的准备

网站制作完成后，最后要发布到 Web 服务器上，才能够让众多的浏览者观看。这之前还需做以下准备：一是网上空间准备；二是站点检查。

13.2.1　网上空间准备

网站其实由 3 个部分组成，分别是域名、空间、网页。用一句话来概括就是，输入域名找到空间，通过空间打开网页。

1．网站空间

网站空间就是存放网站内容的空间，英文名 WebSite host。网站空间也称为虚拟主机空间，网站空间指能存放网站文件和资料，包括文字、文档、数据库、网站的页面、图片等文件的容量。

网站空间包括自己租用的主机、虚拟主机以及 VPS 主机等形式。

1）独立的服务器

对于经济实力雄厚且业务量较大的企业，可以购置独立的服务器，但这需要很高的费用及大量的人力、物力投入。

2）虚拟主机

所谓虚拟主机就是使用特殊的软硬件技术，将服务器分成若干个空间的方式。一般虚拟主机提供商能向用户提供 100MB、300MB、500MB 甚至一台服务器空间大小的虚拟主机空间，可根据网站的内容设置及其发展前景来选择。对于个人和一些小型企业来说，拥有自己的主机是不太可能的，但可以采用租用主机空间的办法，为自己创建网上家园。可以在网上租用网站空间，如图 13-26 所示。有些网站出于宣传站点的目的，提供了免费主页空间服务，用户只需填写申请表单，就可以得到免费的主页空间。

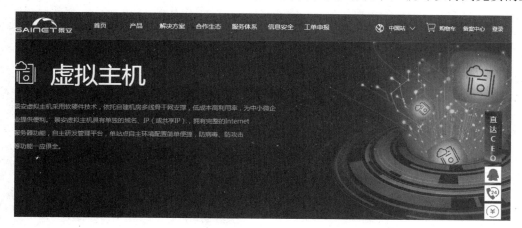

图 13-26　申请网站空间

2. 域名

域名，简称网域，由英文字母、数字、中横线组成，由小数点 "." 分隔成几部分，如 http://www.phei.com/ 是一个国际域名。只要在浏览器中输入网址，全世界接入 Internet 的人就可以准确无误地访问到网站的内容。比如说 phei.com，相当于一个门牌号码。当在域名前面加上 https://www. 时 https://www.phei.com 就成为一个可以通过浏览器打开的网址。

如果没有一个域名解析到这个网站空间的话，这个网站空间本身也做不了什么。可以在一个虚拟主机账号上存放你的网页文件，但是没有域名指向这个账号，也就没有用户能打开这个网页。

域名一旦注册，其他个人或团体将不能再重复注册此域名。注册域名可以在网上直接申请。首先可以输入查询自己想要注册的域名，当确认未被注册过后，便可以填写申请表格，表格提交后，经检验被认可后，用户可收到一份确认域名的电子邮件。但是，此时网站仅为用户暂时保留域名注册权，用户必须支付所需费用才能真正取得该域名的拥有权。国内知名空间和域名商有万网、阿里云、华夏名网、西部数码等，如图 13-27 所示为阿里云主页。

图 13-27　阿里云主页

目前，很多商业网站提供免费域名，广大网络爱好者也可以为自己的站点申请一个免费域名。

3．域名绑定

登录到申请域名的网站后，查找域名列表。之后，通常会管理或解析这些单词。点击进入域名解析步骤，进行域名解析，让域名指向已准备好的网络空间。域名绑定也是如何使用域名的一个非常重要的步骤。如果购买的是虚拟主机，在主机管理后台有相应的填写选项，如"域名绑定"选项，我们将域名和网址绑定到主机上。

13.2.2 站点检查

在准备上传网站之前，为了保证上传之后的站点正常工作，就需要在本地对站点进行全面检查。

在 Dreamweaver 的"窗口"｜"结果"子菜单中提供了检查功能，如图 13-28 所示。选择其中的相应选项将打开"结果"面板组的对应面板，如图 13-29 所示。

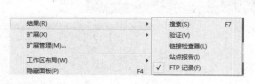

图 13-28 "结果"子菜单

图 13-29 "结果"面板组

搜索：选择"窗口"｜"结果"｜"搜索"选项，打开"搜索"面板，单击"查找和替换"按钮▷，在弹出的"查找和替换"对话框中输入要查找的文字及替换文字，便可在一个文档或一组文档中搜索文本、HTML 标签和属性。

验证：选择"窗口"｜"结果"｜"验证"选项，打开"验证"面板，单击▷按钮，可进行当前文档和实时文档的 W3C 验证，W3C 验证程序可验证 HTML 文档是否符合 HTML 或 XHTML 标准。使用验证后生成的报告可修复文件中的错误。

链接检查器：选择"窗口"｜"结果"｜"链接检查器"选项，单击▷按钮，可检查当前文档、整个站点及所选文档的链接情况，检查链接功能用于搜索断开的链接和孤立文件。可以搜索打开的文件、本地站点的某一部分或者整个本地站点。

Dreamweaver 验证仅指向站点内文档的链接；Dreamweaver 将出现在选定文档中的外部链接编辑成一个列表，但并不验证它们；也可以标识和删除站点中其他文件不再使用的文件。

站点报告：选择"窗口"｜"结果"｜"站点报告"选项，可以对工作流程或 HTML 属性运行站点报告。还可以使用"站点报告"选项来检查站点中的链接。

FTP 记录：选择"窗口"｜"结果"｜"FTP 记录"选项，Dreamweaver 还会记录所有 FTP 文件传输活动。如果使用 FTP 传输文件时出错，则可以借助站点 FTP 记录来确定问题所在。

13.2.3 检查链接

链接是站点的命脉，管理链接在站点管理的诸多项目中显得举足轻重。通过检查链接及时发现并更新错误的链接，确保站点能够正常地运行。

1．查找断开的、外部的和孤立的链接

🐬　**步骤**

（1）在"文件"面板中，选择打开待检查的网页文件。

（2）选择"窗口"｜"结果"｜"链接检查器"选项，打开"链接检查器"面板，单击"检查链接"按钮 ▷，选择"检查当前文档中的链接"选项，进行链接检查。

（3）在"链接检查器"面板的"显示"下拉列表中选择链接报告类型，如图 13-30 所示。

● "断掉的链接"：显示错误的链接。

● "外部链接"：显示外部链接。

● "孤立文件"：显示没有任何链接关系的文件（当检查整个站点的链接时方可检查孤立的文件）。

（4）若要保存此报告，可单击"链接检查器"面板中的"保存报告"按钮。报告为临时文件，若不保存将会丢失。

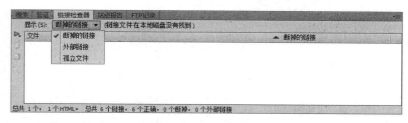

图 13-30　选择链接检查报告类型

（5）单击面板左侧工具栏中的下拉按钮，在下拉列表中选择检查链接的对象。

● "检查当前文档中的链接"：以当前文档作为检查对象。

● "检查整个当前本地站点中的链接"：以当前站点作为检查对象。

● "检查站点中的所选文件的链接"：以选定的文件或文件夹作为检查对象。

（6）单击左侧工具栏中的"保存报告"按钮，保存检查报告。

2．修复断开的链接

在运行链接报告之后，可直接在"链接检查器"面板中修复断开的链接和图像引用；也可以从此列表中打开文件，然后在"属性"面板中修复链接。

1）在"链接检查器"面板中修复链接

🐬　**步骤**

（1）运行链接检查报告。

（2）在"链接检查器"面板（在"结果"面板组中）中的"断开的链接"列（而不是"文件"列），选择该断开的链接。

（3）单击断开的链接旁边的文件夹图标 📁 以浏览到正确文件，或者输入正确的路径和文件名。

注意：如果还有对同一文件的其他断开引用，则会提示设计者修复其他文件中的这些引用。如果单击"是"按钮，Dreamweaver 将更新列表中引用此文件的所有文档。如果单击"否"按钮，Dreamweaver 将只更新当前引用。

2）在"属性"面板中修复链接

步骤

（1）运行链接检查报告。

（2）在"链接检查器"面板（在"结果"面板组中）中双击"文件"列中的某个条目。

（3）Dreamweaver 将打开该文档，选择断开的图像或链接，并在"属性"面板中高亮显示路径和文件名。

（4）若要在"属性"面板中设置新路径和文件名，可单击文件夹图标 📁 以浏览到正确的文件，或者在突出显示的文本上直接输入。

（5）保存此文件。

链接修复后，该链接的条目在"链接检查器"面板中不再显示。如果在"链接检查器"面板中输入新的路径或文件名后（或者在"属性"面板中保存更改后），某一条目依然显示在列表中，则说明Dreamweaver 找不到新文件，仍然认为该链接是断开的。

13.3 上传网站

在拥有了自己的主页空间后，就可以上传精心设计的网站了。目前，网上免费空间的上传方式有两种：一种是 Web 上传方式；另一种是 FTP 上传方式。前者相对后者容易掌握，但各网站也不尽相同，上传效率也不高。FTP 上传是常用的一种上传方式，也是很多收费空间的上传方式，它效率较高，如果用一些软件上传，则能支持断点续传，这对上传一些较大的文件是非常有好处的，不至于因为网速不稳定而造成时间和网费的浪费。

13.3.1 Web 方式上传网站

此方式主要是通过浏览器来上传文件。在要上传内容的网站页面中，单击上传的相关链接或按钮，弹出选择文件对话框，从中选择准备上传的文件，单击"开始上传"按钮后，完成上传，如图 13-31 所示。

图 13-31　Web 方式上传

这种方法容易掌握，但由于是逐个上传的，因此上传速度缓慢，操作麻烦，不支持断点续传。如果所申请的空间不支持 FTP 方式，则只能采用此方式。

13.3.2　FTP 方式上传网站

FTP 是一种网络上的文件传输服务，上传和下载都是 FTP 的功能。用户既然能够将文件从网络上下载下来，当然可以把文件从自己的计算机上传到服务器中。在 FTP 上传的过程中，首先要弄清楚三个问题：主机地址、用户名和密码。只要知道这三项，上传就会变得非常简单。

1. 使用 FTP 工具上传

Web 上传方式有其弱点，一是速度慢，二是不支持断点续传。通常可以使用专门的 FTP 软件上传网站，目前常用的 FTP 上传软件有 CuteFTP、FlashFXP、8UFTP 等，可以到各大搜索引擎中搜索并下载这些软件。这里以 FlashFXP 为例，介绍使用上传工具上传网页的方法。

（1）打开软件，选择站点/站点管理器，进入如图 13-32 所示界面。

（2）在右侧选择"FlashFXP 站点"|"新建站点"选项，在打开的"创建新的站点"对话框中输入自己的网站名字（易于辨认），单击"确定"按钮。填上自己网站的相关信息（IP、用户名和密码），如图 13-33 所示。

图 13-32　打开 FlashFXP

图 13-33　连接站点

（3）单击"连接"按钮，即可连接到自己的服务器。左侧是本地文件，右侧是服务器，如图 13-34 所示。

图 13-34　与服务器连接成功

（4）选择要上传或者下载的文件，右击传输即可完成。

2．使用 Dreamweaver 的上传和下载功能

Dreamweaver CC 提供了强大的上传和下载功能，能够满足网站上传和平时的维护等工作。使用 Dreamweaver CC 上传网站，需要先定义站点的服务器信息，然后利用"文件"面板中的按钮  上传。

1）设置服务器

首先定义站点信息，由于已经创建站点，因此只需编辑站点的远程信息。在弹出的"站点设置对象"对话框中，选择"服务器"选项卡，在右边的"基本"和"高级"选项卡中设置远程服务器及测试服务器的相关信息即可，如图 13-35 所示。

图 13-35　设置服务器信息

在"站点设置对象"对话框中可以进行如下设置。

（1）"基本"选项卡中的设置如下。

"服务器名称"——为定义的服务器命名。

"连接方法"——在该下拉列表中选择 FTP。

"FTP 地址"——输入远程站点 FTP 服务器的 URL。

"用户名"——输入登录 FTP 服务器的用户名。

"密码"——输入登录 FTP 服务器的密码。

"测试"——单击"测试"按钮，测试与服务器的连接。

（2）"高级"选项卡中的设置如下。

设置好选项后，如果需要激活文件的取出和存回功能，则应选中"启用文件取出功能"复选框。根据需要，可选中"保存时自动将文件上传到服务器"复选框。

"测试服务器"——选择动态应用程序所采用的服务器模型。

2）上传站点

在定义了服务器信息后，就可以使用 Dreamweaver 的 FTP 功能将本地站点文件上传到远程服务器中了。Dreamweaver CC 允许在传输文件的同时进行其他工作，这样可以大大提高工作效率。

步骤

（1）选择"窗口"｜"站点"选项，并单击"站点"面板中的扩展/折叠按钮 ，打开站点窗口，右侧窗格中显示的是本地站点文件列表，如图 13-36 所示。

（2）单击站点窗口工具栏中的连接到远端站点按钮 ，与服务器建立连接。因为此时还没有上传文件，所以当连接远程服务器后，在远端站点列表中显示了原有的初始文件，如图 13-37 所示。

（3）在右侧窗格内选择要上传的文件，选择"站点"｜"上传"选项，或单击站点窗口工具栏中的上传文件按钮 ，也可以将要上传的文件直接拖到左侧窗格内，上传文件状态显示如图 13-38 所示。

图 13-36　站点窗口

图 13-37　初始文件

 提示

使用快捷键可以帮助用户选择多个文件。按住【Ctrl】键可选择多个不连续的文件，按住【Shift】键可选择多个连续的文件，按【Ctrl+A】组合键可选择整个站点文件。

（4）上传后，在左侧窗格中将显示远端站点的文件列表，如图 13-39 所示。

图 13-38　上传文件

图 13-39　远端站点的文件列表

 提示

如果在传输过程中出现错误，则可选择"结果"|"FTP 记录"选项，打开站点 FTP 记录来查找问题。

13.4　网站的维护与更新

网站维护是整个项目的最后一环，网站成功上传后，进入维护阶段。

要注意经常维护更新网站内容，保持内容的新鲜，只有不断地给它补充新的内容，才能够吸引浏览者。

网站维护包括网页内容的更新，通过软件进行网页内容的上传、目录的管理、计数器文件的管理、网站的定期推广服务等。更新指在不改变网站结构和页面形式的情况下，为网站的固定栏目增加或修改内容。

网站维护通常包括以下几方面的内容。

1. 网站内容的维护和更新

网站的信息内容应该适时更新，如果现在用户访问的网站看到的是三个月前的新闻，那么他们对网站的印象肯定大打折扣。因此，注意适时更新内容是相当重要的。在网站栏目设置上，最好将一些可以定期更新的栏目如新闻等放在首页上，使首页的更新频率更高一些。

2. 网站服务与回馈工作要跟上

应该设专人或专门的岗位从事网站的服务和回馈处理。用户向网站提交的各种回馈表单、购买的商品、发到邮箱中的电子邮件、在留言板中的留言等，如果没有及时处理和跟进，不仅丧失了机会，还会造成负面的影响，以至于客户不会再相信此网站。

3. 不断完善网站系统，提供更好的服务

初始建站一般投入较小，功能也不是很强。随着业务的发展，网站的功能也应该不断完善以满足顾客的需要，此时使用集成度高的电子商务应用系统可以更好地实现网上业务的管理和开展，从而将电子商务带向更高的阶段，也将取得更大的收获。

13.5 网站的推广

要让更多的人知道自己的网站，就要在网上进行推广。根据可以利用的常用的网站推广工具和资源，可以将网站推广的基本方法归纳为八种：搜索引擎推广方法、电子邮件推广方法、交换友情链接推广方法、信息发布推广方法、病毒性营销方法、快捷网址推广方法、网络广告推广方法、综合网站推广方法。

1. 搜索引擎推广方法

搜索引擎推广是指利用搜索引擎、分类目录等具有在线检索信息功能的网络工具进行网站推广的方法。由于搜索引擎的基本形式可以分为网络蜘蛛型搜索引擎（简称搜索引擎）和基于人工分类目录的搜索引擎（简称分类目录），因此搜索引擎推广的型式也相应地有基于搜索引擎的方法和基于分类目录的方法，前者包括搜索引擎优化、关键词广告、竞价排名、固定排名、基于内容定位的广告等多种形式，而后者则主要是在分类目录合适的类别中进行网站登录。随着搜索引擎形式的进一步发展变化，也出现了其他形式的搜索引擎，不过大都以这两种形式为基础。

搜索引擎推广的方法又可以分为多种不同的形式，常见的有登录免费分类目录、登录付费分类目录、搜索引擎优化、关键词广告、关键词竞价排名、基于网页内容定位广告等。

从目前的发展趋势来看，搜索引擎在网络营销中的地位依然重要，并且受到越来越多企业的认可，搜索引擎营销的方式也在不断发展演变，因此应根据环境的变化选择搜索引擎营销的合适方式。

2. 电子邮件推广方法

电子邮件推广主要以发送电子邮件为网站推广手段，常用的方法包括电子刊物、会员通讯、专业服务商的电子邮件广告等。

基于用户许可的 E-mail 营销与滥发邮件不同，许可营销比传统的推广方式或未经许可的 E-mail 营销具有明显的优势，如可以减少广告对用户的滋扰，增加潜在客户定位的准确度，增强与客户的关系，提高品牌忠诚度等。根据许可 E-mail 营销所应用的用户电子邮件地址资源的所有形式，可以分为内部列表 E-mail 营销和外部列表 E-mail 营销，或简称内部列表和外部列表。内部列表也就是通常所说的邮件列表，是利用网站的注册用户资料开展 E-mail 营销的方式，常见的形式有新闻邮件、会员通

讯、电子刊物等。外部列表 E-mail 营销则利用专业服务商的用户电子邮件地址来开展 E-mail 营销，也就是电子邮件广告的形式向服务商的用户发送信息。许可 E-mail 营销是网络营销方法体系中相对独立的一种，既可以与其他网络营销方法相结合，又可以独立应用。

3．交换友情链接推广方法

交换链接或称互换链接具有一定的互补优势，是两个网站之间简单的合作方式，即分别在自己的网站首页或者内页放上对方网站的 Logo 或关键词，并设置对方网站的超链接，使得用户可以从对方合作的网站中看到自己的网站，达到互相推广的目的。交换链接主要有几个作用，即可以获得访问量、增加用户浏览时的印象、在搜索引擎排名中增加优势、通过合作网站的推荐增加访问者的可信度等。更值得一提的是，交换链接的意义已经超出了是否可以增加访问量，比直接效果更重要的在于业内的认知和认可。

4．信息发布推广方法

信息发布推广方法将有关的网站推广信息发布在其他潜在用户可能访问的网站上，利用用户在这些网站上获取信息的机会实现网站推广的目的，适用于这些信息发布的网站包括在线黄页、分类广告、论坛、博客网站、供求信息平台、行业网站等。信息发布是免费网站推广的常用方法之一，在互联网发展早期经常为人们所采用。不过随着网上信息量爆炸式的增长，这种依靠免费信息发布的方式所能发挥的作用日益降低，同时，由于更多更加有效的网站推广方法的出现，信息发布在网站推广的常用方法中的重要程度也有明显的下降，仅仅依靠大量发送免费信息的方式的作用也越来越不明显。因此免费信息发布需要更有针对性，更具专业性，而不是一味地强调多发。

5．病毒性营销方法

病毒性营销方法并非传播病毒，而是利用用户之间的主动传播，让信息像病毒那样扩散，从而达到推广的目的。病毒性营销方法实质上是在为用户提供有价值的免费服务的同时，附加上一定的推广信息，常用的工具包括免费电子书、免费软件、免费 Flash 作品、免费贺卡、免费邮箱、免费即时聊天工具等，这些工具可以为用户获取信息、使用网络服务、娱乐等带来方便。如果应用得当，则这种病毒性营销手段往往可以以极低的代价取得非常显著的效果。

6．快捷网址推广方法

快捷网址推广方法即合理利用网络实名，通用网址以及其他类似的关键词来实现网站推广的方法。快捷网址使用自然语言和网站 URL 建立其对应关系，这对于习惯于使用中文的用户来说，提供了极大的方便。用户只需输入比英文网址更加容易记忆的快捷网址就可以访问该网站，用自己的母语或者其他简单的词汇为网站"更换"一个更好记忆、更容易体现品牌形象的网址，如选择企业名称或者商标、主要产品名称等作为中文网址，这样可以大大弥补英文网址不便于宣传的缺陷，因此在网址推广方面有一定的价值。随着企业注册快捷网址数量的增加，这些快捷网址用户数据可以相当于一个搜索引擎，这样，当用户利用某个关键词检索时，即使与某网站注册的中文网址并不一致，也存在被用户发现的机会。

7．网络广告推广方法

几乎所有的网络推广活动都与品牌形象有关，在所有与品牌推广有关的网络推广手段中，网络广告的作用最为直接，在网络品牌、产品促销、网站推广等方面均有明显作用。网络广告的常见形式包括 Banner 广告、关键词广告、分类广告、赞助式广告、E-mail 广告等。Banner 广告所依托的媒体是网页，关键词广告属于搜索引擎营销的一种形式，E-mail 广告则是许可 E-mail 营销的一种。可见网络广告本身并不能独立存在，需要与各种网络工具相结合才能实现信息传递的功能。因此，也可以认为网络广告存在于各种网络营销工具中，只是具体的表现形式不同。

8．综合网站推广方法

除了前面介绍的常用网站推广方法，还有许多专用性、临时性的网站推广方法，如有奖竞猜、在线优惠券、有奖调查、针对在线购物网站推广的比较购物和购物搜索引擎等，有些甚至建立一个辅助网站来进行推广。有些网站推广方法可能别出心裁，有些网站则可能采用有一定强迫性的方式来达到推广的目的，如修改用户浏览器默认首页设置、自动加入收藏夹，甚至在用户计算机上安装病毒程序等，这些都是不可取的。真正值得推广的是合理的、文明的网站推广方法，应拒绝和反对带有强制性、破坏性的网站推广手段。

13.6　Dreamweaver 站点维护

Dreamweaver 作为专业的网站设计工具，除出色的设计功能外，站点管理功能也相当强大。站点发布之后，充分运用设计备注、文件存回／取出等功能，可以同时对本地站点和远程站点文件进行管理。使用 Dreamweaver 的站点管理功能，将为站点的后期管理工作提供诸多方便。

13.6.1　文件扩展面板

利用"文件"面板可以对网站的各类文件进行有效管理。单击站点"文件"面板右边的扩展/折叠按钮 🗗，可以打开站点"文件"管理面板，如图 13-40 所示，其中的站点文件、测试服务器和站点地图图标按钮只有在"文件"面板打开时才出现。下面介绍其主要功能。

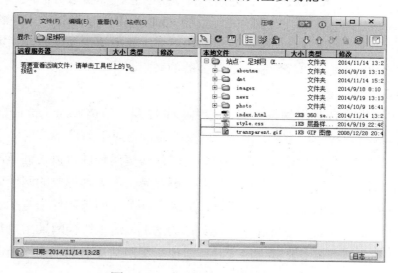

图 13-40　"文件"管理面板

- 连接/断开按钮 🔌——用于连接到远程站点或断开与远程站点的连接。默认情况下，如果 Dreamweaver 已经空闲 30 分钟以上，则将断开与远程站点的连接。
- 刷新按钮 ⟳——用于刷新本地和远程目录列表。如果已关闭"站点定义"对话框，则需要使用此按钮手动刷新目录列表。
- 站点文件视图按钮 ☷——可以在"文件"面板的空格中显示远程和本地站点的文件结构。

- 测试服务器视图按钮 ——可以显示测试服务器和本地站点的目录结构。
- 存储库文件 ——显示 Subversion（SVN）存储库。
- 获取文件按钮 ——用于将选定文件从远程站点复制到本地站点中。
- 上传文件按钮 ——用于将选定的文件从本地站点复制到远程站点中。单击连接/断开图标，可以连接到远程主机，选取"本地文件"中的文件，单击上传文件图标，即可上传文件到远程站点。
- 取出文件按钮 ——用于将文件的副本从远程服务器传输到本地站点中，并且在服务器上将该文件标记为取出。如果对当前站点关闭了"站点定义"对话框中的"远程信息"或"测试服务器"中的"启用文件存回和取出"功能，则此选项不可用。
- 存回文件按钮 ——用于将本地文件的副本传输到远程服务器中，并且使该文件可供他人编辑。本地文件变为只读。如果对当前站点关闭了"站点定义"对话框中的"远程信息"或"测试服务器"中的"启用文件取出功能"，则此选项不可用。
- 与服务器同步按钮 ——保持两地站点文件的同步更新。
- 扩展/折叠按钮 ——单击扩展/折叠按钮，可以展开或折叠"文件"面板，以打开一个或两个窗口。

"文件"面板是 Dreamweaver 站点管理的核心工具，下面将介绍"文件"面板的构成及基本操作。

13.6.2　站点文件同步

将本地站点文件上传到远端站点后，如何保持两地站点文件的同步，对网站管理员来说是一件很烦琐的事情。幸运的是，Dreamweaver 的同步功能可以很容易地解决这方面的问题。

步骤

（1）在"文件"面板中选择"站点"｜"同步"选项，如图 13-41 所示。弹出"与远程服务器同步"对话框，如图 13-42 所示。

图 13-41　选择"同步"选项　　　　　图 13-42　"与远程服务器同步"对话框

（2）在"与远程服务器同步"对话框中可设置下列选项。

"同步"——在该下拉列表中选择下列选项之一。
- "仅选中的本地文件"：选择该选项，只同步选定的文件。
- "整个站点"：选择该选项，同步整个站点文件。

"方向"——在该下拉列表中选择复制文件的复制方向。

- ■ "放置较新的文件到远程"：将较新的文件上传到远程站点。
- ■ "从远程获取较新文件"：从远程站点下载较新的文件。
- ■ "获得和放置较新的文件"：将较新的文件同时放置在本地站点和远程站点。

"删除本地驱动器上没有的远端文件"——选中此复选框，将删除远程站点中不存在于本地站点中的文件。

（3）设置完成后，单击"预览"按钮，Dreamweaver 将扫描站点文件并显示将被更新的文件。若在列表中取消选中文件前面的复选框，则该文件不会被更新。

（4）单击"确定"按钮，更新文件，保持两地站点的同步。

13.6.3 存回和取出

如果在协作环境中工作，则可以在本地和远程服务器中存回和取出文件。取出文件等同于声明"我正在处理这个文件，请不要动它！"，文件被取出后，"文件"面板中将显示取出这个文件的人的姓名，并在文件图标的旁边显示一个红色选中标记（取出者为小组成员）或一个绿色选中标记（取出者为本人）。存回文件使文件可供其他小组成员取出和编辑。当在编辑文件后将其存回时，本地版本将变为只读，并且在"文件"面板中，该文件的旁边将出现一个锁形符号，以防止更改该文件。

1. 在 Dreamweaver 中设置存回、取出

必须先将本地站点与远程服务器相关联，才能使用存回/取出系统。

步骤

（1）选择"站点"|"管理站点"选项。

（2）选择一个站点，单击"编辑"按钮。

（3）在"站点设置对象"对话框中，选择"服务器"选项卡，单击"添加新服务器"按钮，或选择一个现有的服务器，然后单击"编辑现有服务器"按钮。

（4）根据需要指定"基本"选项卡的设置，如图 13-43 所示，再设置"高级"选项卡。

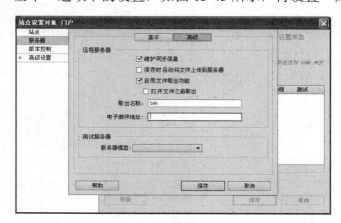

图 13-43　服务器基本设置

- ● "启用文件取出功能"：如果希望对网站禁用文件存回和取出，则应取消选中此复选框。
- ● "打开文件之前取出"：如果要在"文件"面板中双击打开文件时自动取出这些文件，则选中此复选框。

- "取出名称"：取出名称显示在"文件"面板中已取出文件的旁边，这使小组成员在其需要的文件已被取出时可以和相关的人员联系。
- "电子邮件地址"：如果取出文件时输入电子邮件地址，用户的姓名会以链接（蓝色并且带下画线）形式出现在"文件"面板中的该文件旁边。如果某个小组成员单击该链接，则其默认电子邮件程序将打开一个新邮件，该邮件使用该用户的电子邮件地址以及与该文件和站点名称对应的主题。

2．从远程文件夹中取出文件

步骤

（1）在"文件"面板中，选择要从远程服务器取出的文件（可以在本地视图或远程视图中选择文件，但不能在"测试服务器"视图中选择文件）。

（2）红色选中标记指示该文件已由其他小组成员取出，锁形符号指示该文件为只读。

（3）单击"文件"面板工具栏中的"取出"按钮；或右击，在弹出的快捷菜单中选择"取出"选项。

（4）在"相关文件"对话框中，单击"是"按钮，将相关文件随选定文件一起下载下来；或者单击"否"按钮，不下载相关文件。默认情况下，不会下载相关文件。也可以在"编辑"|"首选参数"|"站点"选项中进行设置。

（5）出现在本地文件图标旁边的一个绿色选中标记表示已将文件取出。

3．将文件存回远程文件夹

步骤

（1）在"文件"面板中，选择要存回的文件。

（2）单击"文件"面板工具栏中的"存回"按钮；或右击，在弹出的快捷菜单中选择"存回"选项。

（3）在"相关文件"对话框中，单击"是"按钮，将相关文件随选定文件一起上传；或者单击"否"按钮，不上传相关文件。默认情况下，不会上传相关文件。也可以在"编辑"|"首选参数"|"站点"中进行设置。

（4）一个锁形符号出现在本地文件图标的旁边，表示该文件现在为只读状态。

13.6.4　使用设计备注

设计备注指在设计过程中给文档添加一些相关联的信息，例如，图像的源文件名称、文档的设计状态、修改日期等。当设计者再次打开该文档的时候，可以通过设计备注中的信息了解文档的设计情况，以帮助设计者或工作组中其他的设计人员进行以后的设计工作。在"站点设置对象"对话框中，在"高级设置"选项卡中选择"设计备注"子选项卡，可启用设计备注功能，如图 13-44 所示。启用后，即可在站点中使用设计备注。

图 13-44　启用"设计备注"功能

🐬 **步骤**

（1）在站点文件列表中选择要添加设计备注的文件，然后选择"文件"|"设计备注"选项；或右击，在弹出的快捷菜单中选择"设计备注"选项。

（2）弹出"设计备注"对话框，如图 13-45 所示。

（3）在"设计备注"对话框的"基本信息"选项卡中可设置如下选项。

"状态"——在该下拉列表中选择文档的状态。

"备注"——输入文档的备注信息。

"文件打开时显示"——选中此复选框，当打开文档时显示其设计备注。

（4）选择"所有信息"选项卡，如图 13-46 所示。

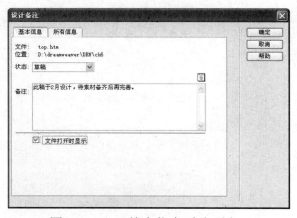

图 13-45　"基本信息"选项卡

图 13-46　"所有信息"选项卡

（5）在"所有信息"选项卡中可设置如下选项。

➕按钮——新增一个信息项。

➖按钮——删除列表中选择的信息项。

"信息"——显示备注信息。

"名称"——输入信息项的名称。

"值"——输入信息项的值，与上面文本框中的名称相匹配。

（6）设置完成后，单击对话框中的"确定"按钮，完成对文档添加的设计备注。如果在"设计备注"对话框中选中了"文件打开时显示"复选框，则打开文档时会显示其设计备注。

13.7　实战演练

1．实战要求

将前面章节中所制作完成的网站上传到互联网。

2．步骤提示

（1）制作一个完整的网站，以备上传之用。

（2）将计算机接入 Internet，即使计算机联网。

（3）申请一个存放网站的虚拟空间。

（4）检查站点。

（5）上传站点。

本章小结与重点回顾

　　本章介绍了网站空间的申请、站点的发布和管理、站点的上传和测试，以及网站的推广等内容。在完成了本地站点中所有网页的设计之后，就可以将网站上传到 Internet 服务器，以供浏览者访问了。

　　本章重点：

● 网上空间的申请。

● 域名的注册。

● 站点的发布和管理。

第14章

Web 应用程序开发

Web 应用程序是一个包含多个页面的网站，这些页面的部分内容或全部内容是未确定的。只有当访问者请求 Web 服务器中的某个页面时，才确定该页的最终内容。由于页面最终内容根据访问者操作请求的不同而变化，因此这种页面称为动态页。

Web 应用程序的设计离不开数据库的支持，它是网页设计的一种高级方式。Dreamweaver CC 将 Web 应用程序的开发功能放在扩展插件中，通过安装扩展，即使用户不懂网络编程语言，使用 Dreamweaver 的可视化编程环境，也能够开发出经典实用的 Web 应用程序。

14.1 留言板制作——开发前期准备

14.1.1 案例综述

在很多网站上能看到各式各样的留言板，它是网站与访客之间进行交流的主要手段之一。当访问者在留言板上输入留言信息时，提交后通过表单将信息传到服务器，并存入数据库，经过处理之后再将反馈信息传回客户端。另外，管理员还可通过管理界面对留言板进行管理，这是一个典型的 Web 应用程序的例子。本案例将介绍制作留言板的前期准备工作，使读者从中体会 Web 应用程序的运行环境设置及数据库的连接等。

14.1.2 案例分析

本案例要介绍的留言板是一个基于 Windows 7 操作系统运行的 Web 应用程序，数据库采用 Microsoft Access 2007 作为管理平台。

对于 Web 应用程序（如这里的留言板站点）的创建，除静态页面元素的设计外，在服务器端要创建和部署两方面的内容：一个是动态脚本程序（本留言板站点采用的是 ASP 技术），另一个是数据库。而这些动态技术需要服务器的支持，所以必须安装 Web 服务器，营造 Web 应用程序的开发环境。

Web 应用程序开发的前期准备主要有以下内容。

（1）安装和配置 IIS 服务器。

（2）建立数据库。

（3）扩展并设置 Dreamweaver CC，使其具有动态网站开发功能。

（4）连接数据库。

14.1.3　实现步骤

1．安装和配置 IIS 服务器

Internet 信息服务（Internet Information Services，IIS）是由微软公司提供的基于运行 Microsoft Windows 的互联网基本服务。IIS 意味着能发布网页，并且有许多管理网站和 Web 服务器的功能，可以利用它创建并配置可升级的、灵活的 Web 应用程序。在自己的计算机或服务器上设置 IIS 站点管理，可以在本地计算机上模拟 Internet 环境，测试 Web 应用程序系统。

1）安装 IIS

Windows 7 操作系统也自带了 IIS，但默认是不安装的，安装 IIS 的方法如下。

步骤

（1）在"开始"菜单中打开控制面板，如图 14-1 所示。依次在"程序"｜"程序和功能"菜单中打开或关闭 Windows 功能，弹出"Windows 功能"对话框，如图 14-2 所示。

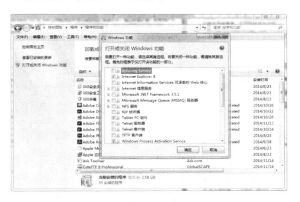

图 14-1　"控制面板"窗口　　　　　　图 14-2　"Windows 功能"对话框

（2）在"Windows 功能"对话框中，选中的是系统中已经打开的功能，选中"Internet 信息服务"复选框，若此选框为实的，则说明默认情况下 Internet 信息服务中的功能并没有全部选中。可以单击其前面的"+"按钮细看里面的各个子功能，如图 14-3 所示。

（3）单击"确定"按钮，随后系统会自动进行安装 IIS 的过程，如图 14-4 所示。IIS 安装好之后，会提示重启计算机。

图 14-3　选中 Internet 信息服务中的各复选框　　　图 14-4　更改 Windows 功能

（4）重启之后，再次打开控制面板，将"查看方式"切换到"大图标"，双击"管理工具"图标，在"管理工具"窗口中可看到"Internet 信息服务（IIS）管理器"，如图 14-5 所示，说明 IIS 已经安装好了。

（5）安装完成时，启动浏览器并在地址栏中输入 http://localhost/。在 Windows 7 和其他较新版本的 Windows 系统中，可进入 IIS 欢迎页面，如图 14-6 所示。

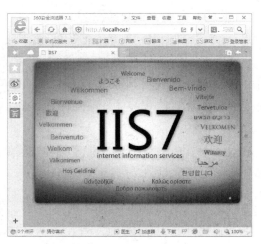

图 14-5　"管理工具"窗口　　　　　　　图 14-6　IIS 欢迎页面

2）配置 IIS 服务器

安装好 IIS 后，要将开发动态网站的站点根文件夹 D:\guestbook 设置为受 Web 服务器支持的站点，需要进行以下配置。

（1）修改默认站点的物理路径。

步骤

① 在"控制面板"中选择"系统和安全"｜"管理工具"选项，打开"管理工具"窗口。

② 在"管理工具"窗口中双击"Internet 信息服务（IIS）管理器"图标，打开"Internet 信息服务（IIS）管理器"窗口，如图 14-7 所示。

③ 在"Internet 信息服务（IIS）管理器"窗口中，单击左侧的三角符号展开目录结构，选择"Default Web Site"并右击，在弹出的快捷菜单中选择"管理网站"｜"高级设置"选项，如图 14-8 所示。

图 14-7　"Internet 信息服务（IIS）管理器"窗口　　　图 14-8　"高级设置"选项

④ 弹出"高级设置"对话框，网站名称和 IP 端口都是灰色的，无法修改。下面先来修改网站的物理路径，在"物理路径"上单击，在原来路径的右侧会出现⋯按钮，通过它可弹出"浏览文件"对话框，选择站点的物理路径，这里改为留言板系统所在路径，即 D:\guestbook，如图 14-9 所示，单击"确定"按钮。

⑤ 现在再来修改网站名称，在"Default Web Site"处右击，在弹出的快捷菜单中选择"重命名"

选项，输入要用的名称"留言板"。

在浏览器中访问开发的动态站点，需在浏览器地址栏中输入 http://localhost/。

（2）启用目录浏览。

为了使文档能在浏览器中浏览，要在 IIS 管理器中启用目录浏览。方法如下：打开 IIS 管理器，在"功能"视图中，双击"目录浏览"图标，在"操作"窗格中单击"启用"链接，如图 14-10 所示。

图 14-9　"高级设置"对话框

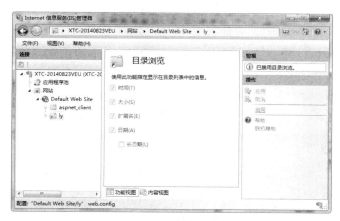

图 14-10　启用目录浏览功能

（3）启用 32 位应用程序。

由于 64 位操作系统不支持 Microsoft OLE DB Provider for Jet 驱动程序，也不支持更早的 Microsoft Access Driver (*.mdb) 方式连接，所以用于 Access 和 Excel 数据库的 Microsoft OLE DB Provider for Jet 在 64 位版本中不可用，也就是说，如下两种连接字符串都已经无法正常工作了。

```
"Provider=Microsoft.Jet.OLEDB.4.0;Data Source="&Server.mappath(db)
"driver=Microsoft Access Driver (*.mdb);DBQ="&Server.MapPath(db)
```

既然这样，就只能使用一个办法，将 IIS 的运行环境设置为 32 位，具体方法如下。

步骤

① 打开 IIS 管理器，选择"应用程序池"选项，单击窗口右面的"设置应用程序池默认设置"链接，如图 14-11 所示。

② 在弹出的"应用程序池默认设置"对话框中，将"启用 32 位应用程序"设置为"True"，如图 14-12 所示。

图 14-11　应用程序池默认设置

图 14-12　"应用程序池默认设置"对话框

2. 扩展 Dreamweaver CC 的动态网站开发功能

在 Dreamweaver CC 中，Web 应用程序开发功能是作为 Deprecated_ServerBehaviorsPanel_ Support.zxp 扩展提供的。在安装该扩展后，将启用服务器行为功能，具体方法如下。

步骤

（1）选择"开始"｜"程序"｜"Adobe Extension Manager CC"选项（应确保 Adobe Extension Manager CC 扩展管理器已安装），或在 Dreamweaver CC 的"窗口"菜单中选择"扩展管理"选项，打开 Adobe Extension Manager CC 扩展管理器，如图 14-13 所示。

（2）单击"安装"按钮，或选择"文件"｜"安装扩展"选项，弹出"选取要安装的扩展"对话框，如图 14-14 所示，选择 Dreamweaver CC 的安装目录，选择 D:\Program Files\Adobe\Adobe Dreamweaver CC\Configuration\DisabledFeatures\Deprecated_ServerBehaviorsPanel_Support.zxp，单击"打开"按钮。

图 14-13　扩展管理器

图 14-14　"选取要安装的扩展"对话框

（3）安装过程中需接受扩展功能免责声明，如图 14-15 所示。

（4）安装扩展结束后打开 Dreamweaver CC，在"窗口"菜单中可选择相应选项，打开用于动态网站开发的"数据库"、"绑定"和"服务器行为"面板，如图 14-16 所示。

图 14-15　扩展功能免责声明

图 14-16　"窗口"菜单

3. 在 Dreamweaver CC 中设置服务器信息

创建一个普通的本地站点，通常只需要在"站点定义"对话框中设置"本地信息"。而创建一个动态站点还必须设置"测试服务器"信息，以测试动态网页效果；如果要上传到远程服务器，则需设置"远程信息"。

步骤

（1）启动 Dreamweaver，选择"站点"|"管理站点"选项，在弹出的"管理站点"对话框中单击"新建站点"按钮，如图 14-17 所示。

（2）弹出"站点设置对象"对话框，在"站点"选项卡中，为站点选择本地文件夹和名称，如图 14-18 所示。

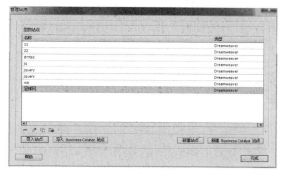

图 14-17　"管理站点"对话框

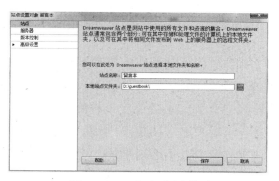

图 14-18　定义本地信息

（3）选择"服务器"选项卡，在此位置选择承载 Web 上页面的服务器。单击其列表框下方的"添加服务器"按钮，新建一个用于调试开发的测试服务器，如图 14-19 所示。

（4）在弹出的对话框中有"基本"和"高级"两个选项卡。在"基本"选项卡中，可设置远程服务器的连接方法、用户名、密码等，在"连接方法"下拉列表中选择"本地/网络"，"服务器文件夹"为"D:\guestbook"，"Web URL"为用浏览器访问时地址栏中的地址，如 http://localhost 或 http://localhost/ly（ly 为前面设置的虚拟路径），如图 14-20 所示。

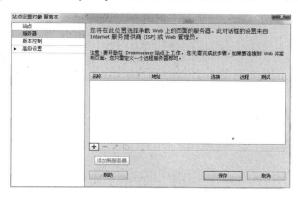

图 14-19　添加"服务器"

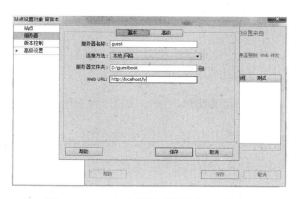

图 14-20　定义服务器信息（基本）

（5）在"高级"选项卡中，设置远程服务器的同步、取出以及上传等设置，并设置测试服务器的"服务器模型"，在其下拉列表中选择"ASP VBScript"选项，单击"保存"按钮，完成设置，如图 14-21 所示。

（6）在服务器中选中测试服务器，单击"保存"按钮完成站点设置。

4．建立数据库

Web 应用程序的最大特征就是应用数据库，用户所提交的请求大都与数据库的读、写有关，Web 应用程序的开发是以数据库的搭建为基础的。设计好的数据库的结构，有利于数据的提取和程序开发。

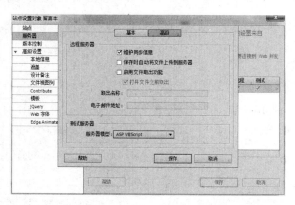

图 14-21　定义服务器信息（高级）

一个留言板应该有哪些内容呢？其应有姓名（IName）、主页（Homepage）、QQ 号码（QQ）、电子邮件（E-mail）地址、头像（ICON）、留言内容（Content）、留言日期（IDate）、来自哪里（Fromwhere），这些是访客的有关信息；还应该有版主的信息，如版主回复（Reply）和回复时间（RDate），版主的管理账号——用户名（User）、密码（Password）。要保存这些信息必须使用数据库，数据库应该怎么设计？访客的留言是不断增加的，而版主的管理账号固定不变，所以应该分两个表：一个保存所有访客的留言和访客的资料信息；另一个则保存版主的管理账号。下面将用 Access 来创建一个数据库文件，并保存在 D:\guestbook 文件夹中。

数据库 guestbook 　　表 guest——用于保存访客留言及信息

　　　　　　　　　　表 admin——用于保存版主管理账号

1）创建数据库 guestbook

步骤

（1）选择"开始"｜"程序"｜"Microsoft Office Access 2007"选项，打开 Access 数据库管理系统，如图 14-22 所示。

（2）单击中间窗格中的"空白数据库"图标，在右侧窗格中输入数据库文件名及保存的位置，如图 14-23 所示。

图 14-22　Access 数据库管理系统

图 14-23　新建数据库

2）创建数据表 guest

步骤

（1）单击"创建"按钮，切换到"数据表视图"，单击左上角的"视图"按钮，在弹出的"另存为"对话框中输入表名称为"guest"，单击"确定"按钮，如图 14-24 所示。

（2）在"guestbook 数据库"的 guest 表视图中，单击"视图"按钮，会在窗口右侧出现表结构设计器，在其中要完成表结构的设计。首先看到系统自动创建的 ID 字段，并在其前面标有钥匙符号，这是系统自动添加的主键，如图 14-25 所示。

图 14-24　保存数据表　　　图 14-25　guest 表的结构

提示

对一个大型关系数据库来说，定义一个表的主键是很有必要的，因为只有定义了一个表的主键，才能定义该表与其他表之间的关系。表中的任一字段都可以定义为主键，如果没有定义，单击"尚未定义主键"提示框中的"是"按钮，则系统会自动创建一个"ID"字段，作为表中内容的编号，并将其设为主键。此处单击"否"按钮，是因为"留言板"的数据库结构比较简单，"admin"表与其他表之间没有关系。

（3）在其后进行各字段的添加和设置，选择字段 IName，在"字段属性"的"常规"选项卡中选择"必填字段"，将"否"改为"是"。同样，选择字段 Content，将其属性设置为"必填字段"。

（4）选择字段 Homepage，在"字段属性"的"常规"选项卡中选择"默认值"，在其右侧文本框中输入文字"这人没有留下主页地址"。同样，选择字段 QQ、E-mail、Fromwhere、Reply，将其"默认值"分别设置为"这人没有留下 QQ 号码""这人没有留下电子邮件地址""未知世界""尚无回复"。

（5）选择字段 IDate，在"字段属性"的"常规"选项卡中单击"默认值"文本框右侧的——按钮，在弹出的"表达式生成器"对话框中选择"函数"下的"内置函数"，选择"日期/时间"选项和"Now"选项，如图 14-26 所示，单击"确定"按钮。

（6）单击"关闭"按钮，弹出提示对话框，单击"是"按钮，如图 14-27 所示。

图 14-26 使用"表达式生成器"设置日期   图 14-27 提示信息

保存后打开该表，可以看到系统自动创建了一个功能为自动编号的主键字段，其他字段设置的默认值也出现在相应的字段下，如图 14-28 所示。

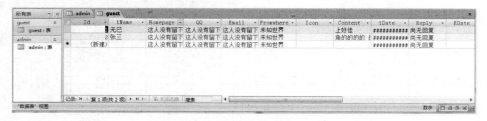

图 14-28 在 guest 表中输入记录

3）创建 admin 数据表

步骤

（1）选择"创建"选项卡，单击"表设计"按钮，创建一个表，在"字段名称"中输入两个字段名"user"和"pass"，其数据类型均采用默认值"文本"，分别用于保存"留言板"的管理员账号和密码，字段大小改为 20，如图 14-29 所示。

（2）设置完各字段的属性后，关闭"表 1：表"对话框，会弹出提示对话框，单击"是"按钮，将表名存为 admin。

（3）弹出"尚未定义主键"提示信息，单击"否"按钮，如图 14-30 所示。

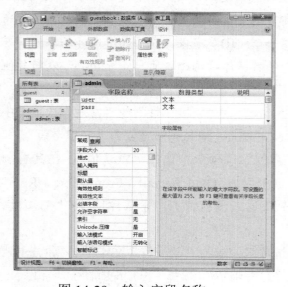

图 14-29 输入字段名称   图 14-30 提示定义主键

（4）新创建的表 admin 出现在"guestbook：数据库"中，双击表 admin，可以打开表 admin 并输入数据，如图 14-31 所示。

图 14-31 在 admin 数据表中输入数据

5．连接数据库

在 Dreamweaver CC 中有两种实现数据库连接的方法：一种是通过 DSN（数据源名称）实现连接；另一种是通过自定义连接字符串实现连接。而通过 DSN 实现连接，则先要通过 ODBC 数据源管理器创建 DSN，实现数据源名称到数据库的关联，进而实现应用程序与数据库的连接，如图 14-32 所示。

图 14-32 通过 ODBC 数据源连接数据库

1）创建数据源

步骤

在 Windows 7 操作系统"管理工具"中的数据源为 64 位驱动程序，而 Access 2007 则为 32 位的，因此，需启动 Windows 7 的 32 位数据源。其方法如下。

（1）在桌面上双击"计算机"图标，打开 C:\Window\SysWOW64 文件夹，双击 odbcad32.exe 文件，弹出"ODBC 数据源管理器"对话框，如图 14-33 所示。

（2）选择"系统 DSN"选项卡，单击"添加"按钮，在弹出的"创建新数据源"对话框中选择 Access 数据库的驱动程序"Microsoft Access Driver (*.mdb，*.accdb)"，并单击"完成"按钮，如图 14-34 所示。

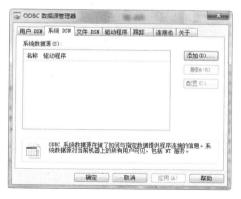

图 14-33 "ODBC 数据源管理器"对话框

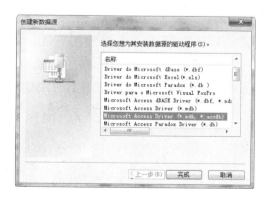

图 14-34 选择数据源驱动程序

（3）在弹出的"ODBC Microsoft Access 安装"对话框中可设置下列选项，如图 14-35 所示。

"数据源名"——输入数据源的名称"guestInfo"。

"说明"——输入数据库相关的说明性文字。

（4）单击"选择"按钮，选择数据库，如图 14-36 所示。

图 14-35 "ODBC Microsoft Access 安装"对话框　　　图 14-36 选择数据库

（5）在"ODBC 数据源管理器"对话框中，可看到系统数据源 guestInfo 设置成功了，单击"确定"按钮，完成数据源的设定。

2）在 Dreamweaver 中连接数据库

　　步骤

在创建了 DSN 数据源之后，下面来建立 Dreamweaver CC 与数据库的连接。

（1）单击"应用程序"面板组中的 ▶ 图标，打开"应用程序"面板组，单击"数据库"面板中的 ⊞ 按钮，选择"数据源名称（DSN）"选项，如图 14-37 所示。

（2）在弹出的"数据源名称（DSN）"对话框的"连接名称"文本框中输入"guest"，在"数据源名称（DSN）"下拉列表中选择"guestInfo"选项，如图 14-38 所示。单击"测试"按钮，进行数据库连接测试。

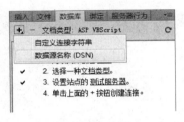

图 14-37 选择"数据源名称（DSN）"选项　　　图 14-38 "数据源名称（DSN）"对话框

（3）弹出提示对话框，表明数据库连接测试成功。单击"确定"按钮，再次单击"确定"按钮，系统自动建立一个新的连接文件 guest.asp，保存在网站根目录下的 connections 文件夹中。

（4）在"数据库"面板中，可看到已成功连接了前面创建的数据库 guestbook.accdb，可以在这里看到表 admin 和 guest 以及表中的各个字段，如图 14-39 所示。

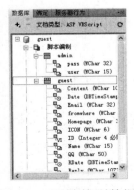

图 14-39 已连接到数据库

至此，制作 Web 应用程序的准备工作已经完成，在第 15 章中将继续在此基础上制作动态页面。

14.2　Web 应用程序概述

14.2.1　动态网页技术

1．静态网页

静态网页对于访问者来说，网站的网页内容固定不变，对访问者不会产生互动的行为，当用户在浏览器上通过 HTTP 向 Web 服务器请求网页内容时，服务器仅能回应"静态"的 HTML 网页，其工作流程如图 14-40 所示。

2．动态网页

动态网页，就其工作原理而言，远比静态网页复杂，因为网站服务器不再是单纯地将网页传给客户端，还兼顾执行各种程序的功能。同时，它还与数据库进行数据的传递与存取。此时的服务器完全可以看作一个"应用程序服务器"，其工作流程如图 14-41 所示。

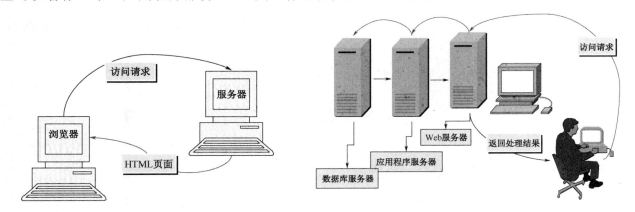

图 14-40　静态网页请求过程　　　　　图 14-41　动态网页请求过程

14.2.2　构建 Web 应用程序的基本流程

构建 Web 应用程序的基本流程如下。

1．安装并设置 Web 服务器

Web 服务器是根据 Web 浏览器的请求提供文件服务的软件。Web 服务器有时也称 HTTP 服务器。常见的 Web 服务器包括 IIS、Netscape Enterprise Server 等。

2．安装并设置 Web 应用程序服务器

应用程序服务器是一种软件，有时也称"脚本解释器"，它用来帮助 Web 服务器处理特别标记的 Web 页。当请求这样的页面时，Web 服务器先将该页面发送到应用程序服务器中进行处理，再将该页面发送到浏览器。

3．安装 Web 应用程序所需的数据库程序

通过用数据库存储数据可以使 Web 站点的设计与要显示给站点用户的内容分开。不必为每个页面都编写单独的 HTML 文件，只需为要表示的不同类型的信息编写一个页面或模板即可。通过使用数据库，只需将数据上传到数据库中，然后动态地检索数据以响应用户的请求，即可向 Web 站点提供新

的内容。将内容信息存储在数据库中的主要优势是，能够在单个数据源中更新信息，然后将此更改传播到整个 Web 站点，而不必搜索可能包含该信息的所有页面并手工编辑每个页面。

4．安装数据库软件所需的驱动程序

数据库驱动程序是应用程序与数据库连接的"桥梁"，应用驱动程序能正确识别不同的数据库文件格式。使用不同的数据库需要安装不同的驱动程序，如使用 Access 数据库，就需要使用 ODBC 中的 Access 驱动程序。一般来说，多数 Windows 平台上使用的数据库都已随 Office 或 Windows 操作系统的安装而安装好，如果所使用的数据库驱动程序没有安装，则可以到相关网站下载后安装。在 Windows 中要查找安装了哪些驱动程序，可以单击"控制面板"中的"ODBC 数据源"图标，弹出"ODBC 数据管理器"对话框，选择"驱动程序"选项卡即可。

5．编写 Web 应用程序

利用 Dreamweaver CC 等 Web 应用程序开发工具，可编写由多个动态网页组成的 Web 应用程序。一个 Web 应用程序可能由很多动态网页程序系统组成，如聊天室系统、留言板系统、学生成绩管理系统、人事管理系统、产品供求系统等，这些相对独立的系统有时又称"Web 应用程序"。

6．上传服务器

Web 应用程序编写完成后，可以利用 Dreamweaver CC 或其他 FTP 上传工具上传至相应的服务器。

7．客户端浏览

在客户端浏览，测试最终完成的效果。

14.3 设置 Web 应用程序开发及运行环境

14.3.1 Web 服务器的安装与配置

1．IIS 的安装

IIS 是 Windows 操作系统提供的一种服务，包括 Web 服务器、FTP 服务器和 SMTP 服务器。它可以为人们提供 Web 应用程序的服务器支持，使人们可在本地计算机上测试相应的程序运行结果，是人们开发动态网站的好帮手。

Windows 7 中自带 IIS 组件，在需要使用时，在控制面板中启用此功能即可，其方法在前面的案例中已做了详细说明，这里不再赘述。

2．设置 Web 站点

IIS 安装结束后，在"管理工具"窗口中可看到"Internet 信息服务（IIS）管理器"图标，如图 14-42 所示。双击该图标，可打开"Internet 信息服务（IIS）管理器"窗口，如图 14-43 所示。在其中可以对 Web 服务器进行功能配置，使其能够支持将要开发或已开发的 Web 应用程序，具体配置方法见前面案例所述。

3．创建和设置虚拟目录

IIS 安装后将自动在 IIS 服务器上建立一个"默认 Web 站点"。用户可以将自己的主页文件放在系统所在分区的 Inetpub\wwwroot 文件夹下，在浏览器的地址栏中输入 http://localhost 或 http://127.0.0.1，即可访问站点的主页。也可以将用户自己的 Web 站点放在任意文件夹下，而将此文件夹设为虚拟目录，同样，可在 IIS 的支持下访问站点的网页，即在浏览器的地址栏中输入 http://localhost/虚拟目录名，或

http://127.0.0.1/虚拟目录名。

图 14-42　安装好的"Internet 信息
服务（IIS）管理器"

图 14-43　"Internet 信息服务（IIS）
管理器"窗口

　　虚拟目录并不是真实存在的 Web 目录，但虚拟目录与实际存储在物理介质上包含 Web 站点的目录之间存在一种映射关系。用户通过浏览器访问虚拟目录的名称称为别名。从用户的角度看不出虚拟目录与实际子目录的区别，但是虚拟目录的实际存储位置可能在本地计算机的其他目录之中，也可能在其他计算机的目录上，或是网络上的 URL 地址。利用虚拟目录，可以将数据分散保存在多个目录或计算机上，方便站点的管理和维护。此外，因为用户不知道文件在服务器中的实际位置，不能用此信息修改文件，所以在一定程度上保证了 Web 站点的安全。

　　将站点根目录设为虚拟路径的方法如下。

　　（1）在"管理工具"窗口中双击"Internet 信息服务（IIS）管理器"图标，打开"Internet 信息服务（IIS）管理器"窗口，如图 14-44 所示。

　　（2）在窗口右侧单击"查看虚拟目录"链接，继续单击"添加虚拟目录"按钮，在弹出的"添加虚拟目录"对话框中，输入虚拟目录的别名及虚拟目录的物理路径，如图 14-45 所示。

图 14-44　"Internet 信息服务（IIS）管理器"窗口

图 14-45　"添加虚拟目录"对话框

　　（3）单击"确定"按钮，则在默认站点中创建了虚拟目录 ly，在"Internet 信息服务（IIS）管理器"窗口中可以通过单击默认站点"Default Web Site"前的三角按钮进行查看，如图 14-46 所示。

　　在浏览器中要访问开发的动态站点，需在浏览器地址栏中输入 http://localhost/ly。

图 14-46   查看虚拟目录

14.3.2　在 Dreamweaver CC 中配置应用程序服务器

在安装、设置好 Web 站点后，如何建立支持 Web 站点应用开发的 Dreamweaver CC 站点呢？Dreamweaver CC 的站点管理模型由本地站点、远程站点、测试服务器三部分组成。了解这三个部分，是理解 Dreamweaver CC 站点管理的关键。

1．本地站点

本地站点是 Dreamweaver CC 的工作目录，可以将其看作实体站点上的目录结构和文件在 Dreamweaver CC 所在的开发工作站上的一份副本。从开发流程上说，开发者先用 Dreamweaver CC 在本地站点编辑、修改和存储文件，然后上传到实体站点。开发者先在本地站点上"打草稿"，测试满意后，再上传文件到实体站点。

2．远程站点

Dreamweaver CC 用它来表示实体站点的位置和具体内容。新建的文件只有从本地站点上传后，才会在远程站点中出现。因此，一个开发中的网站，其本地站点和远程站点的内容及结构经常是不同步的。远程站点上存放的是定稿后发布给用户看的内容，是实际对外的开放服务的真实站点的位置。

3．测试服务器

测试服务器是 Dreamweaver CC 用来测试站点的位置和内容的，Dreamweaver CC 使用此服务器生成动态内容并在工作时连接到数据库。测试服务器是一个支持开发者选用的应用服务器技术的 Web 服务器，可以是本地计算机、测试用的服务器或远程服务器。

设置远程站点和测试服务器对创建 Web 应用程序来说非常重要，如果已经创建了本地站点，则只需要重新定义站点设置即可。具体配置方法见前例。

14.3.3　后台数据库的连接

动态页面的正常运行需要后台数据库的支持。如果要在应用程序中使用数据库，用户需要创建至少一个数据库连接。没有这个连接，网页应用程序不知道到哪里查找数据库或者如何连接它。用户可以在 Dreamweaver CC 中通过提供网页应用程序与数据库建立联系所需要的信息来创建数据库连接。

1．数据库系统的选择

目前，用于网页应用程序的数据库系统常用的有 MySQL、SQL Server、Access 等。

（1）MySQL

MySQL 是一个开放源码的关系型数据库，负载量大，支持多用户、多线程，安全性也比较好。由于体积小、速度快、总体拥有成本低，加上开放源码的特点，许多网站都选择 MySQL 作为网站的数据库。MySQL 具有很高的效率，胜任大、中、小各种类型的网站应用，是 UNIX 或 Linux 服务器上广泛使用的 Web 数据库系统，也可以运行于 Windows 平台。

（2）SQL Server

SQL Server 是基于服务器端的中型数据库，有专业的管理客户端，提供图形化用户界面，在处理海量数据的效率、后台开发的灵活性、可扩展性等方面有着其他数据库不可比拟的优势。很多采用 ASP 程序的大数据量的网站，当 Access 数据库不能满足实际需求时，往往会采用 SQL Server 数据库。

（3）Access

Access 数据库是把数据库引擎的图形用户界面和软件开发工具结合在一起的一个数据库管理系统。具有界面友好、操作简单、简单易学、功能强大等特点，适用日常管理工作需要。Access 在处理少量数据和单机访问时效率很高，适合中小型网站或个人博客使用。

2．在 Dreamweaver CC 中实现数据库连接的方法

在 Dreamweaver CC 中已将应用程序面板组功能放在组件中，需要使用时，可通过 Adobe 扩展管理器来添加该功能，只有添加了应用程序面板组，Dreamweaver CC 才可用于动态网站的开发。

1）通过 DSN 实现连接

通过 DSN 建立的数据库连接的特征如下。

（1）对数据库的管理十分方便。例如，数据库的物理路径发生了改变，只需重新定义 DSN，不涉及脚本程序的更改。

（2）如果通过 DSN 建立数据库连接，则必须能够控制站点服务器的 DSN 的定义。也就是说，应该能够满足以下两种情况：站点服务器由自己管理；或者租用服务器，但可以及时通知网络服务商帮助自己定义需要的 DSN。

用数据源名称连接数据库的方法在前例中已介绍，这里不再赘述。

2）通过自定义连接字符串实现连接

使用 DSN 方式连接到数据库，在本机上测试非常方便，但若上传到远程服务器，除非进行了同样设置，否则不可能访问到数据库。为了更好地解决这个问题，可以使用"自定义连接字符串"方式连接数据库。

在 Dreamweaver CC 中，使用"自定义连接字符串"方式连接数据库的具体实现步骤如下。

步骤

（1）单击"数据库"面板中的■按钮，选择"自定义连接字符串"选项，如图 14-47 所示。

（2）弹出"自定义连接字符串"对话框，在"连接名称"文本框中输入连接名，在"连接字符串"文本框中输入相应的字符串 " "Driver={Microsoft Access Driver (*.mdb)};DBQ=D:\guestbook\guestbook.mdb" "（注意：其中的标点一定要用西文标点）。选中"使用此计算机上的驱动程序"单选按钮，如图 14-48 所示。

（3）单击"测试"按钮进行测试，测试成功对话框如图 14-49 所示，表明连接到数据库的操作成功了。

（4）单击"确定"按钮，在站点的根文件夹中会自动产生一个名称为 Connections 的文件夹，在这个文件夹中有一个以定义的连接名称为名的 ASP 文件，如图 14-50 所示。

图14-47 选择"自定义连接字符串"选项

图14-48 输入连接字符串

图14-49 测试成功对话框

图14-50 在"文件"面板中查看连接文件

这里连接到数据文件时使用的是绝对路径，这在本机上测试时可以，一旦上传到远程服务器，由于服务器空间多使用的是虚拟路径，所以容易出现访问不到数据库的情况。解决这一问题的方法是先使用虚拟路径，再利用 Server 对象的 MapPath 方法，将虚拟路径转换为绝对路径。这样，数据库连接字符串书写格式重新书写如下：

```
"Driver={Microsoft Access Driver (*.mdb)};DBQ="&Server.MapPath("/guest book.mdb")
```

14.4 实战演练

1．实战效果

在网上经常会看到很多新闻页面，而新闻页面的显示是与数据库密切相关的，我们看到的新闻是实时更新的，这就要求网站要有随时更新、查询等功能。本节将通过新闻管理系统网站开发的前期准备工作，使读者从中体会 Web 应用程序的运行环境设置，以及数据库的连接等方法的实现。

2．实战要求

（1）设置 IIS 站点管理。

（2）创建数据库 test.mdb。

（3）设置 DSN。

（4）设置站点。

（5）连接数据库。

3．操作提示

1）设置 IIS 站点管理

🐬 **步骤**

（1）选择"开始"|"程序"|"管理工具"|"Internet 信息服务（IIS）管理器"选项，打开"Internet 信息服务（IIS）管理器"窗口。

（2）在左侧窗格展开目录结构，选择"Default Web Site"并右击，在弹出的快捷菜单中选择"管理网站"|"高级设置"选项，将绝对路径设定为新闻管理系统所在路径，即 D:\news。

2）创建数据库

设计以下数据库。

数据库 test.mdb ⟨ 数据表 dynamic news

数据表 admin

（1）数据表 admin 的结构如表 14-1 所示。

表 14-1　admin 的结构

字段名称	数据类型	说明
user	文本	管理员账号
pass	文本	管理员密码

（2）数据表 dynamic news 的结构如表 14-2 所示。

表 14-2　dynamic news 的结构

字段名称	数据类型	说明
New_id	自动编号	新闻记录编号
title	文本	新闻记录标题
content	备注	新闻正文详细内容
author	文本	新闻作者
addtime	日期/时间	新闻添加时间
type	文本	新闻类型

步骤

① 启动 Access 软件，选择"文件"|"新建"选项，建立数据库，文件名为 test.mdb，并保存在 D:\news 文件夹中。

② 创建 admin 表：该表由 user 和 pass 两个字段组成，如图 14-51 所示。

③ 创建 dynamic news 表：该表由 New_id、title、content、author、addtime 和 type 字段组成，将 New_id 设为主键，保存表，取名为 dynamic news。打开此表，按各字段输入相关内容，如图 14-52 所示。

图 14-51　admin 的结构

图 14-52　输入新闻的基本数据

④ 创建完成后，该数据库中包含两个表——admin 和 dynamic news，如图 14-53 所示。

3）设置 DSN

步骤

（1）选择"开始"|"程序"|"管理工具"|"数据源（ODBC）"选项，在"ODBC 数据源管理器"

对话框中选择"系统 DSN"选项卡。

（2）添加 Microsoft Access Driver (*.mdb)数据源 test，选择目录 D:\news 下的数据库文件 test.mdb，如图 14-54 所示。

图 14-53　数据库中的两个表

图 14-54　选择数据库

4）设置站点

步骤

（1）选择"站点"|"管理站点"选项，在打开的"管理站点"对话框中单击"新建站点"按钮，弹出"站点设置对象"对话框，选择"高级设置"选项卡，选择"本地信息"子选项卡，站点名称为"实时新闻"，本地根文件夹为 D:\news，默认的图像文件夹为 D:\news\img。

（2）在"测试服务器"选项组中，在"服务器模型"下拉列表中选择"ASP VBScript"选项，在"访问"下拉列表中选择"本地/网络"选项，单击"确定"按钮，完成设置。

5）连接数据库

步骤

（1）在"应用程序"面板组的"数据库"面板中单击 ➕ 按钮，选择"数据源名称（DSN）"选项。

（2）弹出"数据源名称（DSN）"对话框，在"连接名称"文本框中输入 test，在"数据源名称（DSN）"下拉列表中选择前面创建的数据源名称 test。

本章小结与重点回顾

本章介绍了如何安装 IIS，如何在安装完成后建立新的 Web 站点，以及如何建立数据库和连接数据库。本章重点：

● IIS 的设置。

● 创建 DSN 数据源。

● 站点的重定义及建立数据库连接。

第 15 章

动态网站的开发

在设置了 Web 服务器并创建了数据库和本地站点的连接后，就有了进一步创建动态页面的基础。但现在数据库中的数据还不能直接应用到页面中，因为要将数据库用于动态网页的内容源时，必须首先创建一个要在其中存储检索数据的记录集。本章将讲解记录集的创建方法，以及如何将记录集中的数据绑定到动态页面，并通过添加服务器行为创建留言板的各个页面的动态效果。

15.1 制作动态网页——留言板制作

15.1.1 案例综述

在前一章中已经做好了"留言板"系统动态网页开发的准备工作，包括 IIS 的设置、在 Dreamweaver CC 中扩展了动态网站开发功能、Dreamweaver CC 中站点的定义、数据库的建立与连接等。本章将继续在此基础上进行动态页面开发，完成留言板系统各个页面的制作，使读者从中体会到在动态网页的开发过程中绑定记录集和添加服务器行为等的方法。

15.1.2 案例分析

不管用户选择什么样的脚本语言，在 Dreamweaver CC 中用户可通过下面三个步骤快速地创建连接数据库的动态页面：定义记录集，使用 SQL 语句或者存储过程创建记录集；动态数据的绑定；添加服务器行为，输出记录集结果。

一个简单的留言板应该具备显示留言、发布留言、管理留言三大功能模块，按功能分为前台页面和后台管理页面，留言板系统页面流程图如图 15-1 所示。

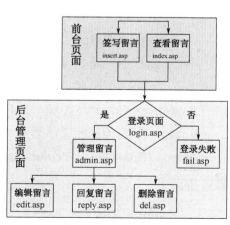

图 15-1　留言板系统页面流程图

15.1.3 实现步骤

1．制作并查看留言页面

1）编辑首页文件的基本布局

留言页面效果如图 15-2 所示。页面应用表格布局，其结构如图 15-3 所示。

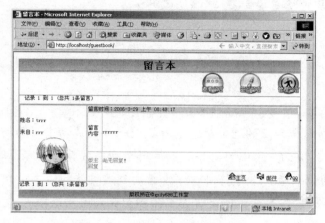

图 15-2　留言页面效果

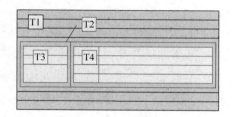

图 15-3　留言板布局示意图

（1）用表格进行布局设计。

步骤

①　在"文件"面板中打开"留言板"站点，在留言板的根文件夹下新建一个文件 index.asp，双击该文件，打开后在 Dreamweaver 的"设计"视图中进行编辑，将文档的标题改为"留言本"，将页面属性的左边距、上边距设置为 0，文字大小为 12px。

②　将光标定位在页面空白处，插入 6×1 的表格 T1，宽为 640，边框为 1。通过"属性"面板设置"对齐"为居中对齐。

③　制作第一行：在第一行单元格中输入文字"留言本"，在"属性"面板中将"水平"对齐设为居中对齐。

④　制作第二行：在第二行单元格中插入图像 view.jpg、add.jpg、admin.jpg，将"水平"对齐设为右对齐，中间用空格隔开。

⑤　在第六行单元格内输入文字"版权所有©gxfy888 工作室"，设置"水平"对齐为居中对齐。

⑥　在"CSS 选择器"面板中新建 style.css 文件，创建类样式.beijing，定义其背景属性为 background-image:/td.gif，如图 15-4 所示；在"CSS 选择器"面板的"选择器"窗格中新建类样式.biankuang，定义其边框属性为实线，粗细为 1px，颜色为#7995C0，如图 15-5 所示；再次新建类样式.bianquan，将文本属性的 color 设置为白色#FFFFFF，如图 15-6 所示。

提示

因后面的页面也要用到此样式，故将此样式存于样式表文件，以便将来使用。

⑦　将光标定位在第一行单元格中，在"属性"面板的"HTML"属性的"类"下拉列表中找到新创建的类样式.beijing，应用该样式；将光标定位在最后一行单元中，在"类"下拉列表中选择"应

用多个类"，在弹出的"多类选区"对话框中选择.beijing 和.bianquan，如图 15-7 所示，单击"确定"
按钮即可应用它们。选中整个表格 T1，在"属性"面板的"类"下拉列表中选择.biankuang，应用边
框样式。格式化后的表格如图 15-8 所示。

图 15-4　创建类样式.beijing

图 15-5　创建类样式.biankuang

图 15-6　创建类样式.bianquan

图 15-7　应用多个类

图 15-8　表格布局效果

（2）搭建记录显示框架。

在空白的三个单元格中，可用中间一行放置记录内容，上、下两行各放置导航栏进行翻页导航。

步骤

① 在中间即在第 4 行单元格中嵌套一个 1×2 的表格 T2，宽度为 100%，边框为 0。调整单元格
宽度，使其左边单元格宽度为 160。

② 在左边单元格中再嵌套一个 3×1 的表格 T3，宽度为 100%，边框为 1。在表格 T3 的第 1 个单
元格中输入"姓名:"，在第 2 个单元格中输入"来自:"，在第 3 个单元格内插入素材中 img 文件夹下
的图像文件 01.jpg。

③ 在表格 T2 右边单元格中嵌套一个 4×2 的表格 T4，宽度为 100%，边框为 1。分别将表格 T4
的第 1 行的两个单元格和第 4 行的两个单元格合并，在表格 T4 的第 1 行～第 3 行中分别输入文字"留
言时间:""留言内容:""版主回复:"。

④ 适当调整第 2 行与第 3 行的第 1 个单元格的宽度，调整 1～4 行的高度为 30px，使表格 T3 和
T4 高度相同。

⑤ 在第 4 行中插入 page.gif、email.gif、qq.gif 三幅图像，使之右对齐，并在三幅图像旁分别输入
文字"主页""邮件""QQ"，如图 15-9 所示。

⑥ 应用新定义的各样式，为表格加边框线，选中表格 T3 和 T4，为其应用类样式.biankuang，完成后效果如图 15-10 所示。

图 15-9　嵌套表格

图 15-10　留言板首页布局效果

2）定义记录集

🐬　**步骤**

（1）在 Dreamweaver CC 中打开留言板站点主页面（index.asp）。

图 15-11　在"绑定"面板中添加记录集

（2）打开"绑定"面板，单击➕按钮，选择"记录集（查询）"选项，如图 15-11 所示。

（3）在弹出的"记录集"对话框中，"名称"采用默认设置 Recordset1，在"连接"下拉列表中选择 guest；在"列"选项组中选中"全部"单选按钮；在"筛选"处采用默认设置"无"；在"排序"下拉列表中选择字段 Date，排序方式选择"降序"，如图 15-12 所示。

（4）按照以上步骤操作完成以后，在"绑定"面板中就会出现新定义的记录集，单击其前面的"+"按钮，可以展开记录集，如图 15-13 所示。

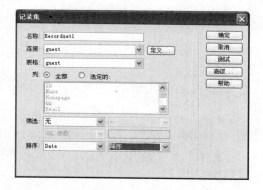

图 15-12　定义记录集

图 15-13　"绑定"后的记录集

3）动态文本和图像的绑定

🐬　**步骤**

（1）打开"绑定"面板，展开记录集。用鼠标将记录集中的 Name、fromwhere、Date、Content 依次拖到 index.asp 网页中的"姓名:""来自:""留言时间:""留言内容:"右边；将字段 Reply、RDate 依次拖到"版主回复:"右边单元格中的相应位置，如图 15-14 所示。

（2）给"头像"单元格绑定动态图像。将记录集中的 ICON 字段拖到头像位置，取代原来插入的图像，在"属性"面板的"Src"文本框中可看到动态的头像字段内容，该字段中存放着各个头像的文件名，但还需在"Src"文本框中加上路径的描述"image\<%=(Recordset1.Fields.Item("ICON").Value)%>"，如图 15-15 所示。

图 15-14　将记录集中的数据绑定到单元格

图 15-15　绑定动态图像

（3）设置"主页"文本的动态链接。选择文档中的文字"主页"，在文本"属性"面板的"链接"文本框中输入"<%=(Recordset1.Fields.Item("Homepage").Value)%>"，以提取记录集中的主页字段内容，同样地，可将此内容复制到主页文字前面的图片的链接文本框和替换文本框中，如图 15-16 所示。

图 15-16　设置"主页"文本的动态链接

（4）用同样的方法为文档中的"邮件"及邮件图像 email.gif 添加动态链接和提示文字"<%=(Recordset1.Fields.Item("Email").Value)%>"。需要注意的是，"邮件"链接 URL 地址前要加上 mailto:，而图像 email.gif 的"替换"文本框中不需要添加。

4）在页面中添加服务器行为

查看留言页面需添加服务器，如图 15-17 所示。

（1）显示多笔记录——重复区域。

虽然已在留言板数据库的用户信息表中添加了多个记录，但是在浏览器中打开的 index.asp 页面总是显示一条记录。如何让页面中同时显示多条留言记录呢？这就需要在页面中添加"重复区域"服务器行为。

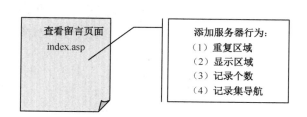

图 15-17　添加服务器行为示意图

步骤

① 在 index.asp 页面中选择表格 T2，将它创建成可以重复显示的区域。

② 打开"服务器行为"面板，单击 ⊞ 按钮，选择"重复区域"选项，如图 15-18 所示。

277

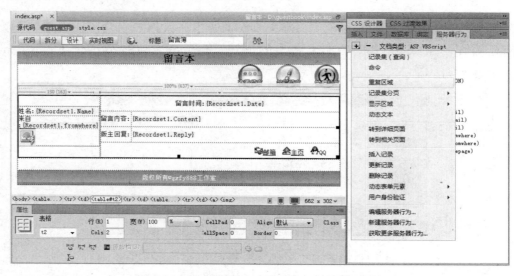

图 15-18 添加"重复区域"服务器行为

③ 弹出"重复区域"对话框，设置一个页面能同时显示 5 条留言记录，如图 15-19 所示。

图 15-19 重复区域的设置

④ 设置完成以后，index.asp 页面中所选中的表格的左上角会出现"重复"两个字，如图 15-20 所示。

⑤ 打开"应用程序"面板组，可看到"服务器行为"面板中新增加了此服务器行为的内容，如图 15-21 所示。

图 15-20 页面中的重复区域

图 15-21 "服务器行为"面板

（2）在没有记录时显示提示信息——显示区域。

index.asp 页面中的表格 T2 是显示用户留言记录的，当留言板数据库的用户表中没有任何记录时（一个用户留言也没有时），这个表格是不显示的。下面通过添加一个服务器行为——显示区域来解决这个问题。

步骤

① 在表格 T1 的最后一行前插入一行，将表格 T1 的行数扩展为 7 行。在新插入的行，即第 6 行

处输入文字"目前还没有一条记录"，居中对齐，并选中该行。

② 在"服务器行为"面板中单击 ➕ 按钮，选择"显示区域"|"如果记录集为空则显示区域"选项，如图 15-22 所示。

③ 在弹出的"如果记录集为空则显示区域"对话框中选择绑定的记录集，如图 15-23 所示。单击"确定"按钮，设置了"显示区域"后的行的左上角会出现一个新的服务器行为  标签，如图 15-24 所示。

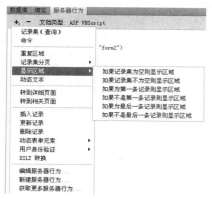

图 15-22　"显示区域"服务器行为　　　图 15-23　"如果记录集为空则显示区域"对话框

图 15-24　当记录集为空时显示提示信息

（3）创建记录集导航链接。

记录集导航链接可以使用户从一个记录移到下一个记录，或者从一组记录移到下一组记录。例如，在设计了每次显示 5 条记录的页面后，用户可能想要添加如"下一页"或"上一页"这类可以显示后 5 条或前 5 条记录的链接。

🐬 **步骤**

① 将光标定位在表格的第三行，设置水平为居中对齐，插入 1×4 的表格，宽度为 60%。将光标定位在第一个单元格内，在"服务器行为"面板中单击"+"按钮，选择"记录集分页"|"移至第一条记录"选项，如图 15-25 所示。弹出"移至第一条记录"对话框，如图 15-26 所示，单击"确定"按钮。

② 依次在第二、第三、第四个单元格内插入"移至前一条记录"、"移至下一条记录"和"移至最后一条记录"，在文档中显示的效果如图 15-27 所示，在文档中显示为"第一页""前一页""下一个""最后一页"。

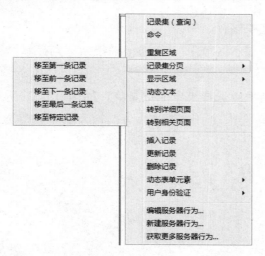

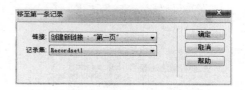

图 15-25　插入记录集导航服务器行为　　　　　图 15-26　"移至第一条记录"对话框

图 15-27　"记录集导航"显示效果

③ 当已经显示的是记录集中的第一条记录时，"第一页"和"前一页"将没有意义，所以给这两个导航链接添加"显示区域"｜"如果不是第一条记录显示区域"的服务器行为；同理，当显示记录中的最后一条记录时，给"下一页"和"最后一页"链接添加"显示区域"｜"如果不是最后一条记录显示区域"的服务器行为。单击这些链接后，用户可以遍历所选记录集。

④ 将插入在表格 T1 的第 3 个单元格内的全部内容复制到表格 T1 的第 5 个单元格中，以实现当记录页较长时在页首或页尾都可使用记录集导航栏功能。复制后的文档效果如图 15-28 所示。

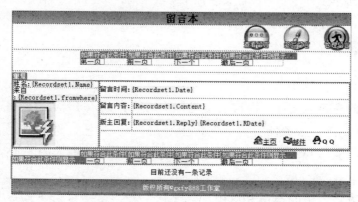

图 15-28　复制第 3 个单元格内容到第 5 个单元格中

至此，留言板的首页制作完成，按【F12】键可以在 IE 浏览器上试运行。

2．制作签写留言页面

签写留言页面要通过表单向服务器程序提交用户信息，因此，此页面的设计使用表单来输入留言信息，并通过设置各表单域的属性与数据库中 guest 表中相关字段相对应，最后为其添加"插入记录"服务器行为。页面布局使用表格布局，效果如图 15-29 所示，该页面添加的服务器行为如图 15-30 所示。

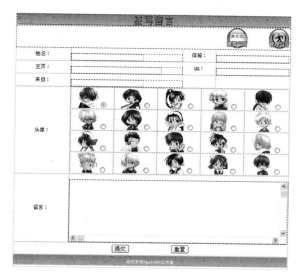

图 15-29　签写留言页面

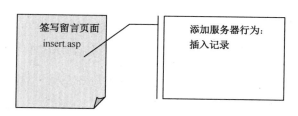

图 15-30　签写留言页面所添加的服务器行为

🐬 步骤

（1）新建 insert.asp 页面，插入表单，再在其中插入 5 行 1 列的表格 T1，宽度为 640，边框为 0；在表格"属性"面板中设置"对齐"方式为水平居中。

（2）在第一行单元格中输入标题文字"签写留言"，打开"CSS 设计器"面板，在"源"窗格中单击"+"按钮为该页面附加样式表文件 style.css，用以格式化表格，应用前面的定义样式，设置标题文字居中、标题 2，并应用类样式.beijing。

（3）在第二行中插入图片"view.jpg"和"admin.jpg"，将单元格水平对齐设置为右对齐。

（4）在第三行中插入 5 行 4 列、宽为 100%、边框为 0 的表格 T2，分别将其中第四行的 2、3、4 列，第五行的 2、3、4 列合并单元格，调整各列宽度，如图 15-31 所示。

（5）在签写留言页面中，应与用于保存用户信息的 guest 表中的字段相对应，具有姓名、来自、主页、信箱、QQ、ICON、留言和留言时间等信息，在相应单元格中输入提示文字，并在其后的单元格中插入与其内容相匹配的表单域。在这些项目中，"姓名"应是必填的，而"邮箱"应为电子邮件格式，"主页"应为 IP 地址格式，"QQ"应为文本格式，而"头像"（ICON）采用了单选按钮（也可使用菜单/列表），"留言"应为必填的，"来自"采用了普通文本域。

（6）在表格 T2 第四行第二列单元格中插入 4 行 5 列、宽 100%、边框为 0 的表格 T3，在其各单元格中插入头像图片，并将图片都改为 32×32。在每个图像后插入单选按钮表单域，如图 15-32 所示。

（7）在"属性"面板中设置各表单域名称与 guest 表中相应字段名称一致，如"姓名"为 Name，"信箱"为 Email，"主页"为 Homepage，"QQ"为 QQ，"来自"为 fromwhere，头像的单选按钮名称统一为 ICON，"留言"为 Content。

图 15-31　插入 T2 表格

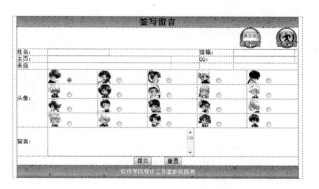

图 15-32　插入与字段相应的表单域

 提示

由于头像采用了单选按钮的方式，在制作时需在每个头像后面加一个单选按钮，同时将这些单选按钮设置为同一个名称"ICON"，并设置各按钮的值分别为"01.jpg"、"02.jpg"、"03.jpg"、…、"20.jpg"，如图 15-33 所示。

图 15-33　设置表单域的名称和值

（8）在表格 T1 第四行中插入"提交"按钮和"重置"按钮，将其标签改为"提交"和"重写"。再插入一个隐藏域，将其名称设为 Date，值为<%=Date%>，意为取用户的当前日期时间一并提交。

（9）在表格 T1 第五行中输入版权信息，在"属性"面板的"类"下拉列表中选择"应用多种样式"选项，在弹出的"多类选区"对话框中选中.beijing 和.bianquan，单击"确定"按钮应用这两个类样式，效果如图 15-34 所示。

图 15-34　输入版权信息

（10）在"服务器行为"面板中单击 按钮，选择"插入记录"选项，如图 15-35 所示。在弹出的"插入记录"对话框中设置连接及数据库表等，如图 15-36 所示。单击"确定"按钮，签写留言页面制作完成，保存后按【F12】键，可以在 IE 浏览器上试预览。

图 15-35　添加服务器行为"插入记录"

图 15-36　"插入记录"对话框

3．设计留言板后台管理页面

留言板后台管理页面主要由"留言管理"（admin.asp）、"编辑留言"（edit.asp）、"回复留言"（reply.asp）和"删除留言"（del.asp）构成，这四个文件主要针对网页的管理者而言，对其他访问者具有访问限制，为不可见页面，因此称为后台管理页面。另外，后台管理文件还包括"登录页面"（login.asp）与"登录失败"（fail.asp）两个文件。

1）设计 admin.asp、login.asp、fail.asp 页面

数据库中的默认账号、密码都是"admin"。当账号和密码正确输入时，登录后会转到 admin.asp 页面；而当账号和密码输入不正确的时候，系统会转到 fail.asp，提示"账号或密码错误"，停留数秒后又自动返回"用户登录"页面，等待再次登录。

（1）登录页面 login.asp 的制作。

登录页面所添加的服务器行为如图 15-37 所示。

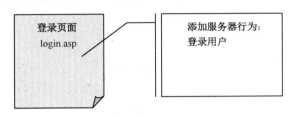

图 15-37　登录页面所添加的服务器行为

🐬　**步骤**

① 将 insert.asp 文件另存为 login.asp 文件，将表格 T1 第一行的"签写留言"改为"留言管理登录"，为图像 add.jpg 加链接，链接文件为 insert.asp。

② 删除所有服务器行为及第三行单元格中的所有内容。

③ 在表格 T1 第三行单元格中插入表单，再插入 3 行 2 列的表格 T2，并在表格 T2 中插入账号和密码的文本域，将其名称设置为"name"与"password"，将其宽度设为 20 个字符，其中的密码文本域的"类型"要设置为"密码"，在表单中插入"提交"和"重置"按钮，如图 15-38 所示。

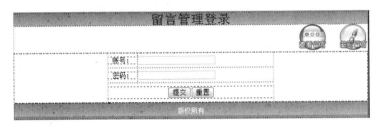

图 15-38　登录页面

④ 打开"服务器行为"面板，单击"+"按钮，选择"用户身份验证"|"登录用户"选项，如图 15-39 所示。

⑤ 在弹出的"登录用户"对话框中设置各选项，如图 15-40 所示，如果登录成功，则转到 admin.asp 页面；如果登录失败，则转到 fail.asp 页面。

⑥ 设置完成后单击"确定"按钮，即可完成这个管理登录页面的制作。

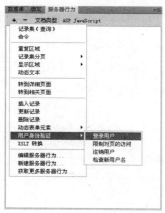
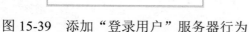

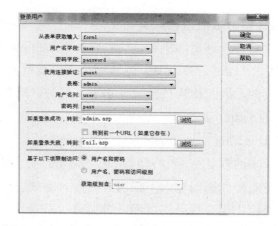

图 15-39　添加"登录用户"服务器行为　　图 15-40　完成"登录用户"对话框中的各项设置

（2）登录失败页面 fail.asp 的制作。

🐬 **步骤**

① 将 login.asp 文件另存为 fail.asp 文件，将第一行文字由"留言管理登录"改为"登录失败"。

② 删除"服务器行为"面板中的所有行为，删除表格第三行中的所有内容。

③ 在第三行单元格中插入 2 行 2 列的表格，将第一行中的两个单元格合并，输入"账号或密码错误，登录失败，请重新登录！"，格式设置为标题 1，"水平"为居中对齐，在"CSS 选择器"面板中的"源"窗格中选择 style.css 样式表文件，在"选择器"窗格中单击"+"按钮，新建 CSS 类样式.hongzi，颜色为红色，应用该样式。

④ 在下一行的第二个单元格中输入文字"返回"，设置单元格宽度以调整合适位置，制作"返回"超链接到登录页面 login.asp，如图 15-41 所示。

⑤ 将 fail.asp 文件存盘。至此，登录失败页面制作完成。

（3）管理留言页面 admin.asp 的制作。

管理留言页面所添加的服务器行为如图 15-42 所示。

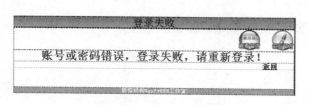

图 15-41　登录失败页面

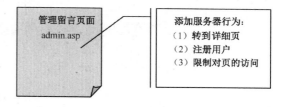

图 15-42　管理留言页面所添加的服务器行为

🐬 **步骤**

① 分析发现后台管理页面和查看留言页面 index.asp 文件几乎完全一样，唯一不同的是后台管理页面有编辑留言、回复留言和删除留言的链接，如图 15-43 所示。

图 15-43　比较 index.asp 和 admin.asp 页面

② 将 index.asp 文件另存为 admin.asp 文件，将第一行文字由"留言本"改为"留言本管理"，将图像 view.jpg、add.jpg、admin.jpg 删除。

③ 在表格 T1 的第二行单元格中输入"退出管理"，在表格 T4 的第一行单元格中输入"编辑""回复""删除"，如图 15-44 所示。

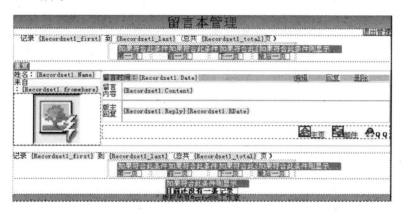

图 15-44　复制并修改 index.asp 页面

④ 选中"编辑"文字后，在"服务器行为"面板中单击"+"按钮，选择"转到详细页面"选项，在弹出的"转到详细页面"对话框中，已自动在"链接"下拉列表中显示了"编辑"；在"传递 URL 参数"文本框中显示了"ID"；这里在"详细信息页"文本框中输入所要链接的文件名"edit.asp"即可，如图 15-45 所示，单击"确定"按钮。

图 15-45　设置"编辑"动态链接

 提示

要实现动态链接，就要在链接地址中传递动态的参数值。此处记录集名称"Recordset1"中的列字段 ID 的值便是需要传递的动态参数，而 ID 则是传递参数的变量名。

⑤ 用同样的方法为"回复""删除"制作动态链接，其中"回复"链接主页为 reply.asp，"删除"链接主页为 del.asp。

⑥ 在文档中选择"退出管理"，在"服务器行为"面板中单击"+"按钮，选择"用户身份验证"|"注销用户"选项，弹出"注销用户"对话框，在"在完成后，转到"文本框中输入"index.asp"，如图 15-46 所示，单击"确定"按钮。

⑦ 在"服务器行为"面板中单击"+"按钮，选择"用户身份验证"|"限制对页的访问"选项，弹出"限制对页的访问"对话框。在"基于以下内容进行限制"选项组中采用默认的"用户名和密码"；在"如果访问被拒绝，则转到"文本框中输入"login.asp"，如图 15-47 所示。

图 15-46　添加"注销用户"服务器行为

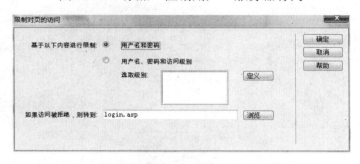

图 15-47　添加"限制对页的访问"服务器行为

 提示

经过对 admin.asp 页面访问做出的限制，当直接在 IE 浏览器的地址栏中输入 http://localhost/admin.asp 时，该页面被拒绝访问，而跳转到"登录"页面。

⑧ 将文件 admin.asp 存盘。

至此，留言管理页面设计完成。

2）设计 edit.asp、reply.asp、del.asp 页面

（1）设计编辑留言页面 edit.asp。

编辑留言页面所添加的服务器行为如图 15-48 所示。

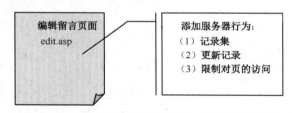

图 15-48　编辑留言页面所添加的服务器行为

编辑留言页面主要用于对提交的留言进行编辑，只有管理员才有权限编辑留言。

步骤

① 在 Dreamweaver 中将文件 login.asp 另存为 edit.asp，打开该页面，将其标题改为"编辑留言"，删除"服务器行为"面板中的"用户登录"行为，删除表格 T1 第三行中的所有内容，并将文本光标定位在此单元格中，如图 15-49 所示。

图 15-49　编辑由 login.asp 复制而来的 edit.asp 页面

② 打开"应用程序"面板组，打开"绑定"面板，单击"+"按钮，选择"记录集（查询）"选项，弹出"记录集"对话框，在"连接"下拉列表中选择"guest"选项；在"表格"下拉列表中选择"guest"选项；在"筛选"下拉列表中选择"ID"选项，并在其右侧的表达式符号下拉列表中选择"="，在其下方的下拉列表中选择"URL 参数"选项，在其下方的文本框中输入"ID"，其他选项均使用默认设置，如图 15-50 所示，单击"确定"按钮。

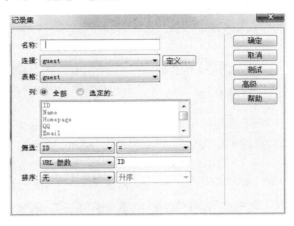

图 15-50　"记录集"对话框

③ 在第三行单元格中插入表单 form1，再在其中插入 8 行 2 列的表格，宽度为 80%。在第一列中输入访客信息名称，如"姓名：""Email：""来自：""主页：""QQ：""留言："，在第二列中分别插入各字段所对应的表单域，其名称分别为 Name、Email、fromwhere、Homepage、QQ 和 Content，在"显示为"下拉列表中选择"文本区域"选项，最后插入按钮，其值为"更新记录"，如图 15-51 所示。

图 15-51　制作编辑留言的表单

④ 选中 Name 文本域，在"属性"面板的 Value 文本域右侧单击 按钮，在弹出的"动态数据"对话框中选择已绑定的记录集中的对应字段 Name，如图 15-52 所示。单击"确定"按钮，使"姓名"文本框中显示原记录中的数据；以相同的方法制作其他文本域，使原记录中的相应数据显示在各个文本域中。

⑤ 选中"留言："后面的文本区域 Content，在"服务器行为"面板中单击"+"按钮，选择"动态文本字段"选项，在弹出的"动态文本字段"对话框中，单击"将值设置为"右侧的 按钮，

如图 15-53 所示。在"动态数据"对话框中选择记录集中的 Content 字段，单击"确定"按钮，完成文本区域初始值的设定。

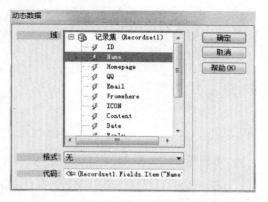

图 15-52　选择记录集中的相应字段

图 15-53　为文本区域设定动态数据

⑥ 设置完成各表单域的初始值后，页面效果如图 15-54 所示。

图 15-54　在各表单域中显示原记录中的数据

⑦ 在"服务器行为"面板中单击"+"按钮，选择"更新记录"|"更新记录"选项，弹出"更新记录"对话框，在"连接"下拉列表中选择"guest"选项；在"要更新的表格"下拉列表中选择"guest"选项；在"选取记录自"下拉列表中选择"Recordset1"选项；在"唯一键列"下拉列表中选择"ID"选项；在"在更新后，转到"文本框中输入"admin.asp"，如图 15-55 所示。

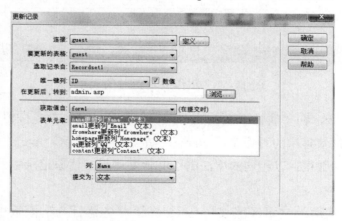

图 15-55　"更新记录"对话框

在"更新记录"对话框设置完成后，单击"确定"按钮，则一个新的更新记录表单可插入到 edit.asp 页面中。将表单的各个表单对象的标签改成中文，如图 15-56 所示。

图 15-56　插入的更新记录表单

⑧ 在"服务器行为"面板中单击"+"按钮，选择"用户身份验证"|"限制对页的访问"选项，在"限制对页的访问"对话框的"如果访问被拒绝，则转到"文本框中输入"login.asp"，如图 15-57 所示，单击"确定"按钮。

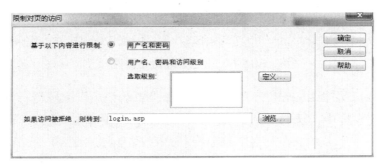

图 15-57　"限制对页的访问"对话框

将文件 edit.asp 保存，按【F12】键预览。

（2）设计回复留言页面 reply.asp。

回复留言页面所添加的服务器行为如图 15-58 所示。

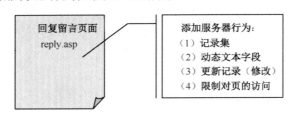

图 15-58　回复留言页面所添加的服务器行为

回复留言页面 reply.asp 的设计方法与编辑留言页面 edit.asp 类似，只需在 edit.asp 页面上稍加修改即可。

步骤

① 将 edit.asp 文件另存为 reply.asp，将其标题改为"回复留言"，并修改表格 T1 第一行的"编

辑留言"为"回复留言"；删除"姓名""Email""来自""主页""QQ"表单所在的行，并将"表单"文本区域的标签"留言："改为"回复留言："，文本区域的名称改为 reply，将"更新记录"按钮改为"回复"；在"服务器行为"面板中删除更新记录服务器行为，如图 15-59 所示。

图 15-59　编辑"回复留言"页面

② 将文本光标定位在表单内，在 Dreamweaver 主菜单中选择"插入"|"表单"|"隐藏域"选项，插入一个隐藏域，然后在其"属性"面板上将"隐藏区域"名称改为"Rdate"，将其值设置为"<%=date%>"，以使回复留言的日期随回复内容一起添加到数据库中，如图 15-60 所示。

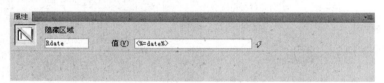

图 15-60　设置隐藏域属性

③ 在"服务器行为"面板中单击"+"按钮，选择"更新记录"服务器行为，在"更新记录"对话框的"表单元素"列表框中，选择"reply 更新列'Reply'（文本）"选项，如图 15-61 所示，单击"确定"按钮。

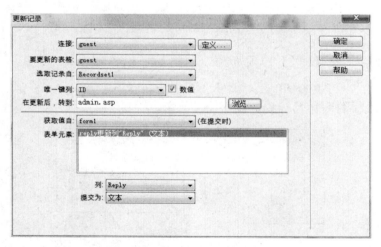

图 15-61　更新回复信息

④ 因为 reply.asp 页面是由 edit.asp 复制而来的，已经具有了"限制对页的访问"行为，所以这里不再需要添加该行为。回复页面设计完成，将文件 reply.asp 保存起来，按【F12】键预览。

（3）设计删除留言页面 del.asp。

删除留言页面添加的服务器行为如图 15-62 所示。

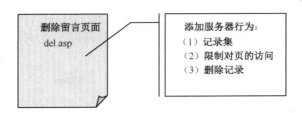

图 15-62 删除留言页面添加的服务器行为

删除留言页面的主要作用是将选择的留言记录删除。

🐬 **步骤**

① 将 reply.asp 文件另存为 del.asp，将其标题改为"删除留言"，并修改表格 T1 第一行的"回复留言"为"删除留言"；将"服务器行为"面板中除"限制对页的访问（）"和"记录集（Recordset1）"两个行为以外的其他行为删除，如图 15-63 所示。

② 将表格 T1 第三行的内容全部删除，输入文字"你确定要删除留言吗？"，并在文字的下方插入一个表单，在表单中插入一个"动作"为"提交表单"的按钮，将按钮的标签改为"确定删除"，再插入一个"动作"为"无"的按钮，将按钮的标签改为"取消删除"，如图 15-64 所示。

图 15-63 删除其他行为

图 15-64 修改删除留言页面

③ 选中"取消删除"按钮，在"行为"面板中为其添加"转到 URL"动作，在弹出的"转到 URL"对话框中的"URL"文本框中输入"admin.asp"，如图 15-65 所示。单击"确定"按钮，在"行为"面板中显示所添加的行为，如图 15-66 所示。

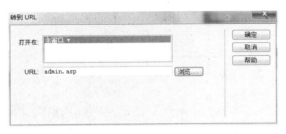

图 15-65 "转到 URL"对话框

图 15-66 添加的行为

④ 在"服务器行为"面板中单击"+"按钮，选择"删除记录"选项，弹出"删除记录"对话框，在"连接"下拉列表中选择"guest"选项；在"从表格中删除"下拉列表中选择"guest"选项；在"唯一键列"下拉列表中选择"ID"选项；在"删除后，转到"文本框中输入"admin.asp"，其余选项均按默认值设置，如图 15-67 所示，单击"确定"按钮。

⑤ 将文件 del.asp 存盘，按【F12】键预览。

至此，留言板系统的各个页面全部制作完成。

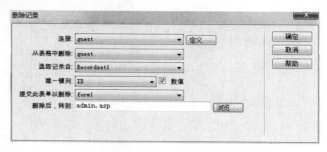

图 15-67 "删除记录"对话框

15.2 定义记录集

在创建了数据库和 Web 站点的连接之后,数据库中的数据还不能直接应用到页面中,因为要将数据库用于动态网页的内容源时,必须首先创建一个要在其中存储检索数据的记录集。所谓记录集是指数据库查询的结果,它提取请求的特定信息,并允许在指定页面内显示该信息。可根据包含在数据库中的信息和要显示的内容来定义记录集,有了记录集,就可以把它与静态的网页绑定在一起了。

1. 简单记录集的定义

在"应用程序"面板组中选择"绑定"面板中的"记录集(查询)"选项,如图 15-68 所示,可以在弹出的"记录集"对话框中进行记录集设置,如图 15-69 所示,在"连接"下拉列表中选中已创建的数据库连接,这时便可在"表格"下拉列表中选择相应的表,并显示该表的所有字段。

图 15-68 多种数据源获取方式图

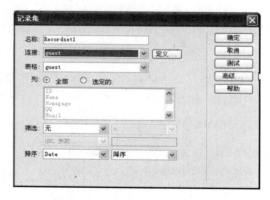

图 15-69 "记录集"对话框

在"记录集"对话框中可进行如下设置。

- "列"——默认是选取全部字段,也可指定其中一个或多个字段,当需要指定多个字段时,需要按住【Ctrl】键进行选取。
- "筛选"——连接到数据库后,找出所需数据的条件,默认值是全部选取,也可以根据需要进行筛选,如以"ID=70"为条件的查询。
- "排序"——排序的方式有升序、降序两种,默认情况下是升序。
- "测试"——单击"测试"按钮,可以直接显示查询结果,如图 15-70 所示。

2. 高级记录集的定义

利用"记录集"对话框的高级模式,可以编写出功能强大的代码,来实现自己想要的各种功能。在"记录集"对话框中单击"高级"按钮,进入"记录集"对话框的"高级"设置模式,如

图 15-71 所示，可以在此查看更具体的 SQL 和表单传递的参数，熟悉 SQL 的设计者可以在此把查询筛选条件设置得更详细。

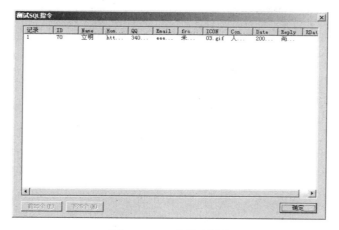

图 15-70 查询结果

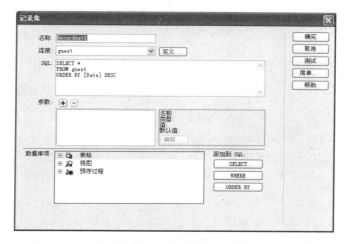

图 15-71 "记录集"对话框的"高级"设置模式

在"记录集"对话框的"高级"模式中可以设置以下参数。

● 名称：设置记录集的名称。

● 连接：选择要使用的数据库连接，若没有，则可单击其右侧的"定义"按钮定义一个数据连接。

● SQL：在其文本区域中输入 SQL 语句。

● 参数：如果在 SQL 语句中使用了变量，那么单击"+"按钮，可在此设置变量，即输入变量的"名称"、"默认值"和"运行值"。

● 数据库项：数据库项目列表，Dreamweaver CC 把所有的数据库项目都列在了这个列表框中，用可视化的形式和自动生成 SQL 语句的方法让用户方便、轻松地制作动态网页。

3．调用存储过程

在 Dreamweaver CC 中可以使用存储过程来定义记录集。存储过程包含一个或者多个存放在数据库中的 SQL 语句，可以返回一个或多个记录集。调用存储过程的具体步骤如下。

（1）打开需要调用存储过程的网页。

（2）单击"绑定"面板中的"+"按钮，选择"记录集（查询）"选项，弹出"记录集"对话框，单击"高级"按钮，进入"记录集"对话框的"高级"设置模式。

（3）在"数据库项"列表框中单击"预存过程"左侧的"+"按钮，展开该数据库，选择想要存储的过程，单击"过程"按钮，单击"确定"按钮。

4．简单的 SQL 查询语句

如果用户精通 SQL，则可以使用 Dreamweaver CC"记录集"对话框的"高级"设置模式来定义记录集。使用 SQL 语言定义记录集的具体操作步骤如下。

（1）打开需要绑定数据的页面，选择"窗口"｜"绑定"选项，打开"绑定"面板。

（2）在面板中单击"+"按钮，选择"记录集（查询）"选项，弹出"记录集"对话框，单击"高级"按钮，进入"记录集"对话框的"高级"设置模式。

（3）在"名称"文本框中输入记录集名称，系统默认名称是"Recoreset+序号"的形式。

（4）在"连接"下拉列表中选择要连接的数据源。

（5）在"SQL"文本框中输入 SQL 语句，可以在对话框底部的"数据库项"列表框中选择适当的项目。

（6）如果需要在 SQL 语句中输入变量，可在"参数"选项组中单击"+"按钮，则"名称"列对应的区域被激活，可以使用默认的变量值来定义它们的值，也可以设置运行时的值，一般情况下，服务器对象持有浏览器发送的值。

（7）设置完成后，可以单击"测试"按钮连接到数据库进行测试。如果测试成功，则会弹出"测试 SQL 指令"对话框，该对话框中显示了记录集中所有符合查询条件的数据。单击"确定"按钮，关闭该对话框，返回"记录集"对话框。

（8）单击"确定"按钮，Dreamweaver CC 会自动把记录添加到"绑定"面板的有效数据源列表框中，可以为网页使用这个记录集中的任意一个记录。

5．其他数据源的定义

在 Dreamweaver CC 中，不仅可以定义从数据库提取数据的记录集作为数据源，还可以定义服务器对象类型的数据源，这些类型的数据源主要以 Request 对象、Session 变量和 Application 变量的形式出现。

1）请求变量

Request 对象是 ASP 技术中用于传递数据的对象，主要用于检索客户端的浏览器递交给服务器的各项信息。使用 Request 对象可以访问任何基于 HTTP 请求传递的所有信息，包括从 HTML 表单中用 GET 方法传递的信息、cookie 和用户信息等。

（1）单击"绑定"面板中的"+"按钮，选择"请求变量"选项。

（2）弹出"请求变量"对话框，在"类型"下拉列表中可以看到 Request 对象包括的 5 个集合类型。

Request.cookie：用于取得保存在客户端的 cookie 数据。

Request.QueryString：用于读取链接地址后所附带的变量参数，即 URL 参数。如果客户端的表单以 GET 方法向服务器传送数据，由于这种传递方法是以 URL 参数的形式传递的，所以也可以用 QueryString 集合来接收。

Request.Form：用于读取浏览器以 POST 方法递交给服务器的数据。

Request.ServerVariables：用于取得 Web 服务器上的环境变量信息。

Request.ClientCertificates：用于取得客户端的身份权限数据。

2）阶段变量

当用浏览器浏览某个 ASP 网页，开始执行 Web 应用程序时，在 Web 站点上将会产生代表该联机的阶段变量。每个阶段变量都对应着一个标志符，供 Web 应用程序识别该变量。这个标志符在 Session 对象产生时，将会写到客户端计算机的 cookie 中。

（1）单击"绑定"面板中的"+"按钮，选择"阶段变量"选项。

（2）弹出"阶段变量"对话框，在"名称"文本框中输入阶段变量的名称，单击"确定"按钮即可。

3）应用程序变量

这里所说的应用程序变量就是利用 Application 对象构建的应用程序作用域变量，应用程序变量可以被所有访问站点的人使用。利用 Application 对象创建的变量可以计算访问站点的人数、追踪用户操作，或为所有用户提供特定的信息。

（1）单击"绑定"面板中的"+"按钮，选择"应用程序变量"选项。

（2）弹出"应用程序变量"对话框，在"名称"文本框中输入应用程序变量的名称，单击"确定"按钮即可。

15.3　动态数据的绑定

"记录集"设计好后，就要根据需要向页面指定位置添加动态数据了，在 Dreamweaver 中通常把添加动态数据称为动态数据的绑定。动态数据可以添加到页面上的任意位置，可以像普通文本一样添加到文档的正文中，还可以把它绑定到 HTML 的属性中。

1．绑定动态文本

在 Dreamweaver CC 中，向页面中添加动态文本的具体操作步骤如下。

步骤

（1）选择"窗口"｜"绑定"选项，打开"绑定"面板。

（2）在"绑定"面板中选择需要的数据源。如果是记录集类型的数据源，则选择其中的字段；如果是服务器对象类型的数据源，则选择数据源本身。

（3）将选中的数据源项用鼠标直接拖到文档中需要的位置上；或者将插入点定位在文档中需要的位置，单击"绑定"面板中的"插入"按钮，如图 15-72 所示，即可绑定动态文本。

图 15-72　绑定动态文本

2．绑定动态图像

在实际应用中，经常需要动态地改变图像的 URL，即实现图像的动态化。创建动态图像源，实际上已经用记录集中的某字段中保存的 URL 地址作为图像的 URL 地址。

绑定动态图像的具体操作步骤如下。

步骤

（1）光标定位在要插入图像的位置。

（2）将记录集中的 ICON 字段拖到头像位置取代原来插入的图像，在"属性"面板的"Src"文本框中可看到动态的头像字段内容，该字段中存放着各个头像的文件名，但还需在"Src"文本框中加上路径的描述，即"image\<%=(Recordset1.Fields.Item("ICON").Value)%>"，如图 15-73 所示。

图 15-73　绑定动态图像

3．向表单对象绑定动态数据

除了可以在页面的正文部分添加动态数据，向表单对象中绑定数据也是常用的应用。在 Dreamweaver CC 中，可以很方便地将动态数据绑定到文本域、筛选框、列表框等表单对象的 value、name 或其他属性中。

向表单对象绑定动态数据的具体操作步骤如下。

步骤

（1）在"文档"窗口中，选中要绑定的动态数据的表单对象。

（2）从"绑定"面板中选择要应用到文本域中的数据源。

（3）从"绑定到"下拉列表中选择希望将动态内容绑定到文本域对象的属性。

（4）单击"绑定"按钮，动态数据即绑定到了表单对象的属性上。

15.4　设置服务器行为

服务器行为是在设计时插入到动态网页中的指令组，这些指令运行时在服务器上执行。打开"服务器行为"面板，可以看到网页中已经绑定的记录集对象，单击这些对象，会在页面中醒目地显示其所在位置。单击"服务器行为"面板中的 ➕ 按钮，会弹出一个菜单，如图 15-74 所示。

图 15-74　"服务器行为"面板

15.4.1　显示记录

在网页中显示数据库中的记录，需要先设计出显示的格式，然后利用"重复区域""记录集分页""显示区域"等服务器行为进行自动分页显示。

1. "重复区域"服务器行为

"重复区域"服务器行为必须在选定了需重复的格式后使用。

步骤

（1）在网页中设计一张表，在"绑定"面板中添加相应数据表的记录集，然后绑定各记录集到相应字段上，如图 15-75 所示。

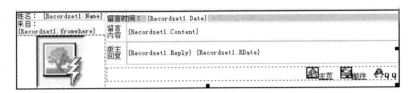

图 15-75　绑定各记录集到相应字段上

（2）选取网页绑定数据所在的行，选择"服务器行为"面板中的"重复区域"选项，在弹出的"重复区域"对话框中选择每页显示多少条记录或全部显示，如图 15-76 所示。单击"确定"按钮，完成设定，此时，可在"服务器行为"面板中看到新增的"重复区域"行为，如图 15-77 所示。

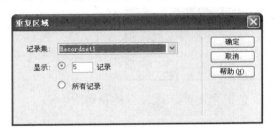

图 15-76　"重复区域"对话框　　　　图 15-77　新增"重复区域"行为

2. "记录集分页"服务器行为

在设定了"重复区域"服务器行为后，如果选择的是每页显示 5 条记录，则当数据表中的记录数多于 5 条时，就要添加导航栏完成翻页功能。此功能由"记录集分页"这一服务器行为来完成。

步骤

（1）将光标定位在要添加导航栏的位置，选择"服务器行为"面板中的"记录集分页"选项，其中有"移至第一条记录""移至前一条记录""移至下一条记录""移至最后一条记录""移至特定记录"几个选项，用于添加相应的导航按钮，如图 15-78 所示。添加了此服务器行为后，页面上的相应位置会出现"第一页""前一页""下一页""最后一页"导航栏链接，可以修改导航栏文字，如将"第一页"改为"首页"。

（2）此时，在"服务器行为"面板中显示了新增的若干个记录集分页行为，如图 15-79 所示。

3. "显示区域"服务器行为

为了使分页导航栏更加有效，可以添加"显示区域"服务器行为，从而使导航栏按钮根据当前所显示的页数，动态地显示导航栏。

若要使"第一页"链接在用户浏览第一页的记录时不显示，则可在"设计视图"中选中"第一页"链接。在"服务器行为"面板中单击按钮，选择"显示区域"|"如果不是第一条记录则显示区域"选项，弹出如图 15-80 所示的对话框，设置记录集参数后单击"确定"按钮。

同理，可为"前一页"链接添加"显示区域"丨"如果不是第一条记录则显示区域"行为，为"下一页"链接添加"显示区域"丨"如果不是最后一条记录则显示区域"行为，为"最后一页"链接添加"显示区域"丨"如果不是最后一条记录则显示区域"行为。

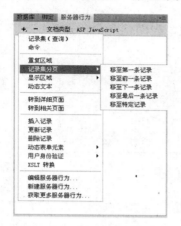

图15-78　　"记录集分页"选项

图15-79　新增的服务器行为

图15-80　　"如果不是第一条记录则显示区域"对话框

15.4.2　用户身份验证

用户登录是一个网站应该具备的最基本的功能，其中包括用户名输入、用户密码输入、用户身份验证等。Dreamweaver CC 提供了"用户身份验证"的服务器行为，利用这个服务器行为能够方便地向"访问者"实现"登录用户"的动态功能。

1."登录用户"服务器行为

用户登录的实际动作是将用户提交的用户名、密码信息与用户数据库中的用户名、密码信息做比较。如果信息相同，则认为登录成功；如果不相同，则认为登录失败。

添加"用户身份验证"丨"登录用户"服务器行为的操作方法如下。

步骤

（1）打开用于用户登录的页面。

（2）在"应用程序"面板组中打开"服务器行为"面板，单击 + 按钮，如图15-81所示，选择"用户身份验证"丨"登录用户"选项。

（3）在弹出的如图15-82所示的"登录用户"对话框中可以进行如下设置。

● "从表单获取输入"——选择登录页面中表单的名称，表示用户登录信息从该表单内输入的元素中获取。

● "用户名字段"——选择表单中用于提供用户名信息的表单元素名称。

● "密码字段"——选择表单中用于提供密码信息的表单元素名称。

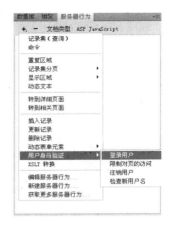

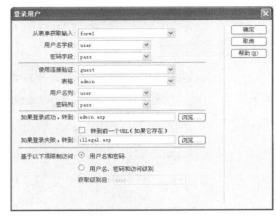

图 15-81　添加"登录用户"服务器行为　　　图 15-82　　"登录用户"对话框

- "使用连接验证"——选择前面已创建的数据库连接名，表示用户数据库通过该连接来访问。
- "表格"——选择数据库中用于管理用户账号信息的表的名称。
- "用户名列"——选择数据库用户账号信息表中代表用户名的字段，Web 应用会用此字段与用户输入的用户名信息进行比较。
- "密码列"——选择数据库用户账号信息表中代表密码的字段，Web 应用会用此字段与用户输入的密码信息进行比较。
- "如果登录成功，转到"和"如果登录失败，转到"——用于指明用户登录页面等到验证结果后采取的动作，可以指明登录成功后跳转到哪个页面，登录失败后跳转到哪个页面。这两个页面都可以通过单击"浏览"按钮直接在本地站点中查找。当未登录的用户试图访问只有登录后才能访问的页面时，那个页面可能会引导用户到登录页面。在这种情况下，如果选中"转到前一个 URL（如果它存在）"复选框，那么登录成功后会返回用户试图访问的那个页面。
- "基于以下项限制访问"——指明了用户权限控制方式。这里分"用户名和密码""用户名、密码和访问级别"两项，当系统分权限进行管理时（分为用户和管理员等），可选择"用户名、密码和访问级别"来限制访问，并且在"获取级别自"下拉列表中选择数据库表中设置访问级别的字段，用户的访问级别由该字段决定。

（4）单击"确定"按钮，完成对话框的设置，回到 Dreamweaver CC 主页面后，可以看到"应用程序"面板组的"服务器行为"面板中多了"登录用户"这一行为。

2．"检查新用户名"服务器行为

在用户注册时，需要把用户输入的用户名、密码等信息插入相应的数据表中，但用户选择的用户名很可能已经存于表中，或已被别人注册过了，所以应该先检查输入的用户名是否已经存在。

"用户身份验证"｜"检查新用户名"服务器行为就可以解决此问题。

步骤

（1）打开注册页面。

（2）在此页面中添加"插入记录"的服务器行为（在本章后面的内容中会详细讲解），从而完成注册功能。

（3）在"应用程序"面板组中打开"服务器行为"面板，单击按钮，选择"用户身份验证"｜"检查新用户名"选项，将弹出如图 15-83 所示的对话框，在"用户名字段"下拉列表中选择代表用户名的表单元素；在"如果已存在，则转到"文本框中输入出错提示页面文件名，或单击"浏览"按钮，直接在本地站点中选择用户名已存在的信息页面。

图 15-83   "检查新用户名"对话框

（4）单击"确定"按钮，完成服务器行为定义。

3．"限制对页的访问"服务器行为

在系统中，通常通过正常登录才被允许进入其他管理页面。但如果指定完整的 URL，则仍然可以访问到这些页面，这是因为这些页面没有设定用户权限的限制。那么如何对一个动态页面添加用户权限的限制（只有登录后具有一定访问级别的用户才能访问该页面）呢？下面的操作可以解决这一问题。

步骤

（1）打开要添加用户权限限制的页面。

（2）在"应用程序"面板组中打开"服务器行为"面板，单击■按钮，选择"用户身份验证"｜"限制对页的访问"选项，将弹出如图 15-84 所示的对话框，在"基于以下内容进行限制"选项组中有"用户名和密码""用户名、密码和访问级别"两项，如果不需要检查访问级别，则选择前者。应根据该页面可访问的情况进行选择。在"如果访问被拒绝，则转到"文本框中输入访问被拒绝时应转到的页面名。可以单击"浏览"按钮直接在本地站点选取页面，如登录页面。

图 15-84   "限制对页的访问"对话框

（3）单击"确定"按钮，完成服务器行为定义。

15.4.3 记录的操作

既然是动态页面与数据库相连，那么就免不了在数据库中进行记录的插入、更新和删除等操作。在"服务器行为"面板中提供了"插入记录""更新记录""删除记录"等服务器行为。

1.　"插入记录"服务器行为

🐬　**步骤**

（1）打开要添加"插入记录"服务器行为的页面（如注册页面）。

（2）在"应用程序"面板组中打开"服务器行为"面板，单击 ➕ 按钮，选择"插入记录"选项，将弹出如图 15-85 所示的对话框。

（3）在该对话框中可以进行如下设置。

● "连接"——选择创建的数据库连接名。

● "插入到表格"——选择要添加记录的表。

● "插入后，转到"——输入更新以后转到的页面名，可以单击"浏览"按钮直接从本地站点中选取页面。

● "获取值自"——选择字段新值来自哪个表单。

● "表单元素"——列出了表单的所有元素和每个元素将更新的字段。选中表单元素中的一项后，在下面的"列"中选择数据表所对应的字段，表示数据表的某字段的值来自页面中某个表单元素中的值。

（4）单击"确定"按钮，完成服务器行为定义。

2.　"更新记录"服务器行为

🐬　**步骤**

（1）打开要添加"更新记录"服务器行为的页面（如修改密码页面）。

（2）在更新记录之前，必须将要进行更新的记录放入记录集，因此，首先要添加记录集，如图 15-86 所示。

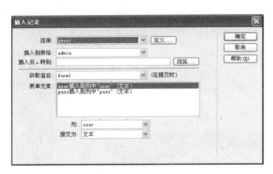

图 15-85　"插入记录"对话框

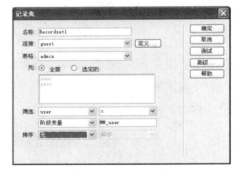

图 15-86　"记录集"对话框

🐦　**提示**

"记录集"对话框的"筛选"下拉列表中的内容即为绑定的条件，例如，要修改密码，则绑定的条件应是用户账号信息表中的用户名字段值=用户登录时输入的用户名。

（3）在"应用程序"面板组中打开"服务器行为"面板，单击 ➕ 按钮，选择"更新记录"选项，如图 15-87 所示。

（4）在"更新记录"对话框中可以进行如下设置，如图 15-88 所示。

● "连接"——选择创建的数据库连接名。

- "要更新的表格"——选择要更新记录的表。
- "选取记录自"——选择创建的记录集名称。
- "唯一键列"——选择"ID"，因为这是一个可以唯一确定一条记录的字段（主键）。
- "在更新后，转到"——输入更新以后转到的页面名，可以单击"浏览"按钮直接从本地站点中选取页面。
- "获取值自"——选择字段新值来自哪个表单。
- "表单元素"——列出了表单的所有元素和每个元素将更新哪一个字段。选中表单元素中的一项后，在"列"下拉列表中可选择数据表中对应的字段，表示数据表的某字段的值来自页面中某个表单元素中的值，确定对应关系。

（5）单击"确定"按钮，完成服务器行为定义。

图 15-87　添加"更新记录"服务器行为

图 15-88　"更新记录"对话框

3."删除记录"服务器行为

🐬 **步骤**

（1）打开要添加此服务器行为的页面（如注销页面）。

（2）在"应用程序"面板组中打开"服务器行为"面板，单击➕按钮，选择"删除记录"选项，将弹出如图 15-89 所示的对话框。

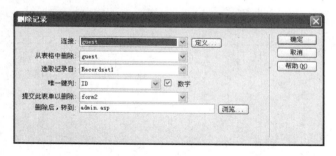

图 15-89　"删除记录"对话框

（3）在"删除记录"对话框中可以进行如下设置。
- "连接"——选择创建的数据库连接名。
- "从表格中删除"——选择要删除记录的表。
- "选取记录自"——选择包含要删除记录的记录集。

- "唯一键列"——选择"ID"，因为这是一个可以唯一确定一条记录的字段（主键）。
- "提交此表单以删除"——选择页面中用于用户输入要删除记录的表单。
- "删除后，转到"——输入更新以后转到的页面名，可以单击"浏览"按钮直接从本地站点中选取页面。

（4）单击"确定"按钮，完成服务器行为定义。

15.5　实战演练

1. 实战效果

（1）首页 index.asp，如图 15-90 所示。

（2）新闻列表页 news.asp，如图 15-91 所示。

图 15-90　首页

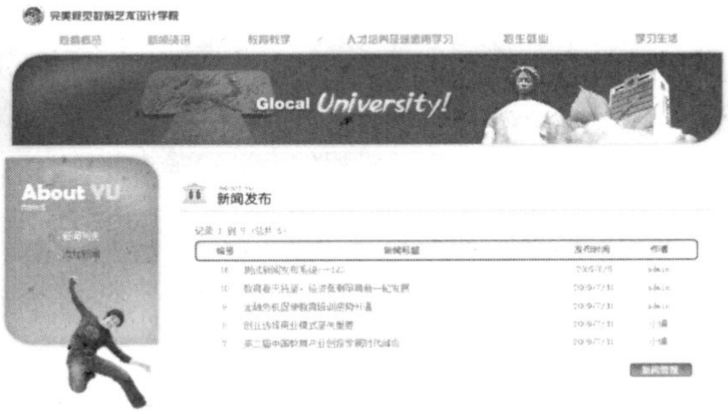

图 15-91　新闻列表页

（3）新闻详细内容页 newshow.asp，如图 15-92 所示。

（4）新闻管理登录页 newdenglu.asp，如图 15-93 所示。

图 15-92　新闻详细内容页

图 15-93　新闻管理登录页

（5）新闻管理页 newadmin.asp，如图 15-94 所示。

（6）新闻添加页 newadd.asp，如图 15-95 所示。

（7）新闻修改页 newedit.asp，如图 15-96 所示。

（8）新闻删除页 newdel.asp，如图 15-97 所示。

图 15-94　新闻管理页

图 15-95　新闻添加页

图 15-96　新闻修改页

图 15-97　新闻删除页

2．实战要求

按照前面留言板案例的制作步骤，制作基于数据库的新闻管理系统。

3．实战提示

新闻管理系统可以分为两部分：第一部分是新闻显示模块，此部分只需要完成分类显示新闻列表，以及进入详细的新闻显示页面；第二部分是新闻管理模块，可以对新闻进行录入、修改及删除操作。其总体构架如图 15-98 所示。

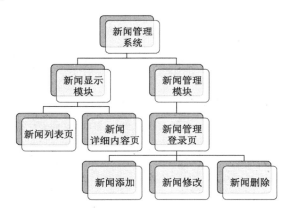

图 15-98　新闻管理系统总体构架

该系统的制作与留言板制作十分相似，分别按照记录集的定义、绑定记录集、添加服务器行为的步骤完成各页面制作即可，由于篇幅所限，这里不再一一提示。

本章小结与重点回顾

本章试图让读者在不懂编程的情况下实现网页的动态编程，所依靠的就是服务器行为。Dreamweaver CC 隐藏了服务器行为的具体实现过程，读者只需加上对象和适当的参数就可以完成编程任务。

本章重点：

● 记录集的定义。

● 绑定记录集。

● 添加服务器行为。

反侵权盗版声明

电子工业出版社依法对本作品享有专有出版权。任何未经权利人书面许可，复制、销售或通过信息网络传播本作品的行为；歪曲、篡改、剽窃本作品的行为，均违反《中华人民共和国著作权法》，其行为人应承担相应的民事责任和行政责任，构成犯罪的，将被依法追究刑事责任。

为了维护市场秩序，保护权利人的合法权益，我社将依法查处和打击侵权盗版的单位和个人。欢迎社会各界人士积极举报侵权盗版行为，本社将奖励举报有功人员，并保证举报人的信息不被泄露。

举报电话：（010）88254396；（010）88258888

传　　真：（010）88254397

E-mail：　dbqq@phei.com.cn

通信地址：北京市万寿路 173 信箱

　　　　　电子工业出版社总编办公室

邮　　编：100036